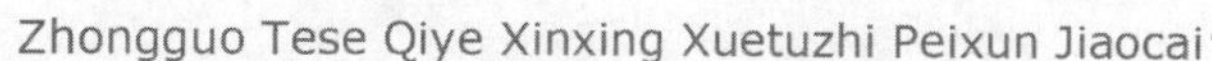

Zhongguo Tese Qiye Xinxing Xuetuzhi Peixun Jiaocai

中国特色企业新型学徒制培训教材

机械基础

（电工电子类）

人力资源社会保障部教材办公室　组织编写

本书编审人员

主　编：米光明

副主编：王玉朋

参　编：冯宝森　符　浩　伊西前　刘婷婷

主　审：高立瑞

中国劳动社会保障出版社

内容简介

本书是中国特色企业新型学徒制培训教材电工电子类专业基础课程教材中的一种，主要内容包括机械工程材料和热处理基础、机械传动、常用机构、常用连接及零部件、机械制造设备及应用。

本书适用于各类企业与职业院校、职业培训机构、企业培训中心等教育培训机构开展中国特色企业新型学徒制培训，也适用于企业岗位技能培训和就业技能培训。

图书在版编目（CIP）数据

机械基础：电工电子类 / 人力资源社会保障部教材办公室组织编写 . -- 北京：中国劳动社会保障出版社，2022

中国特色企业新型学徒制培训教材

ISBN 978-7-5167-5502-0

Ⅰ. ①机… Ⅱ. ①人… Ⅲ. ①机械学 - 教材 Ⅳ. ①TH11

中国版本图书馆 CIP 数据核字（2022）第 145134 号

中国劳动社会保障出版社出版发行

（北京市惠新东街 1 号 邮政编码：100029）

*

北京市白帆印务有限公司印刷装订 新华书店经销

787 毫米 ×1092 毫米 16 开本 11.5 印张 232 千字

2022 年 10 月第 1 版 2022 年 10 月第 1 次印刷

定价：32.00 元

营销中心电话：400-606-6496

出版社网址：http://www.class.com.cn

前　言

为贯彻《关于加强新时代高技能人才队伍建设的意见》文件精神，落实《关于全面推行中国特色企业新型学徒制　加强技能人才培养的指导意见》（人社部发〔2021〕39号）有关要求，适应规范化、标准化、制度化开展企业新型学徒制培训对教材的需求，建立完善适应新时代企业新型学徒制培训需求的高质量教学资源体系，人力资源社会保障部教材办公室组织有关行业、企业、院校和培训机构的专家编写了中国特色企业新型学徒制培训教材。

中国特色企业新型学徒制培训教材依据国家职业技能标准、职业培训课程规范等进行开发。以培养劳模精神、劳动精神、工匠精神为引领，主动对接学徒生产实际，强化职业道德、职业素养及职业能力培养，积极适应产业变革、技术变革、组织变革和企业技术创新等需求。以工作过程、学习行动、问题解决为导向，有机融合理论培训与实践培训内容，贴近学徒实际水平、贴近企业实际需要、贴近岗位工作现场。

中国特色企业新型学徒制培训教材包括通用素质课程教材和专业基础课程教材两类。其中，通用素质课程教材注重对学徒综合素质和可迁移技能的培养，促进其具备良好职业道德、职业素养及职业能力，能够安全胜任岗位工作；专业基础课程教材注重对学徒专业基础知识和基本技能的培养，促进其适应有关职业（工种）技能的学习。

首批开发的中国特色企业新型学徒制培训教材依据通用素质课程培训大纲、机械类专业基础课程培训大纲、电工电子类专业基础课程培训大纲、汽车类专业基础课程培训大纲编写，具体包括《劳模精神　劳动精神　工匠精神》等9种通用素质课程教材，以及机械类、电工电子类、汽车类等专业大类的10种专业基础课程教材。

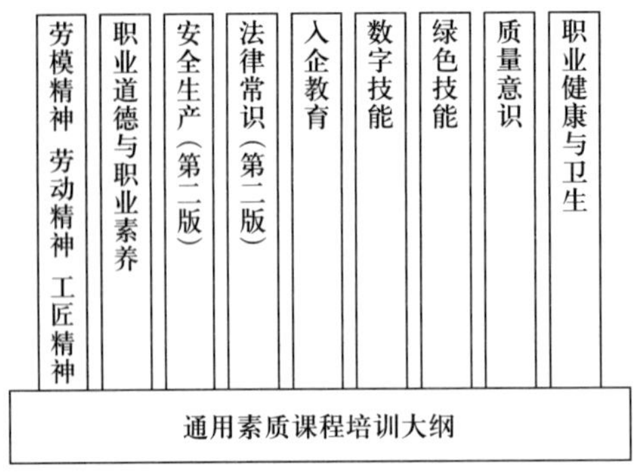

通用素质课程教材体系

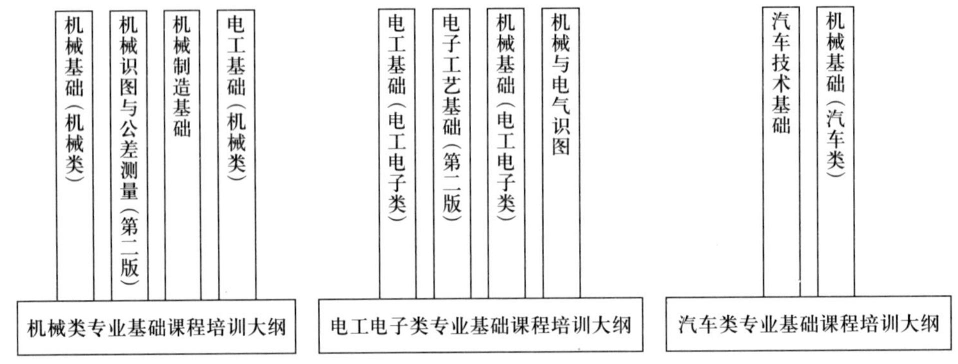

专业基础课程教材体系

本教材是开展中国特色企业新型学徒制培训的重要教学资源。主体读者对象为参加企业新型学徒制电工电子类职业培训人员，也适用于相关职业技能培训人员。

本教材由米光明担任主编并负责全书统稿，由王玉朋担任副主编，冯宝森、符浩、伊西前、刘婷婷参加编写，由高立瑞担任主审。其中，第 1 章由冯宝森编写，第 2 章由符浩编写，第 3 章由伊西前编写，第 4 章由刘婷婷编写，第 5 章由王玉朋编写，第 6 章由米光明编写。本教材在开发过程中得到了北京、内蒙古、辽宁、浙江、山东、河南、广东、重庆、陕西等地人力资源社会保障厅（局）及相关学校、企业、培训机构的大力支持与协助，在此一并表示衷心的感谢。欢迎读者对完善本教材提出宝贵意见。

人力资源社会保障部教材办公室

目录

第1章 概述

学习目标

1. 了解机器、机构与机械的含义。
2. 了解零件、部件与构件的含义。
3. 了解运动副及机构运动简图。

第1节　机器和机械的基本概念

机械是指利用力学原理组成的各种装置，人们的生活几乎每时每刻都离不开机械，从剪刀、钳子、扳手到计算机控制的机械设备、机器人、无人机等都属于机械，机械在现代生活和生产中起着非常重要的作用。机械的种类和品种很多，如数控机床、挖掘机、3D 打印机、自行车、活扳手等，如图 1–1 所示。

一、机器、机构和机械

1. 机器

机器是人们根据某种使用要求而设计制造的一种能执行机械运动的装置，用来完成所赋予的功能，如变换或传递能量、变换与传递运动和力，以及传递物料与信息，常见机器的类型及应用举例见表 1–1。

图 1–2 所示的台式钻床（简称台钻）是一种常用的孔加工机器，由电动机 7、带传动机构 6、钻夹头升降机构 5、钻夹头 3、可调工作台 2、底座 1、主轴箱 8、立柱 9 和进给手柄 4 等组成。

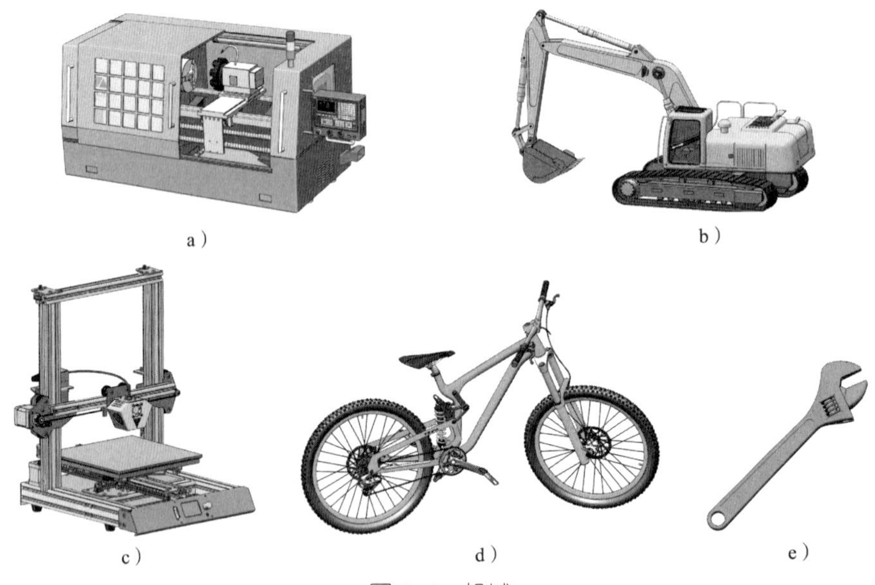

图 1-1　机械

a）数控机床　b）挖掘机　c）3D 打印机　d）自行车　e）活扳手

表 1-1　常见机器的类型及应用举例

类型	应用举例
变换或传递能量的机器	发电机、电动机、空气压缩机和电动汽车等
变换与传递运动和力的机器	车床、铣床和冲床等
传递物料的机器	铲车、机械手和起重机等
传递信息的机器	3D 打印机、扫描仪和激光打印机等

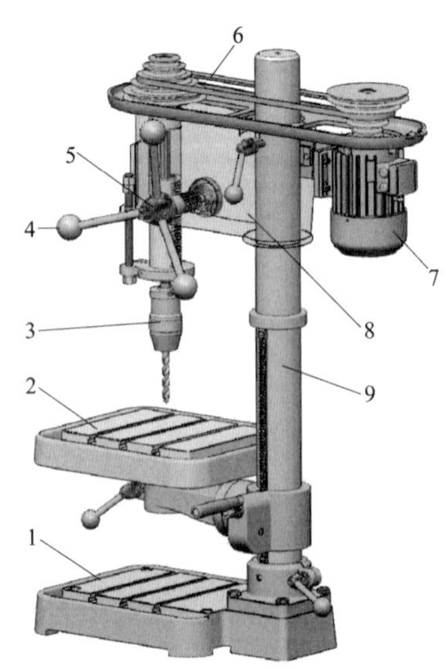

图 1-2　台式钻床

1—底座　2—可调工作台　3—钻夹头　4—进给手柄

5—钻夹头升降机构　6—带传动机构　7—电动机　8—主轴箱　9—立柱

机器尽管多种多样、千差万别，但其组成大致相同，一般都由动力部分、传动部分、执行部分、控制部分、支撑部分及辅助部分等组成。机器各组成部分的作用及应用举例见表 1–2。

表 1–2　机器各组成部分的作用及应用举例

组成部分	作用	应用举例
动力部分	把其他形式的能量转换为机械能，以驱动机器各运动部件运动	电动机、内燃机、蒸汽机和空气压缩机等
传动部分	将原动机的运动和动力传递给执行部分的中间环节	金属切削机床中的带传动、螺旋传动、齿轮传动和连杆机构等
执行部分	直接完成机器工作任务的部分，处于整个传动装置的终端，其结构形式取决于机器的用途	金属切削机床的主轴、滑板等
控制部分	显示和反映机器的运行位置和状态，控制机器的正常运行和工作	机电一体化设备（如数控机床、机器人）中的控制装置等
支撑部分	支撑动力、传动、执行、控制部分，并将它们连为一体	机床的床身、汽车的车身等
辅助部分	改善机器的运行环境，延长机器的使用寿命	金属切削机床的冷却装置、润滑装置、安全防护装置、照明装置和显示装置等

图 1–2 所示台钻的动力部分为电动机，传动部分为带传动机构和钻夹头升降机构，执行部分为钻夹头及其上的钻头，控制部分为电源开关和进给手柄，支撑部分为底座、立柱、主轴箱等。电动机通过带传动机构带动钻夹头做旋转运动；转动进给手柄，通过钻夹头升降机构带动钻夹头做升降运动，从而完成钻孔。

2. 机构

机构是具有确定相对运动的实物组合，是机械的重要组成部分。图 1–3 所示为台钻上的带传动机构，它由主动塔式 V 带轮、从动塔式 V 带轮和 V 带组成，该机构将电动机的动力和旋转运动传递给主轴，从而带动钻头旋转，实现钻头的主运动。在传递动力和运动时，可以通过变换 V 带在塔式 V 带轮上的位置使钻夹头产生 5 种不同的转速。

图 1–4 所示为台钻上的钻夹头升降机构，旋转进给手柄 1，带动齿轮 7 旋转，通过齿轮齿条传动将运动转换为套筒 5 的上下移动，从而带动钻夹头 8 做上下运动，实现钻头 9 的进给运动。

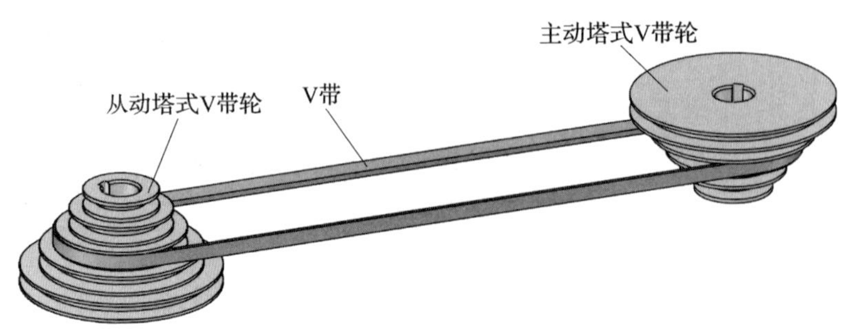

图 1–3　带传动机构

3. 机械

一部机器可以有多种机构，也可以只包含一种机构。从结构和运动观点来看，机器和机构并无区别，因此，人们习惯于用机械一词作为机器与机构的总称。有些简单的机械装置，没有动力部分，如自行车、活扳手等，它们不是机器，只能称为机械。

二、零件、部件和构件

1. 零件

组成机械的每一个单独加工的单元称为零件，零件也是用于装配产品的基本单元，机器由若干个零件装配而成。在图 1–2 所示的台钻中，塔式 V 带轮、主轴箱、立柱等都是零件。

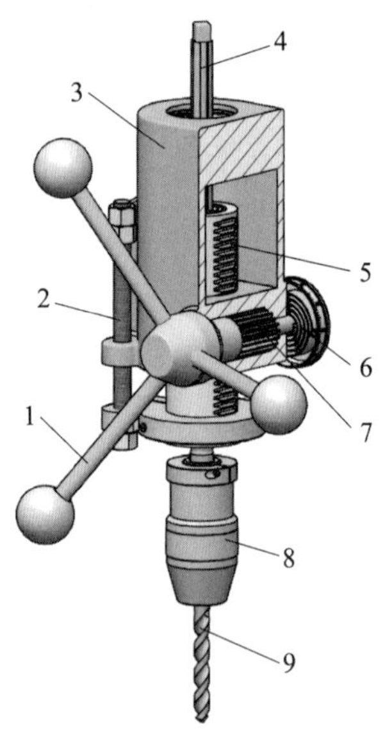

图 1–4　钻夹头升降机构
1—进给手柄　2—限位螺杆　3—主轴箱　4—主轴　5—套筒（齿条）　6—涡卷弹簧　7—齿轮　8—钻夹头　9—钻头

2. 部件

部件是机械的一个组成部分，由若干装配在一起的零件所组成。在机械产品的装配过程中，往往将零件先装配成部件，然后再将部件装配成机器。在图 1–2 所示的台钻中，电动机、安装了主轴和钻夹头升降机构的主轴箱和钻夹头等都是部件。

3. 构件

从运动学的角度出发，机械包含着若干个运动单元体，机构中的运动单元体称为构件。构件可以是一个零件，也可以是几个零件的刚性组合。图 1–5 所示为两爪顶拔器，主要由把手 2、压紧螺杆 1、压紧垫 8、横梁 5、销轴 6 和抓手 7 等零件组成，主要用于拆卸轴上紧配合的零件，如套、轴承、齿轮等。转动把手，通过螺旋传动，使压紧螺杆及压紧垫与抓手之间产生相对运动，从而将套从轴上拆卸下来。在图 1–5 所示的两爪顶拔器中，压紧螺杆、抓手、压紧垫是单个零件的构件，而把手、挡圈和沉头螺钉组成一个构件，横梁和销轴组成一个构件。

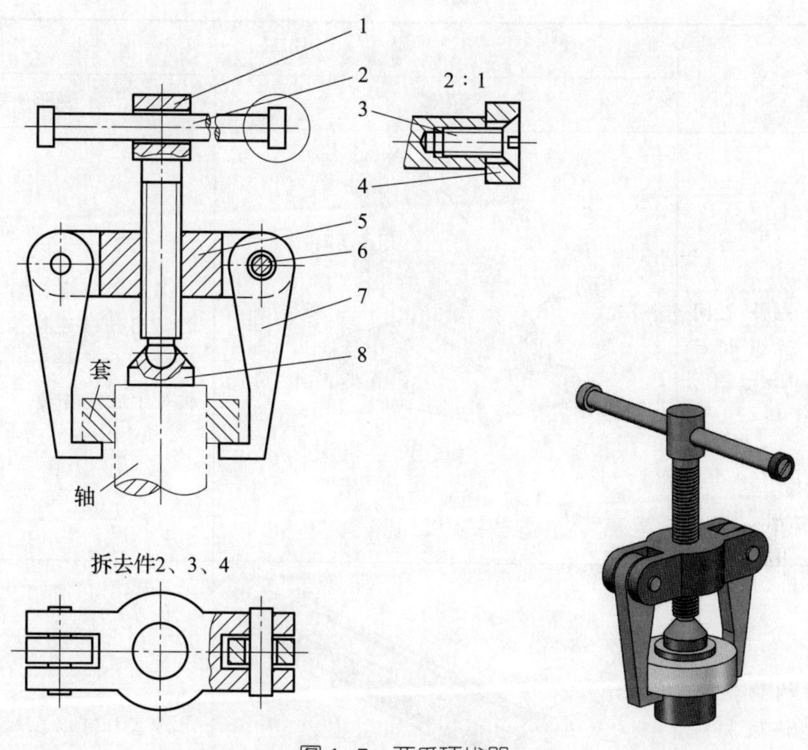

图 1–5　两爪顶拔器

1—压紧螺杆　2—把手　3—沉头螺钉　4—挡圈　5—横梁
6—销轴　7—抓手　8—压紧垫

第 2 节　运动副及机构运动简图

一、运动副

两个构件直接接触组成的可动连接称为运动副，它限制了两个构件之间的某些相对运动。在机械中，各构件必须以运动副的形式连接起来。在图 1–5 所示的两爪顶拔器中，抓手与销轴之间、横梁与压紧螺杆之间、压紧螺杆与把手之间、压紧螺杆与压紧垫之间的连接都是运动副。运动副是通过点、线、面接触的，根据两构件之间的接触形式不同，运动副可分为低副和高副两大类。

1. 低副

两构件之间为面接触的运动副称为低副。常用的低副有回转副、移动副（棱柱副）和螺旋副等，常用低副的类型及应用见表 1–3。低副的特点是：承受载荷时的单位面积压力较小，故传力性能好，较耐用；低副是滑动摩擦，摩擦损失大，因而效率低；不能传递较为复杂的运动。

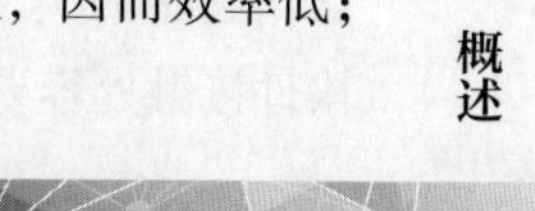

表 1-3　常用低副的类型及应用

类型	定义	应用	
		图例	说明
回转副	两构件之间只允许做相对转动的运动副	订书机 1、2—销轴　3—上盖 4—钉道　5—底座	上盖与钉道、钉道与底座之间用销轴连接，上盖可以相对于钉道转动，钉道可以相对于底座转动
移动副	两构件之间只允许做相对移动的运动副，又称为棱柱副	液压缸 1—活塞杆　2—缸体	活塞杆可以在缸体中进行往复轴向移动
螺旋副	两构件只能沿轴线做相对螺旋运动的运动副	千斤顶 1—绞杠　2—螺套　3—底座 4—螺杆　5—紧定螺钉	螺套用紧定螺钉固定在底座中。转动绞杠，螺杆在螺套中做螺旋运动

2. 高副

两构件之间为点或线接触的运动副称为高副，常用的高副有凸轮副和齿轮副等，常用高副的类型及应用见表 1–4。高副的特点是承受载荷时的单位面积压力较大，两构件接触处容易磨损；制造和维修困难；能传递较复杂的运动。

表 1–4　常用高副的类型及应用

类型	定义	应用	
		图示	说明
凸轮副	由凸轮和凸轮从动件直接接触形成的运动副	内燃机配气机构的气门组件 1—缸盖　2—气门　3—弹簧　4—压板　5—凸轮轴　6—凸轮	当凸轮匀速转动时，其外轮廓面迫使气门按照预期的运动规律往复运动，适时地开启或关闭阀门
齿轮副	由两齿轮的齿面直接接触形成的运动副	单级圆柱齿轮减速器	减速机构由一对圆柱齿轮组成，动力由安装小圆柱齿轮的轴输入，从安装大圆柱齿轮的轴输出

二、机构运动简图

在实际的机构中，构件和运动副的外形结构通常都很复杂，而这种复杂的外形结构、截面尺寸以及运动副的具体构造却和构件的运动方式和运动规律无关。因此，在对机构进行运动分析和动力分析时，可以只考虑那些与运动有关的因素，并用最为简洁的方式，把构件和运动副所形成的机构图形画出来。这种仅用简单的线条和符号来代表构件和运动副，并按一定比例表示各构件、运动副的相对位置和运动关系的图形称为机构运动简图。如图 1–6 所示为两爪顶拔器的机构运动简图。在该机构运动简图中，小圆圈表示回转副，线段表示构件，两段平行线表示移动副，波浪

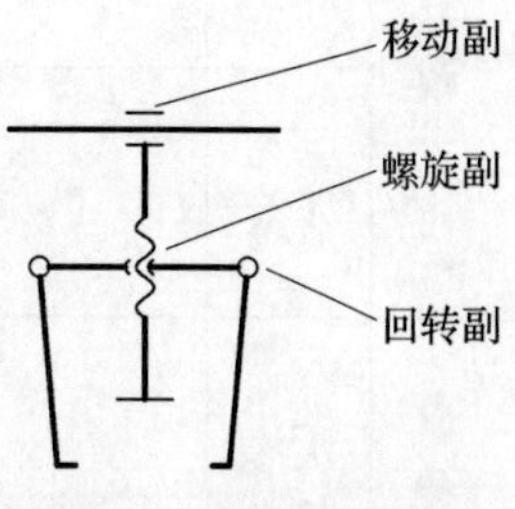

图 1–6　两爪顶拔器的机构运动简图

线和两边的小圆弧表示螺旋副。国家标准规定：图形符号中表示轴、杆符号的图线用两倍粗实线表示，其他符号用粗实线绘制，如图 1–6 所示。

机构运动简图与实际机构应具有完全相同的运动特性，即它们的所有构件的运动形式是完全相同的，因此机构运动简图必须根据机构的实际尺寸按比例绘制。《机械制图　机构运动简图用图形符号》（GB/T 4460—2013）规定了机构运动简图中使用的图形符号。常用构件的图形符号见表 1–5，常用运动副的图形符号见表 1–6。

表 1–5　常用构件的图形符号（摘自 GB/T 4460—2013）

名称	图形符号	名称	图形符号
机架		构件是回转副的一部分	说明：细实线为相邻构件
杆、轴		机架是回转副的一部分	说明：细实线为相邻构件
构件组成部分的永久连接		构件是移动副的一部分	说明：细实线为相邻构件
组成部分与轴（杆）的固定连接		连接回转副的滑块	说明：细实线为相邻构件

表 1–6　常用运动副的图形符号（摘自 GB/T 4460—2013）

名称		图形符号	结构图
回转副	固定铰链		
	活动铰链		
移动副	滑块固定		

续表

名称		图形符号	结构图
移动副	滑块不固定		
螺旋副			

课后练习

1. 机器一般分为哪几种类型？一般由哪几部分组成？
2. 简述机器、机构和机械之间的关系。
3. 什么是运动副？它有哪些类型？
4. 什么是机构运动简图？

机械工程材料和热处理基础

学习目标

1. 了解金属材料的分类与力学性能。
2. 了解非合金钢、低合金钢、合金钢和铸铁的分类，掌握其常用牌号、性能及用途。
3. 了解铜及铜合金、铝及铝合金的主要分类，掌握其主要牌号、性能及用途。
4. 了解滑动轴承合金、钛及钛合金、硬质合金的主要牌号、性能及用途。
5. 了解钢的热处理工艺过程，掌握常用热处理的方法、特点及应用。
6. 了解塑料的组成、分类及性能。
7. 了解常用橡胶的种类、性能和用途。
8. 了解陶瓷的基本性能及应用。
9. 了解复合材料的组成和分类。

第1节　金属材料的分类与力学性能

机械工程材料是指用于制造各类机械零件、构件的材料和在机械制造过程中所应用的材料。按化学组成的不同，分为金属材料、非金属材料和复合材料三大类。其中金属材料是最重要的工程材料，应用最广、最多。

一、金属材料的分类

金属材料是指以金属（包括合金与纯金属）为基础的材料，可分为黑色金属和有色金属两大类。在黑色金属中，锰、铬等通常作为合金元素存在于铁碳合金中，很少单独作为金属材料使用，所以黑色金属通常指铁碳合金。金属材料具有良好的延展性、导电性和导热性。常用金属材料的分类如图 2–1 所示。

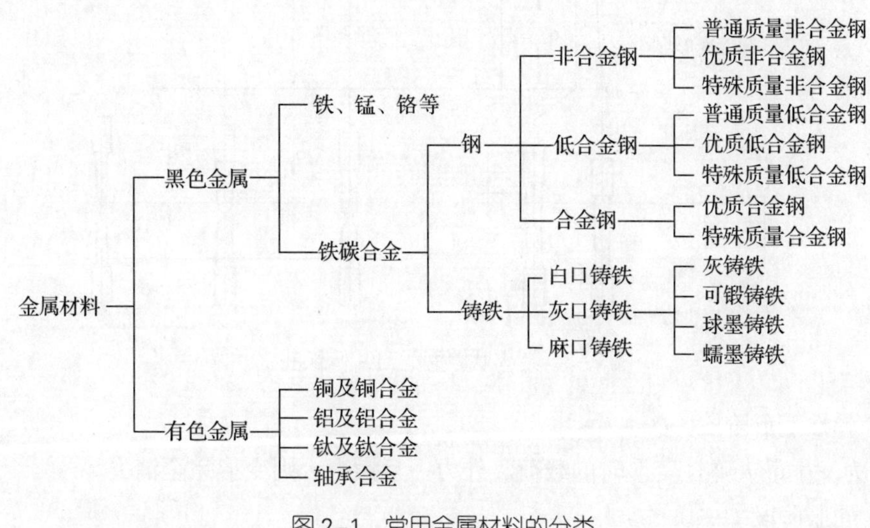

图 2–1　常用金属材料的分类

二、金属材料的力学性能

金属材料的力学性能是指金属材料抵抗外力与变形所呈现的性能。常用的力学性能指标主要有强度、塑性、硬度、冲击韧性、疲劳强度等。

1. 强度

金属材料在静载荷作用下，抵抗塑性变形或断裂的能力称为强度。强度的大小用应力（单位面积上的内力称为应力，单位为 MPa）表示。金属材料的强度越高，所能承受的载荷就越大。其衡量指标为屈服强度和抗拉强度，通常采用拉伸试验来测定。

（1）拉伸试验

进行拉伸试验时，将标准的拉伸试样夹在拉伸试验机（见图 2–2）上，缓慢加载，随着载荷的不断增加，试样的伸长量也不断增加，直至试样被拉断为止。

以加载在试样上的载荷 F 为纵坐标，以试样相应的伸长量 ΔL 为横坐标，依据拉力 F 与伸长量 ΔL 之间的关系在直角坐标系中绘出的曲线，

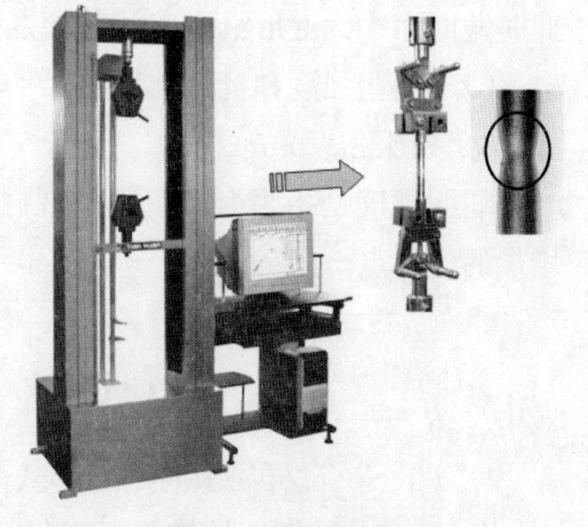

图 2–2　拉伸试验机

称为力－伸长曲线。如图 2-3 所示为退火低碳钢的力－伸长曲线，拉伸过程分为弹性变形阶段、屈服阶段、强化阶段和缩颈阶段。

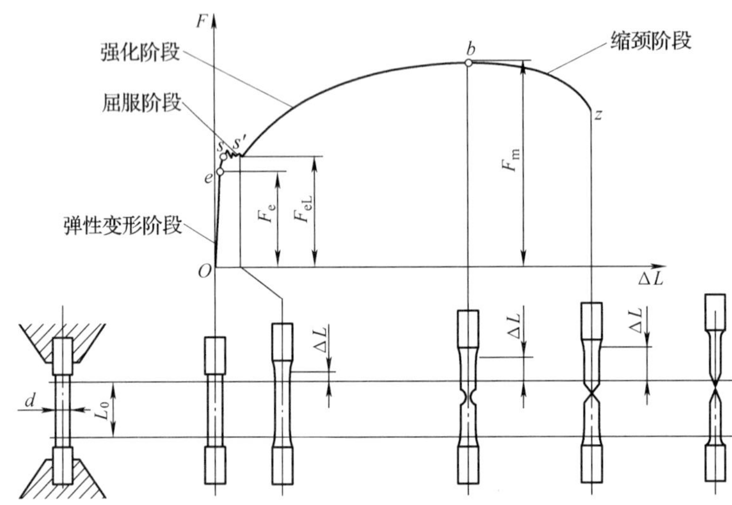

图 2-3　退火低碳钢的力－伸长曲线

1）弹性变形阶段（Oe）

F_e 为发生最大弹性变形时的载荷。外力一旦撤去，则变形完全消失。

2）屈服阶段（ss'）

外力大于 F_e 后，试样发生塑性变形；当外力为 F_e~F_{eL} 时，图线为锯齿状，这种外力不增加而变形却继续增加的现象称为屈服，F_{eL} 为屈服载荷。

3）强化阶段（$s'b$）

外力大于 F_{eL} 后，试样再继续伸长则必须不断增加外力。随着变形增大，变形抗力也逐渐增大，这种现象称为形变强化或加工硬化。F_m 为试样在屈服阶段后所能抵抗的最大拉伸力。

4）缩颈阶段（bz）

当外力达到最大拉伸力 F_m 后，试样的某一直径处发生局部收缩，称为“缩颈”。此时截面缩小，变形继续在此截面发生，所需外力也随之逐渐降低，直至断裂。

（2）屈服强度和抗拉强度

1）屈服强度（R_{eL}）

屈服强度是指当金属材料呈现屈服现象时，在拉伸试验期间达到塑性变形而力不增加的应力点。即

$$R_{eL} = \frac{F_{eL}}{S_0}$$

式中　R_{eL}——屈服强度，MPa；

F_{eL}——试样屈服时的最小载荷，N；

S_0——试样原始横截面面积，mm^2。

除低碳钢、中碳钢及少数合金钢有屈服现象外，其他大多数金属材料没有明显的屈服现象。因此，规定用产生 0.2% 残余伸长时的应力作为这些材料的屈服强度，称为条件屈服强度（$R_{P0.2}$）。

2）抗拉强度（R_m）

试样在断裂前所能承受的最大应力称为抗拉强度。即

$$R_m = \frac{F_m}{S_0}$$

式中　R_m——抗拉强度，MPa；

F_m——试样在屈服阶段后所能抵抗的最大拉伸力（无明显屈服现象的材料为试验期间的最大拉伸力），N；

S_0——试样原始横截面面积，mm^2。

材料的 R_{eL}、R_m 可在材料手册中查得。一般机件都是在弹性状态下工作，不允许有塑性变形，更不允许工作应力大于 R_m。

2. 塑性

金属材料断裂前产生永久变形的能力称为塑性，其衡量指标为断后伸长率 A 和断面收缩率 Z。塑性指标也是由拉伸试验测定的。

（1）断后伸长率（A）

材料试样拉断后，标距的伸长量与原始标距的百分比称为断后伸长率，用符号 A 表示。其计算公式为

$$A = \frac{L_u - L_0}{L_0} \times 100\%$$

式中　A——断后伸长率，%；

L_u——试样拉断后紧密对接的标距，mm；

L_0——试样的原始标距，即室温下施力前的试样标距，mm。

（2）断面收缩率（Z）

材料试样拉断后，缩颈处横截面面积变化量与原始横截面面积的百分比称为断面收缩率，用符号 Z 表示。其计算公式为

$$Z = \frac{S_0 - S_u}{S_0} \times 100\%$$

式中　Z——断面收缩率，%；

S_0——试样原始的横截面面积，mm^2；

S_u——试样拉断后缩颈处的横截面面积，mm^2。

材料的断面收缩率和断后伸长率值越大，说明材料的塑性越好，越易于通过塑性变形加工形状复杂的零件，如可以拉制细丝、轧制薄板等。使用时不会发生突然断裂，安全性较高。

3. 硬度

材料抵抗变形，特别是压痕或划痕形成的永久变形的能力称为硬度。与其他力学性能相比，硬度试验简单易行，因此在工业生产中被广泛应用。通常，硬度是通过在

专用的硬度试验机上试验测得的。常用的硬度试验方法有布氏硬度（HBW）试验和洛氏硬度（HR）试验等，测得的硬度值分别称为布氏硬度和洛氏硬度。

（1）布氏硬度

布氏硬度的测量是使用一定直径的硬质合金球体，在规定载荷的作用下压入试样表面，并保持规定时间后卸除载荷，用专用的读数显微镜测出压痕直径，再从压痕直径与布氏硬度对照表中查出相应的布氏硬度值。

布氏硬度值是球冠压痕单位面积上所承受的平均压力，用 HBW 表示，单位为 MPa。例如，“170HBW”表示布氏硬度值为 170 MPa。

（2）洛氏硬度

洛氏硬度是通过测量压痕深度来确定硬度值的，无单位。当采用不同的压头和不同的总试验力时，可组成几种不同的洛氏硬度标尺。常用的洛氏硬度标尺有 A、B、C 三种，其中 C 标尺应用最广，常用来测定淬火钢等较硬材料的硬度。

洛氏硬度用 HR 表示，符号 HR 前面的数字表示硬度值，HR 后面的字母表示不同的洛氏硬度标尺。例如，“45HRC”表示用 C 标尺测定的洛氏硬度值为 45。

4. 冲击韧性

许多机械零件在工作中往往要受到冲击载荷的作用，如活塞销、锻锤杆、冲模、锻模等。制造此类零件所用材料必须考虑其抗冲击载荷的能力。金属材料抵抗冲击载荷作用而不破坏的能力称为冲击韧性。材料的冲击韧性用夏比摆锤冲击试验来测定。

金属材料的冲击韧性随温度的降低而下降，有些金属材料，如工程上用的中低强度钢，当温度降低到某一程度时，会出现冲击韧性明显下降的现象，这种现象称为冷脆现象。

5. 疲劳强度

弹簧、曲轴、齿轮等机械零件在工作过程中所承受的载荷主要为交变载荷（大小、方向随时间做周期性变化），零件承受的应力虽低于材料的屈服强度，但经过长时间的工作后，仍会产生裂纹或突然发生断裂，金属的这种断裂现象称为疲劳断裂。金属材料抵抗交变载荷作用而不产生破坏的能力称为疲劳强度。

第2节 铁碳合金

合金是以一种金属为基础，加入其他金属或非金属，经过熔合而获得的具有金属特性的材料，即合金是由两种或两种以上的金属元素或金属与非金属元素所组成的金属材料。铁碳合金是现代工业中应用最为广泛的金属材料，它们均是以铁和碳为基本组元的合金，又称为钢铁材料。

按含碳量的不同，铁碳合金可分为工业纯铁、钢和铸铁。其中，把含碳量小于

0.021 8% 的铁碳合金称为工业纯铁，把含碳量为 0.021 8% ~ 2.11% 的铁碳合金称为钢，把含碳量大于 2.11% 的铁碳合金称为铸铁。

按化学成分不同，钢可分为非合金钢、低合金钢和合金钢。

一、非合金钢

1. 非合金钢的分类

非合金钢即碳素钢，是最基本的铁碳合金，它是指冶炼时没有特意加入合金元素，且含碳量为 0.021 8% ~ 2.11% 的铁碳合金。非合金钢的分类见表 2-1。

表 2-1　非合金钢的分类

分类方法	种类	备注
按含碳量分	低碳钢	含碳量 <0.25%
	中碳钢	含碳量为 0.25% ~ 0.60%
	高碳钢	含碳量 >0.60%
按主要质量等级分	普通质量非合金钢	在生产过程中不规定需要特别控制质量要求的钢
	优质非合金钢	在生产过程中需要严格控制质量（如降低硫、磷含量，改善表面质量等），以达到比普通质量非合金钢特殊的质量要求（如良好的抗脆断性能、良好的冷成形性等），但这种钢的生产控制不如特殊质量非合金钢严格（如不控制淬透性）
	特殊质量非合金钢	在生产过程中需要严格控制质量和性能（如控制淬透性和纯洁度等）
按用途分	碳素结构钢	主要用于制作各种机械零件和工程结构件，含碳量一般小于 0.7%
	碳素工具钢	主要用于制作各种刀具、量具和模具，含碳量一般大于 0.7%
按冶炼时脱氧程度的不同分	沸腾钢	脱氧程度不完全的钢
	镇静钢	脱氧程度完全的钢
	半镇静钢	脱氧程度介于沸腾钢和镇静钢之间的钢
	特殊镇静钢	比镇静钢脱氧程度更充分彻底的钢

2. 常用非合金钢的牌号、性能和应用

常用非合金钢的牌号采用国际通用的化学元素符号、汉语拼音字母和阿拉伯数字相结合的方法来表示。

（1）碳素结构钢

碳素结构钢是工程中应用最多的钢种，其牌号由以下四部分组成。

1）代表屈服强度的拼音字母 Q+ 屈服强度值（单位 MPa）。

2）（必要时）质量等级符号：A、B、C、D 级，从 A 到 D 依次提高。

3）（必要时）脱氧方法符号：F—沸腾钢、b—半镇静钢、Z—镇静钢、TZ—特殊镇

静钢，Z 与 TZ 符号在钢号组成表示方法中可以省略。

4）（必要时）在牌号尾加产品用途、特性和工艺方法表示符号，如压力容器用钢—R、锅炉用钢—G、桥梁用钢—Q 等。

碳素结构钢牌号标记示例如图 2–4 所示，Q235AF 表示屈服强度为 235 MPa 的 A 级沸腾钢。

常用碳素结构钢的牌号共有 4 种，分别是 Q195、Q215、Q235 和 Q275，其牌号、等级、主要特性及用途见表 2–2。

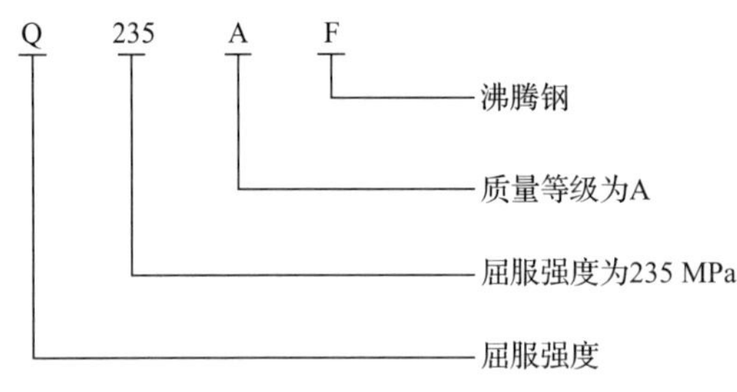

图 2–4　碳素结构钢牌号标记示例

表 2–2　常用碳素结构钢的牌号、等级、主要特性及用途

<table>
<tr><th>牌号</th><th>等级</th><th>主要特性</th><th>用途</th></tr>
<tr><td>Q195</td><td>—</td><td rowspan="3">具有较好的塑性、韧性、焊接性和压力加工性能，但强度较低</td><td>适用于制作承受载荷较小的零件、铁丝、垫铁、垫圈、开口销、拉杆、冲压件及焊接件</td></tr>
<tr><td rowspan="2">Q215</td><td>A</td><td rowspan="2">适用于制作拉杆、垫圈、套圈、渗碳零件及焊接件</td></tr>
<tr><td>B</td></tr>
<tr><td rowspan="4">Q235</td><td>A</td><td rowspan="4">具有一定的强度，良好的塑性、韧性、焊接性和冷冲压性能，以及一定的强度和好的冷弯性能</td><td rowspan="4">适用于制作金属结构件，心部要求不高的渗碳或碳氮共渗零件，拉杆、连杆、吊钩、车钩、螺栓、螺母、套筒、轴及焊接件，C、D 级用于重要的焊接结构</td></tr>
<tr><td>B</td></tr>
<tr><td>C</td></tr>
<tr><td>D</td></tr>
<tr><td rowspan="4">Q275</td><td>A</td><td rowspan="4">具有较高的强度、较好的塑性、可加工性和一定的焊接性能</td><td rowspan="2">适用于制作转轴、心轴、吊钩、拉杆、摇杆、楔等强度要求不高的零件，焊接性尚可</td></tr>
<tr><td>B</td></tr>
<tr><td>C</td><td rowspan="2">适用于制作轴、链轮、齿轮、吊钩等强度要求较高的零件</td></tr>
<tr><td>D</td></tr>
</table>

（2）优质碳素结构钢

优质碳素结构钢的牌号由两位数字组成，表示钢的平均含碳量的万分数。例如，45 表示平均含碳量为 0.45% 的优质碳素结构钢，08 表示平均含碳量为 0.08% 的优质碳素结构钢。

优质碳素结构钢根据其含锰量的不同，分为普通含锰量钢（w_{Mn}=0.35% ~ 0.80%）

和较高含锰量钢（w_{Mn}=0.7% ~ 1.2%）两组。较高含锰量钢在牌号后面标出元素符号 Mn，如 50Mn。若为沸腾钢，则在牌号后面标注字母 F，如 08F。

优质碳素结构钢的种类很多，常用优质碳素结构钢的牌号、主要特性及用途见表 2–3。

表 2–3　常用优质碳素结构钢的牌号、主要特性及用途

牌号	主要特性	用途
08	强度、硬度低，塑性和韧性好	适用于制作冲压件、压延件和心部强度要求不高的渗碳零件，如套筒、靠模、支架
35	具有一定的强度，良好的塑性和切削加工性，冷变形时的塑性高	适用于制作负载较大但截面尺寸较小的各种机械零件，如销、轴、曲轴、横梁、连杆、垫圈、圆盘、螺栓、螺钉、螺母等
45	具有一定的塑性和韧性，较高的强度，切削性能良好，采用调质处理可获得很好的综合力学性能	适用于制作较高强度的运动零件，如活塞、叶轮轴、连杆、蜗杆、齿条、齿轮、连接销等
60	具有相当高的强度、硬度和弹性，切削加工性稍差，冷变形塑性低，淬透性低	适用于制作耐磨、强度较高、受力较大、摩擦工作以及相当弹性的弹性零件，如直轴、曲轴、轧辊、离合器、钢丝绳、弹簧垫圈、弹簧圈、减振弹簧、凸轮等
45Mn	强度、韧性及淬透性均比 45 钢高，调质处理可获得较好的综合力学性能，切削加工性好	适用于制作承受较大负载及磨损工作条件的零件，如曲轴、花键轴、直轴、连杆、万向节轴、汽车半轴、啮合杆、齿轮、离合器盘、螺栓、螺母等
65Mn	具有高的强度和硬度，弹性良好，淬透性较好	适用于制作受摩擦、高弹性、高强度的机械零件，如机床主轴、机床丝杠、钢轨、板弹簧、螺旋弹簧、弹簧垫圈等

（3）碳素工具钢

碳素工具钢的牌号用汉字“碳”的汉语拼音的首字母“T”及后面的阿拉伯数字表示，其数字表示钢中平均含碳量的千分数。例如，T8 表示平均含碳量为 0.80% 的优质碳素工具钢。若为高级优质碳素工具钢，则需在牌号后面标注字母 A。高级优质碳素工具钢牌号的标记示例如图 2–5 所示，T12A 表示平均含碳量为 1.2% 的高级优质碳素工具钢。

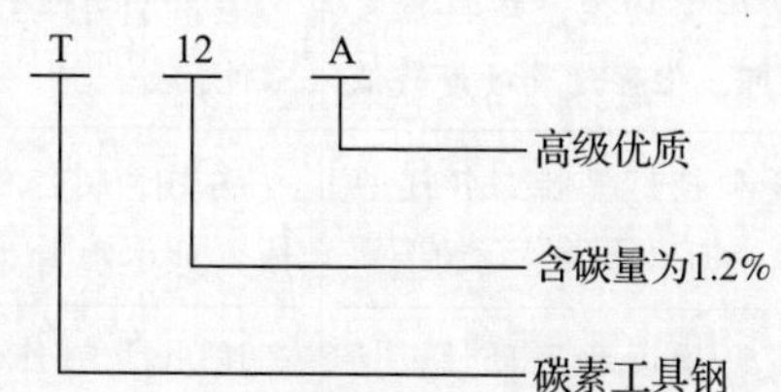

图 2–5　高级优质碳素工具钢牌号的标记示例

常用碳素工具钢的牌号、主要特性和用途见表 2–4。

表 2–4　常用碳素工具钢的牌号、主要特性和用途

牌号	主要特性	用途
T7	经热处理（淬火后回火）后，可得到较高的强度、韧性以及一定的硬度，但淬硬性低、淬透性差，淬火变形大	用于制作承受振动、冲击载荷、韧性要求较高、硬度中等且切削能力不高的工具，如压模、锻模、钳工工具、车床顶尖、钻头、弹簧、销轴、钳工锤头等
T8	经热处理（淬火后回火）后，可得到较高的硬度和良好的耐磨性，但强度和塑性不高，淬硬性低，受热后易变形，承受冲击载荷的能力低	用于制作切削刃口在工作中不变热的、硬度和耐磨性较高的工具，如软金属切削刀具、钳工装配工具、铆钉冲模、虎钳的钳口以及弹性垫圈、弹簧片等
T10	韧性较好，强度较高，耐磨性比 T8、T9 高，但淬透性不好、淬火变形较大	用于制作切削条件较差，耐磨性较高且不受强烈振动，要求韧性较高、刃口锋利的刀具，如钻头、丝锥、车刀、刨刀、扩孔刀具、螺纹板牙、铣刀；也可用于制作受冲击不大的耐磨零件，如小轴、低速传动轴瓦的滑动轴承、滑轮轴等
T12	具有高硬度和高的耐磨性，但韧性较低、淬透性不好、淬火变形大	用于制作冲击小、切削速度不高、高硬度的各种工具，如铣刀、车刀、钻头、铰刀、扩孔钻、丝锥、板牙、锉刀、锯片及高硬度但冲击小的机械零件

（4）铸造碳钢

铸造碳钢的含碳量一般为 0.20% ~ 0.60%，如果含碳量过高，则塑性变差，铸造时易产生裂纹。

铸造碳钢的牌号是用“铸钢”两汉字的汉语拼音的首字母“ZG”加两组数字组成的。第一组数字表示屈服强度，第二组数字表示抗拉强度，两组数字用“–”隔开。例如，ZG270–500 表示屈服强度不小于 270 MPa、抗拉强度不小于 500 MPa 的铸造碳钢。

常用铸造碳钢的牌号、主要特性和用途见表 2–5。

表 2–5　常用铸造碳钢的牌号、主要特性和用途

牌号	主要特性	用途
ZG230–450	具有较好的塑性、韧性，焊接性良好，切削性能尚可，但强度和硬度较低	适用于制作受力不大、要求具有一定韧性的零件，如砧座、轴承盖、机座、阀体、箱体等
ZG270–500	具有较高强度和较好塑性，铸造性能良好，焊接性尚可，切削性能良好	适用于制作机架、连杆、箱体、缸体、曲轴、轴承座等
ZG340–640	具有高的强度、硬度和耐磨性，铸造和焊接性差，裂纹敏感性较大	适用于制作起重运输机齿轮、轧辊、叉头、车轮、棘轮、联轴器等

二、低合金钢

低合金钢是指钢中合金元素含量一般不超过5%，屈服强度一般达到300 ~ 400 MPa或更高，并具有优良焊接性能的工程结构用钢。由于合金元素的强化作用，低合金钢比碳素结构钢（碳含量相同）的强度高得多，并且具有良好的塑性、韧性、耐腐蚀性和焊接性能，广泛用于制造工程构件。按主要性能和使用特点不同，低合金钢可分为低合金高强度结构钢、低合金耐候钢和低合金专用钢等。

低合金高强度结构钢是应用较为广泛的一种低合金钢，常加入的合金元素有锰（Mn）、硅（Si）、钛（Ti）、铌（Nb）、钒（V）等。其含碳量较低，一般为0.10% ~ 0.25%。

低合金高强度结构钢的牌号表示方法与碳素结构钢相同。常用低合金高强度结构钢的牌号、主要特性和用途见表2–6。

表2–6　常用低合金高强度结构钢的牌号、主要特性和用途

牌号	主要特性	用途
Q345	具有良好的综合力学性能，塑性和焊接性良好，冲击韧性较好	一般在热轧或正火状态下使用。适用于制作桥梁、船舶、车辆、管道、锅炉、各种容器、油罐、电站等承受载荷的结构以及低温压力容器等结构件
Q390	具有良好的综合力学性能，塑性和冲击韧性良好	一般在热轧状态下使用。适用于制作锅炉、中高压石油化工容器、桥梁、船舶、起重机、较高负荷的焊接件、连接构件等
Q420	具有良好的综合力学性能，优良的低温韧性，焊接性好，冷热加工性良好	一般在热轧或正火状态下使用。适用于制作高压容器、重型机械、桥梁、船舶、机车车辆、锅炉及其他大型焊接结构件
Q460		淬火、回火后用于大型工程结构及要求高强度、重负荷的轻型结构

三、合金钢

合金钢是指在碳素钢的基础上，为了改善钢的性能，在冶炼时有目的地加入一种或数种合金元素的钢。合金钢的合金元素的含量高于低合金钢，由于合金元素的加入，合金钢具有较好的力学性能、淬透性和回火稳定性等，有的还具有耐热、耐酸、耐腐蚀等特殊性能，使其在机械制造中得到广泛应用。

1. 合金钢的分类

合金钢的分类方法很多，但最常见的是按用途划分或按质量等级划分，见表2–7。

表 2-7　合金钢的分类

分类依据	类别	应用
按用途划分	合金结构钢	用于制作机械零件和工程结构，可分为合金渗碳钢、合金调质钢、合金弹簧钢、滚动轴承钢等
	合金工具钢	用于制作各种工具，可分为合金刃具钢、合金模具钢和合金量具钢等
	特殊性能钢	具有某种特殊物理、化学性能，如不锈钢、耐热钢、耐磨钢等
按质量等级划分	优质合金钢	在生产过程中需要严格控制质量和性能，但其生产控制和质量要求不如特殊质量合金钢严格
	特殊质量合金钢	在生产过程中需要严格控制质量和性能

2. 合金钢的牌号

我国合金钢牌号采用含碳量、合金元素的种类及含量、质量级别来编号。

（1）合金结构钢的牌号

合金结构钢的牌号采用“两位数字（含碳量）+ 元素符号（或汉字）+ 数字”表示。前面两位数字表示钢的平均含碳量的万分数，元素符号（或汉字）表明钢中含有的主要合金元素，后面的数字表示该元素的含量。合金元素平均含量小于 1.5% 时不标明含量，平均含量为 1.5% ~ 2.5%、2.5% ~ 3.5%、…时，则相应地标以 2、3、…例如，40Cr 和 60Si2Mn 的含义如图 2-6 所示。

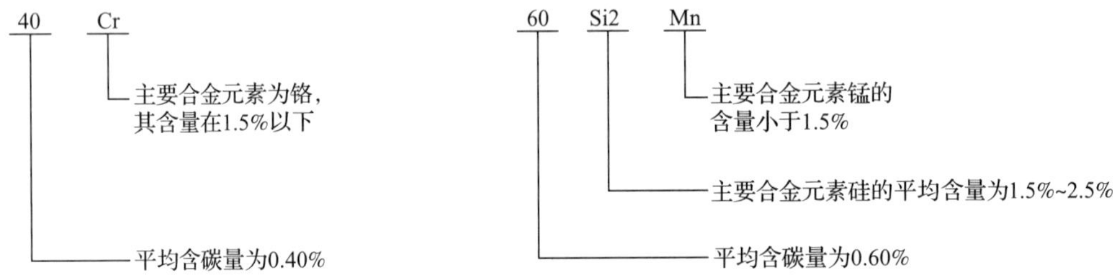

图 2-6　合金结构钢牌号的标记示例

（2）合金工具钢的牌号

合金工具钢牌号和合金结构钢牌号的区别仅在于含碳量的表示方法，它用一位数字表示平均含碳量的千分数，当含碳量大于等于 1.0% 时，则不予标出。例如，9SiCr 和 Cr12MoV 的含义如图 2-7 所示。

（3）不锈钢或耐热钢的牌号

表示方法与合金结构钢相同（两位数，万分数计）。当材料只规定含碳量上限时，若含碳量上限≤ 0.10%，则以其上限值的 3/4 表示，如 06Cr18Ni9（含碳量不大于 0.08%）；若含碳量上限 >0.10%，则以其上限值的 4/5 表示，如 12Cr17（含碳量不大于 0.15%）。

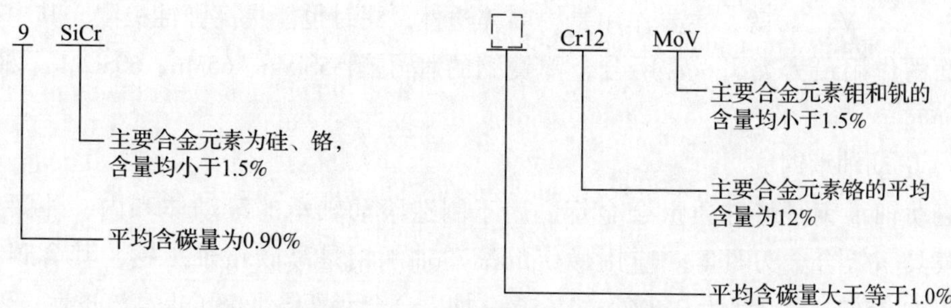

图 2-7 合金工具钢牌号的标记示例

当含碳量上限≤ 0.03%（超低碳）时，则以三位数表示含碳量最佳控制值（十万分数计），如 015Cr19Ni11（含碳量上限为 0.02%）。

当含碳量规定有上、下限时，则采用平均含碳量表示（两位数，万分数计），如 20Cr13（含碳量为 0.16% ~ 0.25%）。

（4）高速工具钢的牌号

高速工具钢的牌号表示方法与合金结构钢基本相同，但牌号头部一般不标明表示含碳量的阿拉伯数字，如 W18Cr4V 钢的平均含碳量为 0.7% ~ 0.8%。为了区别牌号，在牌号头部可以加“C”表示高碳高速工具钢。

各种高级优质合金钢在牌号的最后标上“A”，如 38CrMoAlA，表示平均含碳量为 0.38% 的高级优质合金结构钢。

3. 常用合金钢的性能和应用

（1）合金结构钢

1）合金渗碳钢

合金渗碳钢的含碳量为 0.12% ~ 0.25%，可保证心部具有足够的塑性和韧性；加入合金元素主要是为了提高钢的淬透性，使零件在热处理后，表层和心部均得到强化。

合金渗碳钢具有高的表面硬度和耐磨性，心部具有足够的强度和韧性，用于制造既要有优良的耐磨性和耐疲劳性、又能承受冲击载荷作用的零件。常用合金渗碳钢的牌号主要有低淬透性的 20Cr、20MnV，中淬透性的 20CrMn、20CrMnTi，高淬透性的 12Cr2Ni4A、18Gr2Ni4WA 等。

2）合金调质钢

合金调质钢是在中碳钢（30、35、40、45、50）的基础上加入一种或数种合金元素，以提高淬透性和耐回火性，使之在调质处理后具有良好的综合力学性能的钢。合金调质钢的含碳量一般为 0.25% ~ 0.50%，热处理工艺是调质（淬火 + 高温回火）。合金调质钢常用来制造受力复杂、具有较高综合力学性能要求的零件，如发动机轴、连杆及传动齿轮等。常用合金调质钢的牌号主要有低淬透性的 40Cr、35SiMn，中淬透性的 40CrMn、38CrMoAl，高淬透性的 40CrNiMo、40CrMnMo 等。

3）合金弹簧钢

合金弹簧钢的含碳量一般为 0.45% ~ 0.70%。合金弹簧钢中可加入的合金元素有

Mn、Si、Cr、V、Mo 等，主要作用是提高淬透性，同时也能提高弹性极限，其中硅在这方面的作用最为突出。常用合金弹簧钢的牌号有 55SiMn、65Mn、60Si2Mn、50CrV 等。

4）滚动轴承钢

滚动轴承钢是特殊质量合金钢，用于制造滚动轴承的滚动体和内、外圈及量具、模具、低合金刃具等。应用最广的滚动轴承钢是高碳铬轴承钢，其含碳量为 0.95% ~ 1.15%、含铬量为 0.40% ~ 1.65%。加入合金元素铬是为了提高淬透性、硬度、接触疲劳强度和耐磨性。制造大型轴承时，为了进一步提高淬透性，还可加入硅、锰等元素。常用滚动轴承钢的牌号有 GCr15、GCr15SiMn 等。

（2）合金工具钢

1）合金刃具钢

合金刃具钢主要用于制造车刀、铣刀、钻头等各种金属切削刀具。刃具钢要求具有高硬度、高耐磨性、高红硬性（红硬性是指金属材料在高温下保持高硬度的能力）及足够的强度和韧性等。合金刃具钢分为低合金刃具钢和高速工具钢两种。

低合金刃具钢是在碳素工具钢的基础上加入了少量合金元素，主要加入 Si、Cr、Mn、W、V 等元素，可提高淬透性、耐磨性并细化晶粒。低合金刃具钢的含碳量为 0.85% ~ 1.10%。常用低合金刃具钢的牌号有 9SiCr、9Mn2V、CrWMn。

高速工具钢（又称高速钢）是一种用于制作中速或高速切削工具的高碳合金工具钢。高速工具钢具有良好的红硬性，当切削温度高达 600 ℃左右时，其硬度仍无明显下降，高速工具钢也因此而得名。

高速工具钢含碳量较高（0.7% ~ 1.5%）并含有大量的 W、Mo、Cr、V、Co 等强碳化物形成元素，可形成大量的合金碳化物，以保证获得高硬度、高红硬性和高耐磨性。常用高速工具钢的牌号有 W18Cr4V、W6Mo5Cr4V2 等。

2）合金模具钢

用于制作模具的钢称为模具钢。根据工作条件不同，模具钢又可分为冷作模具钢、热作模具钢和塑料模具钢三类。

冷作模具钢用于制造使金属在冷状态下变形的模具，如冲裁模、拉丝模、弯曲模、拉深模等。这类模具工作时的实际温度一般为 200 ~ 300 ℃。

小型冷作模具可用碳素工具钢或低合金刃具钢来制造，如 T10A、T12、9SiCr、CrWMn、9Mn2V 等。大型冷作模具一般采用 Cr12、Cr12MoV 等高碳高铬钢制造。

热作模具钢是用来制造使金属在高温下成形的模具，如热锻模、热挤压模、压铸模等，这类模具工作时型腔温度可达 600 ℃。

热作模具通常采用中碳合金钢（含碳量为 0.3% ~ 0.6%）制造，常加入的合金元素有 W、Si、Cr、Mn、Mo、Ni、V 等。目前一般采用 5CrMnMo 和 5CrNiMo 钢制造热锻模，采用 3Cr2W8V 钢制造热挤压模和压铸模。

塑料模具钢是一种用于制作塑料模和低熔点金属压铸模的模具钢。常用的有碳素塑料模具钢、渗碳型塑料模具钢、预硬化型塑料模具钢、时效硬化型塑料模具钢、耐蚀性塑料模具钢、淬硬型塑料模具钢等多种类型，其中预硬化型塑料模具钢 3Cr2Mo 和 3Cr2NiMo 的综合性能较好，应用广泛。

3）合金量具钢

合金量具钢用于制造各种量具，如千分尺、卡尺、块规、塞规等。制造量具没有专用钢种，碳素工具钢、合金刃具钢和滚动轴承钢均可用来制造量具，如 CrWMn、CrMn、GCr15 等。

（3）不锈钢

不锈钢是不锈钢和耐酸钢的统称，能抵抗大气、水等介质腐蚀的钢称为不锈钢，而在一些化学介质中能抵抗腐蚀的钢称为耐酸钢。不锈钢不一定耐酸，而耐酸钢一般都能抵抗大气、水等介质的腐蚀。

随着不锈钢中含碳量的增加，其强度、硬度和耐磨性相应提高，但耐腐蚀性下降。不锈钢中的基本合金元素是铬，含铬量都在 13% 以上。不锈钢中还含有镍、钛、锰、氮、铌等元素，以进一步提高耐腐蚀性或塑性。

常用的不锈钢按化学成分可分为铬不锈钢、铬镍不锈钢和铬锰不锈钢等，按金相组织特点又可分为奥氏体不锈钢、马氏体不锈钢和铁素体不锈钢等。

1）奥氏体不锈钢

奥氏体不锈钢是应用范围最广的不锈钢，其含碳量很低（≤ 0.15%），含铬量为 18%，含镍量为 9%。这种不锈钢属于铬镍不锈钢。常用的奥氏体不锈钢有 12Cr18Ni9、06Cr19Ni10N 等。

奥氏体具有较好的耐腐蚀性和耐热性，其耐腐蚀性高于马氏体不锈钢。同时，它具有高塑性，适宜冷加工成形，焊接性能良好。此外，它无磁性，故可用于制造抗磁零件。

2）马氏体不锈钢

马氏体不锈钢的含碳量为 0.10% ~ 1.20%，淬火后能得到马氏体，故称为马氏体不锈钢，它属于铬不锈钢，要经过淬火、回火后才能使用。马氏体不锈钢的耐腐蚀性、塑性和焊接性都不如奥氏体不锈钢和铁素体不锈钢，但由于它具有较好的力学性能，并具有一定的耐腐蚀性，故应用广泛。12Cr13、20Cr13 可用于制造汽轮机叶片、医疗器械等，30Cr13、40Cr13、68Cr17 等可用于制造医用手术器具、量具及轴承等耐磨零件。

3）铁素体不锈钢

铁素体不锈钢的含碳量 <0.12%，含铬量为 11.50% ~ 30%，属于铬不锈钢。它具有良好的高温抗氧化性（700 ℃以下），特别是耐腐蚀性较好。但其力学性能不如马氏体不锈钢，塑性不及奥氏体不锈钢，故多用于受力不大的耐酸结构件和作为抗氧化钢使用，如各种家用不锈钢厨具、餐具等。常用的铁素体不锈钢有 10Cr17、008Cr30Mo2 等。

四、铸铁

铸铁是应用非常广泛的一种金属材料，机床的床身以及机用虎钳的钳体、底座等都是用铸铁制造的。在各类机器的制造中，若按质量百分比计算，铸铁占整个机器质量的 45% ~ 90%。工业上常用的铸铁含碳量一般为 2.5% ~ 4.0%，此外还含有硅（Si）、锰（Mn）、硫（S）、磷（P）等元素。

1. 铸铁的分类方法

碳在铸铁中的存在形式有两种：渗碳体和石墨。根据碳的存在形式铸铁可分为白口铸铁（碳以渗碳体的形式存在）、麻口铸铁（碳以渗碳体和石墨的形式存在）和灰口铸铁（碳以石墨的形式存在）三种。工业上所用的铸铁几乎全部是灰口铸铁，根据灰口铸铁中石墨的形态不同，可分为灰铸铁、可锻铸铁、球墨铸铁和蠕墨铸铁，其类别、说明及应用见表 2–8。

表 2–8　灰口铸铁的类别、说明及应用

类别	说明及应用
灰铸铁	石墨呈片状，又称普通灰口铸铁或灰铁，是目前应用最广的一种铸铁
可锻铸铁	石墨呈团絮状，有较高的韧性和一定的塑性
球墨铸铁	石墨呈球状，简称球铁，其力学性能比普通灰口铸铁高很多，在生产中的应用日益广泛
蠕墨铸铁	石墨呈蠕虫状，简称蠕铁，其力学性能介于优质灰铸铁和球墨铸铁之间

2. 铸铁的牌号、性能及用途

常用铸铁的牌号、性能及用途见表 2–9。

表 2–9　常用铸铁的牌号、性能及用途

名称		编号原则与说明	典型牌号	性能	用途
灰铸铁		HT（“灰铁”两字汉语拼音字首）+ 一组数字 如 HT150 表示最低抗拉强度为 150 MPa 的灰铸铁	HT100 HT150 HT200 HT350	有良好的铸造性能和切削性能，较好的耐磨性和减振性，抗压强度和硬度较高，抗拉强度较低，塑性和韧性差	用于制造机床床身、支柱、底柱、刀架、齿轮箱箱体、轴承座、泵体等
可锻铸铁	黑心可锻铸铁	KTH（“可铁黑”三字汉语拼音字首）+ 两组数字 如 KTH300–06 表示最低抗拉强度为 300 MPa、最低伸长率为 6% 的黑心可锻铸铁	KTH300–06 KTH350–10 KTH370–12	比灰铸铁强度高，塑性、韧性更好。用于制造载荷不大，承受较高冲击、振动的零件	用于制造汽车、拖拉机的后桥外壳，管接头，机床扳手，低压阀门，农具等

续表

名称		编号原则与说明	典型牌号	性能	用途
可锻铸铁	珠光体可锻铸铁	KTZ（“可铁珠”三字汉语拼音字首）+两组数字 如KTZ450-06表示最低抗拉强度为450 MPa、最低伸长率为6%的珠光体可锻铸铁	KTZ450-06 KTZ550-04 KTZ650-02	具有高的强度、硬度，塑性和韧性比黑心可锻铸铁稍差。用于制造载荷较大、耐磨损并有一定韧性要求的重要零件	常用于制造曲轴、凸轮轴、连杆、齿轮、活塞环、轴套、万向接头、棘轮、扳手和传动链条等
球墨铸铁		QT（“球铁”两字汉语拼音字首）+两组数字 如QT400-18表示最低抗拉强度为400 MPa、最低伸长率为18%的球墨铸铁	QT400-18 QT600-3 QT800-2 QT900-2	具有很高的强度和较好的疲劳强度，又有良好的塑性和韧性。其综合力学性能接近于钢	用于制造汽车、拖拉机、煤油机乃至火车的曲轴、凸轮轴、机床的主轴，轧钢机的轧辊等
蠕墨铸铁		RuT（“蠕”字拼音和“铁”字拼音的字首）+一组数字 如RuT300表示最低抗拉强度为300 MPa的蠕墨铸铁	RuT300 RuT350 RuT400 RuT450	强度接近于球墨铸铁，并且有一定的韧性、较高的耐磨性，同时又有和灰铸铁一样良好的铸造性能和导热性	主要用于制造承受循环载荷、要求组织致密、形状复杂的零件，如气缸盖、进排气管、液压件和钢锭模等

第3节　其他金属材料

一、铜及铜合金

1. 铜

铜呈紫红色，故又称为紫铜。其导电性和导热性仅次于金和银，是最常用的导电、导热材料。铜加工产品按化学成分不同可分为纯铜和无氧铜两类。工业纯铜的牌号有T1、T2、T3等；无氧铜的含氧量极低（不大于0.003%），其牌号有TU1、TU2等。

2. 铜合金

铜的强度低，不能用于制造受力的结构件。工业上广泛采用在铜中加入合金元素而制成性能得到强化的铜合金，常用的铜合金可分为黄铜、白铜、青铜三大类。

（1）黄铜

黄铜是以锌为主加合金元素的铜合金，具有良好的力学性能，易加工成形，对大气、海水有相当好的抗腐蚀能力。黄铜按其所含合金元素的种类可分为普通黄铜和特殊黄铜两类；按生产方式可分为压力加工黄铜和铸造黄铜两类。常用黄铜的组别、牌号和用途见表 2–10。

表 2–10　常用黄铜的组别、牌号和用途

组别	牌号	用途
压力加工普通黄铜	H68	适用于制作复杂的冲压件、散热器、波纹管、轴套、弹壳等
	H62	适用于制作销钉、铆钉、螺钉、螺母、垫圈、气压表弹簧、筛网、散热器等
压力加工特殊黄铜	HSn90–1	适用于制作船舶上的零件、汽车和拖拉机上的弹性套管等
	HMn58–2	适用于制作弱电电路中的零件和在腐蚀条件下工作的重要零件
	HPb59–1	适用于制作热冲压件及切削加工零件，如销钉、螺钉、螺母、轴套等
铸造黄铜	ZCuZn38	适用于制作法兰、阀座、手柄、螺母等
	ZCuZn40Mn2	适用于制作在淡水、海水、蒸汽中工作的零件，如阀体、阀杆、泵管接头等

（2）白铜

白铜是以镍为主加合金元素的铜合金，具有良好的冷、热加工性能，不能进行热处理强化，只能用固溶强化和加工硬化来提高其强度。白铜还具有高的耐腐蚀性，是精密仪器仪表、化工机械、医疗器械及工艺品制造中的重要材料。

白铜的牌号用“B”加镍含量表示，三元以上的白铜用“B”加第二个主添加元素符号及除基元素铜外的成分数字组表示。例如，B30 表示含镍量约为 30% 的白铜，BMn3–12 表示含镍量约为 3%、含锰量约为 12% 的锰白铜。常用白铜的牌号有 B19、B25、BFe10–1–1、BFe30–1–1、BMn3–12 等。

（3）青铜

除了黄铜和白铜外，其他的铜基合金都称为青铜。按主加元素种类的不同，青铜可分为锡青铜、铝青铜、硅青铜和铍青铜等；按生产方式不同，青铜也可分为压力加工青铜和铸造青铜两类。

压力加工青铜的牌号由“Q”+ 主加元素的元素符号及含量 + 其他加入元素的含量组成。例如，QSn4–3 表示含锡量约为 4%、含锌量约为 3%、其余为铜的锡青铜；QAl7 表示含铝量约为 7%、其余为铜的铝青铜。铸造青铜的牌号表示方法和铸造黄铜的牌号表示方法相同，均由“ZCu”+ 主加元素符号 + 主加元素含量 + 其他加入元素的元素符号及含量组成，如 ZCuSn5Pb5Zn5、ZCuAl9Mn2 等。常用青铜的牌号有 QSn4–3、QSn4–4–4、QAl7、ZCuSn5Pb5Zn5、ZCuSn10Pb1、ZCuPb30 等。

二、铝及铝合金

铝是一种具有良好的导电性、传热性及延展性的轻金属，其导电性仅次于银、铜，被大量用于电器设备和高压电缆。铝中加入少量的铜、镁、锰等，形成坚硬的铝合金，具有坚硬美观、轻巧耐用、耐腐蚀的优点。

1. 纯铝

纯铝按纯度分为高纯铝、工业高纯铝、工业纯铝三类。工业纯铝的牌号、特性和用途见表 2–11。

表 2–11　工业纯铝的牌号、特性和用途

牌号	特性	用途
1060 1050A 1035 8A06	具有塑性高、耐蚀、导电性及导热性好的特点，但强度低，不能通过热处理强化，切削性不好，可接受接触焊、气焊	主要用于制作具有特定性能的结构件，如垫片、电容器、电子管隔离网、电线、电缆的防护套及网、线芯和飞机通风系统零件及装饰件
1A30	具有与 1060、8A06 等类似的特性，但其 Fe 和 Si 杂质含量控制严格，工艺及热处理条件特殊	主要用作航天工业和兵器工业中的纯铝膜片等
1100	强度较低，但延展性、成型性、焊接性和耐蚀性优良	主要生产板材、带材，适于制作各种深冲压制品

2. 铝合金

铝合金根据成分特点和生产方式不同可分为变形铝合金、铸造铝合金和压铸铝合金。

（1）变形铝合金

变形铝合金根据性能的不同又分为防锈铝合金、硬铝合金、超硬铝合金和锻铝合金四种，常用变形铝合金的类别、牌号、性能和用途见表 2–12。

表 2–12　常用变形铝合金的类别、牌号、性能和用途

类别	牌号	性能	用途
防锈铝合金	5A02	铝镁系防锈铝，强度、塑性、耐蚀性高，具有较高的抗疲劳强度	用于制作在油介质中工作的结构件及导管、中等载荷的装饰件、焊条、铆钉等
	3A21	铝锰系合金，强度低，退火状态下塑性高，冷作硬化状态下塑性低且耐蚀性好，焊接性较好，是一种应用最为广泛的防锈铝	用于制作在液体或气体介质中工作的低载荷零件，如油箱、导管及各种异形容器

续表

类别	牌号	性能	用途
硬铝合金	2A11	称为标准硬铝，中等强度，点焊焊接性良好，以其为焊接材料进行气焊及氩弧焊时有裂纹倾向，耐蚀性不高	用于制作中等强度的零件，如空气螺旋桨叶片、螺栓、铆钉等，用作铆钉时应在淬火后 2 h 内使用
	2A12	高强度硬铝，点焊焊接性良好，以其为焊接材料进行氩弧焊及气焊时有裂纹倾向；退火状态下切削性尚可，抗蚀性差	用于制作高负荷零件，如工作温度在 150 ℃以下的飞机骨架、框隔、翼梁、翼肋、蒙皮等
	2B11	剪切强度中等，退火及刚淬火状态下塑性较好，剪切强度较高	用于制作中等强度铆钉，必须在淬火后 2 h 内使用；用于制作高强度铆钉，必须在淬火后 20 min 内使用
超硬铝合金	7A03	铆钉合金，淬火人工时效状态下可以铆接，抗剪强度较高，耐蚀性和切削性较好。铆钉铆接时，不受热处理后时间限制	用于制作承力结构铆钉、工作温度在 125 ℃以下，可作为 2A10 硬铝合金的代用品
	7A04	高强度合金，在刚淬火及退火状态下塑性尚可。通常在淬火后人工时效状态下使用，这时得到的强度较一般硬铝高很多，但塑性较低。点焊焊接性良好，气焊不良	用于制作主要承力结构件，如飞机上的大梁、桁条、加强框、蒙皮、翼肋、接头、起落架等
	7A09	高强度铝合金，在退火和刚淬火状态下的塑性稍低于同样状态的 2A12、稍优于 7A04	用于制作飞机蒙皮等结构件和主要受力零件
锻铝合金	2A50	热态下塑性较高，易于锻造、冲压。强度较高，抗蚀性较好，切削性良好，电阻焊焊接性良好，但电弧焊、气焊性能不佳	用于制作要求中等强度且形状复杂的锻件和冲击件
	2A70	热态下具有高的可塑性，属耐热锻铝，其耐蚀性、可切削性尚好、电阻焊性能良好、电弧焊及气焊性能不佳	用于制作高温环境下工作的锻件，如内燃机活塞及一些复杂件（如叶轮、板材）；可用于制作高温下工作的焊接件和冲压件
	2A80	热态下可塑性较低，属耐热锻铝，焊接性与 2A70 相同，耐腐蚀性、可切削性尚好	

（2）铸造铝合金

常用铸造铝合金的牌号、代号、性能和用途见表 2–13。

表2-13 常用铸造铝合金的牌号、代号、性能和用途

牌号	代号	性能	用途
ZAlSi7Mg	ZL101	铸造性能良好，有较高的耐蚀性，淬火后具有较高的强度和塑性，易于焊接；但耐热性不高	用于制作形状复杂、承受中等载荷的薄壁零件，以及工作温度低于200 ℃的高气密性、耐蚀性和良好的焊接性零件，如仪表壳体、机器罩、汽化器等
ZAlSi12	ZL102	铸造性能和ZL101一样好，耐蚀性高，焊接性能良好；但力学性能不高，可切削性差，耐热性不高	用于制作形状复杂、载荷不大而耐腐蚀的薄壁零件，工作温度不高于200 ℃的高气密性零件，如仪表壳体、机器罩、盖子、船舶零件等
ZAlSi5Cu1Mg	ZL105	铸造性能良好，熔炼工艺简单，室温强度较高，高温力学性能良好，焊接性和可加工性良好，耐蚀性尚可；但塑性、韧性较低	用于制作形状复杂、在225 ℃以下工作的零件，如风冷发动机的气缸头、油泵体、机壳
ZAlSi12Cu2Mg1	ZL108	铸造性能良好，流动性高，无热裂倾向，力学性能较高，一般在硬模中（金属型）铸造，可以得到尺寸精确的零件，热胀系数低，热导率高，耐热性能好；但可加工性较差	用于制作有高温强度及低膨胀系数要求的零件，如高速内燃机活塞等耐热零件
ZAlCu5Mn	ZL201	经热处理后具有较高的强度和良好的塑性、韧性，耐热性高，焊接性能和可加工性良好；但铸造性能不好，耐蚀性差	用于制作在175 ~ 300 ℃工作的零件，如内燃机汽缸、活塞、支臂
ZAlCu10	ZL202	熔炼工艺简单，有优良的可加工性，焊接性、耐热性较好；但铸造性能不好，强度低，塑性及韧性差，耐蚀性差	用于制作形状简单、要求表面光滑的中等承载零件
ZAlMg10	ZL301	在海水、大气中有很高的耐蚀性，具有较高的强度和良好的塑性、韧性，可加工性良好，可以达到较高的表面质量要求。表面经抛光后，能长期保持光泽；但铸造性能差，在长期使用过程中，塑性明显下降，耐热性不高，焊接性较差，铸造工艺较复杂	用于制作在大气或海水中工作、工作温度低于150 ℃、承受大振动载荷的零件
ZAlZn11Si7	ZL401	铸造性能良好，可获得较高的强度，焊接和可加工性良好，价格便宜；但耐热性低，耐蚀性一般	用于制作工作温度低于200 ℃、形状复杂的汽车及飞机零件

（3）压铸铝合金

常用压铸铝合金的牌号、代号、性能和用途见表 2–14。

表 2–14　常用压铸铝合金的牌号、代号、性能和用途

牌号	代号	性能	用途
YZAlSi12	YL102	具有较好的抗热裂性能、气密性以及流动性；不能热处理强化，抗拉强度低	用于制作承受低负荷、形状复杂的薄壁铸件，如各种壳体、牙科设备、活塞等
YZAlSi10Mg	YL101	具有较好的抗腐蚀性能，较高的冲击韧性和屈服强度；但铸造性能稍差	用于制作汽车车轮罩、摩托车曲轴箱、自行车车轮、船外机螺旋桨等
YZAlSi10	YL104		
YZAlSi9Cu4	YL112	具有较好的铸造性能和力学性能，较好的流动性、气密性和抗热裂性，较好的力学性能、切削加工性、抛光性和铸造性能	常用于制作齿轮箱体，空冷气缸头，割草机罩子，汽车发动机零件，摩托车缓冲器、发动机零件及箱体，农机具箱体、缸盖和缸体，计算机、手机等电子产品壳体，电动工具，缝纫机零件，渔具，煤气用具，电梯零件等。典型用途为制作带轮、活塞和气缸头等
YZAlSi11Cu3	YL113	具有良好的流动性、中等的气密性和较好的抗热裂性，特别是具有高的耐磨性和低的热膨胀系数	主要用于制作发动机机体、制动块、带轮、泵和其他要求耐磨的零件
YZAlSi17Cu5Mg	YL117		
YZAlMg5Si1	YL302	耐蚀性能强，冲击韧性高，伸长率低；铸造性能差	主要用于制作汽车变速器的油泵壳体，摩托车的衬垫、车架的联结器，农机具的连杆，船外机螺旋桨，钓鱼竿及其卷线筒等零件

三、滑动轴承合金

制造滑动轴承的轴瓦及其内衬的耐磨合金称为滑动轴承合金，又称轴承合金、轴瓦合金。

常用的滑动轴承合金有锡基轴承合金、铅基轴承合金、铜基轴承合金、铝基轴承合金等。锡基轴承合金、铅基轴承合金又称为巴氏合金。滑动轴承合金的分类、典型牌号、性能和用途见表 2–15。

表 2-15　滑动轴承合金的分类、典型牌号、性能和用途

分类	典型牌号	性能和用途
锡基轴承合金	ZSnSb12Pb10Cu4 ZSnSb8Cu4 ZSnSb11Cu6 ZSnSb4Cu4	摩擦系数小，塑性和导热性好，是优良的减摩材料，常用作重要的轴承，如汽轮机、发动机等巨型机器的高速轴承。缺点是疲劳强度较低，价格贵
铅基轴承合金	ZPbSb16Sn16Cu2 ZPbSb15Sn10 ZPbSb15Sn5 ZPbSb10Sn6	强度、塑性、韧性及导热性、耐腐蚀性均较锡基合金低，且摩擦系数较大，价格较便宜。常用来制造承受中、低载荷的中速轴承，如汽车、拖拉机的曲轴、连杆轴承及电动机轴承
锡青铜	ZCuSn10P1 ZCuSn5Pb5Zn5	能承受较大的载荷，广泛用于中等速度及承受较大固定载荷的轴承，如电动机、泵、金属切削机床轴承。锡青铜可直接制成轴瓦，但与其配合的轴颈应具有较高的硬度（300 ~ 400HBW）
铅青铜	ZCuPb30	与巴氏合金相比，具有高的疲劳强度和承载能力，同时还有高的导热性（约为锡基巴氏合金的6倍）和低的摩擦系数，并可在较高温度（如250 ℃）下工作。适宜制造高速、高压下工作的轴承，如航空发动机、高速柴油机及其他高速机器的主轴承
铝基轴承合金	ZAlSn6Cu1Ni1	具有原料丰富、价格低廉、导热性好、疲劳强度高和耐腐蚀性好等优点。而且能轧制成双金属，广泛应用于高速重载下的汽车、拖拉机及柴油机的滑动轴承。主要缺点是线膨胀系数较大，运转时易与轴咬合，尤其在冷启动时危险性更大

四、钛及钛合金

钛是一种新金属，由于它具有一系列优异特性，被广泛用于航空、航天、化工、石油、冶金、轻工、电力、海水淡化、舰艇和日常生活器具等工业生产中。

1. 纯钛（Ti）

纯钛是一种银白色的金属。纯钛的密度小（4.5 g/cm³），熔点高（1 668 ℃），热膨胀系数小，塑性好，容易加工成形，可制成细丝、薄片；在 550 ℃以下有很好的耐腐蚀性，不易氧化，在海水和蒸汽中的抗腐蚀能力比铝合金、不锈钢和镍合金好。

常用的工业纯钛的牌号有 TA0、TA1、TA2、TA3 等，顺序号越大，杂质含量越高，强度、硬度越高，塑性、韧性越差。

2. 钛合金

常用的钛合金可以分为 α 型、β 型、α–β 型三类。钛合金的牌号用“T+ 合金的类型 + 顺序号”表示，“T”表示钛及钛合金，合金的类型用大写字母 A、B、C 表示，A 表示工业纯钛、α 型和近 α 型合金，B 表示 β 型及近 β 型合金，C 表示 α–β 型合金。例如，TA6 表示 6 号 α 型钛合金，TC4 表示 4 号 α–β 型钛合金。

（1）α 型钛合金

α 型钛合金中主要合金元素有 Al 和 Sn。由于此类合金的 α 型钛向 β 型钛转变

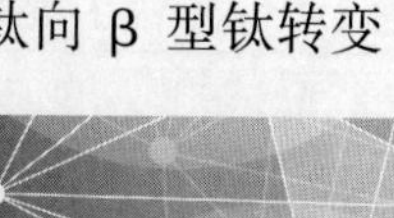

温度较高，因而在室温或较高温度时，均为单相 α 固溶体组织，不能进行热处理强化。常温下，它的硬度低于其他钛合金，但高温（500 ~ 600 ℃）条件下其强度最高。α 型钛合金组织稳定，焊接性良好。常用 α 型钛合金的牌号、特性和用途见表 2–16。

表 2–16　常用 α 型钛合金的牌号、特性和用途

牌号	特性	用途
TA5	α 型钛合金室温下其强度低于 β 型和 α – β 型钛合金，但在 500 ~ 600 ℃温度下其高温强度是三类钛合金中最好的。α 型钛合金组织稳定、抗氧化性及焊接性好，耐蚀性及切削加工性尚好；塑性低，压力加工性较差	用于制作在 400 ℃以下腐蚀性介质中工作的零件及焊接件，如飞机蒙皮、飞机骨架零件、飞机压气机叶片等
TA6		
TA7		用于制作在 500 ℃以下长期工作的结构件及模锻件，也是一种优良的超低温材料
TA8		用于制作在 500 ℃以下长期工作的零件，如压气机盘及叶片。但由于组织稳定性较差，使用受到一定限制

（2）β 型钛合金

β 型钛合金中主要加入铬、铝、钒、钼和铁等促使 β 相稳定的元素，它们在正火或淬火时容易将高温 β 相保留到室温组织，得到较稳定的 β 相组织。这类合金具有良好的塑性，在 540 ℃以下具有较高的强度，但其生产工艺复杂，合金密度大，故在生产中用途不广。

（3）α – β 型钛合金

α – β 型钛合金中除含有铬、钼、钒等 β 相稳定元素外，还含有锡、铝等 α 相稳定元素。在冷却到一定温度时发生 β → α 相转变，室温下为 α + β 两相组织。

α – β 型钛合金的强度、耐热性和塑性都比较好，并可以进行热处理强化，应用范围较广。常用 α – β 型钛合金的牌号、特性和用途见表 2–17。

表 2–17　常用 α – β 型钛合金的牌号、特性和用途

牌号	特性	用途
TC1	综合力学性能较好，可切削加工，压力加工性良好，室温强度高，综合力学性能良好	用于制作在 400 ℃以下工作的冲压件、焊接件及模锻件，也可用作低温材料
TC2		
TC3		用于制作在 400 ℃以下长期工作的零件、结构锻件、各种容器、泵、低温部件、坦克履带、舰船耐压壳体。TC4 是 α – β 型钛合金中应用最广泛的一种
TC4		
TC6		用于制作在 450 ℃以下使用的零件，可作为飞机发动机结构材料
TC9		用于制作在 500 ℃以下长期使用的零件，如飞机发动机叶片等
TC10		用于制作在 450 ℃以下长期工作的零件，如飞机结构件、起落架、导弹发动机外壳、武器结构件等

五、硬质合金

硬质合金是将一种或多种难熔金属硬质化合物和黏结剂金属，通过粉末冶金工艺生产的一类合金材料。即将高硬度、难熔的碳化钨（WC）、碳化钛（TiC）、碳化钽（TaC）等和钴（Co）、镍（Ni）等黏结剂金属，经制粉、配料（按一定比例混合）、压制成形，再通过高温烧结制成。硬质合金具有硬度高，红硬性、耐磨性好，抗压强度高等诸多优点。因此，硬质合金在刀具、量具、模具的制造中得到广泛的应用。

硬质合金按用途范围不同，可分为切削工具用硬质合金，地质、矿山工具用硬质合金，耐磨零件用硬质合金。切削工具用硬质合金按使用领域不同可分为P、M、K、N、S、H六类。常用的有钨钴类硬质合金（K类）、钨钴钛类硬质合金（P类）和钨钛钽（铌）类硬质合金（M类，又称通用硬质合金或万能硬质合金）。

常用硬质合金的类别、基本成分、牌号、被加工材料和适应加工条件见表2-18。

表2-18　常用硬质合金的类别、基本成分、牌号、被加工材料和适应加工条件

类别	基本成分	牌号	被加工材料	适应加工条件
钨钴类硬质合金（K）	以WC为基，以Co为黏结剂，或添加少量TaC、NbC的合金或涂层合金	K01	铸铁、冷硬铸铁、短切屑可锻铸铁	车削、铣削、镗削、刮削
		K10	硬度高于220HBW的铸铁、短切屑可锻铸铁	车削、铣削、镗削、刮削、拉削
		K20	硬度低于220HBW的灰口铸铁、短切屑可锻铸铁	中等切削速度下的轻载荷粗加工或半精加工车削、铣削、镗削等
		K30	铸铁、短切屑可锻铸铁	在不利条件下可能采用大切削角的车削、铣削、刨削、切槽加工
		K40	铸铁、短切屑可锻铸铁	在不利条件下的粗加工，采用较低的切削速度、大进给量
钨钴钛类硬质合金（P）	以TiC、WC为基，以Co（Ni+Mo、Ni+Co）为黏结剂的合金或涂层合金	P01	钢、铸钢	高切削速度、小切屑截面、无振动条件下的精车、精镗
		P10	钢、铸钢	高切削速度，中、小切屑截面条件下的普通车削、仿形车削、螺纹车销和铣削
		P20	钢、铸钢、长切屑可锻铸铁	中等切削速度、中等切屑截面条件下的车削、仿形车削和铣削、小切削截面的刨削
		P30	钢、铸钢、长切屑可锻铸铁	中等或低切削速度、中等或大切屑截面条件下的车削、铣削、刨削和不利条件下的加工
		P40	钢、含砂眼和气孔的铸钢件	低切削速度、大切削角、大切屑截面以及不利条件下的车削、刨削、切槽和自动机床加工

续表

类别	基本成分	牌号	被加工材料	适应加工条件
钨钛钽（铌）类硬质合金（M）	以 WC 为基，以 Co 为黏结剂，添加少量 TiC（TaC、NbO）的合金或涂层合金	M01	不锈钢、铁素体钢、铸钢	高切削速度、小载荷、无振动条件下的精车、精镗
		M10	不锈钢、铸钢、合金钢、可锻铸铁	中等或高等切削速度，中、小切屑截面条件下的车削
		M20	不锈钢、铸钢、合金钢、可锻铸铁	中等切削速度、中等切屑截面条件下的车削、铣削
		M30	不锈钢、铸钢、合金钢、可锻铸铁	中等或高等切削速度、中等或大切屑截面条件下的车削、铣削、刨削
		M40	不锈钢、铸钢、锰钢、合金钢、可锻铸铁	车削、切断、强力铣削

第 4 节　钢的热处理

热处理是指金属材料在固态下，通过加热、保温和冷却的手段，以获得预期组织和性能的一种金属热加工工艺。

热处理工艺过程可用以温度 – 时间为坐标的曲线图表示，如图 2–8 所示。热处理是强化金属材料，提高产品质量和寿命的主要途径之一。因此，绝大部分重要的机械零件在制造过程中都需要进行热处理。

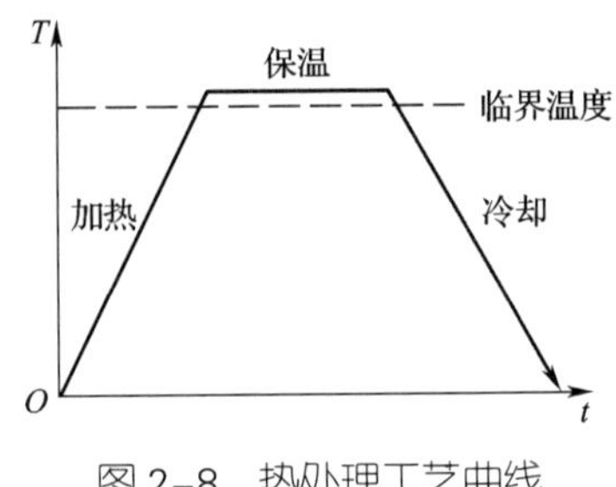

图 2–8　热处理工艺曲线

根据加热和冷却方式不同，钢的常用热处理工艺分为整体热处理、表面热处理和化学热处理三大类，如图 2–9 所示。

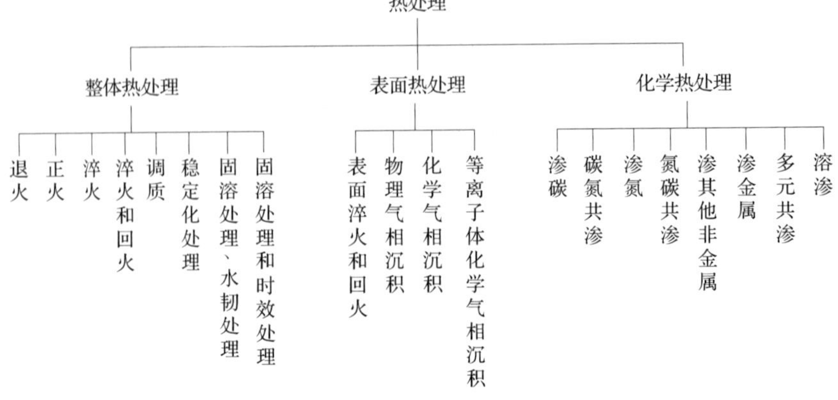

图 2–9　钢的常用热处理工艺分类

一、常用整体热处理

整体热处理俗称普通热处理，简称热处理，常用整体热处理方法主要有退火、正火、淬火、回火、调质、时效处理等。

1. 退火与正火

退火与正火热处理通常是钢在进行机械加工前期，为改善材料的冲压、切削等工艺性能以及调整材料内部的组织状态而进行的一种预备热处理工艺。不同成分的钢进行退火与正火时，所加热的温度和冷却的方式也有所不同。图 2-10 所示为退火与正火热处理工艺曲线，退火与正火热处理的类型、方法、特点及应用见表 2-19。

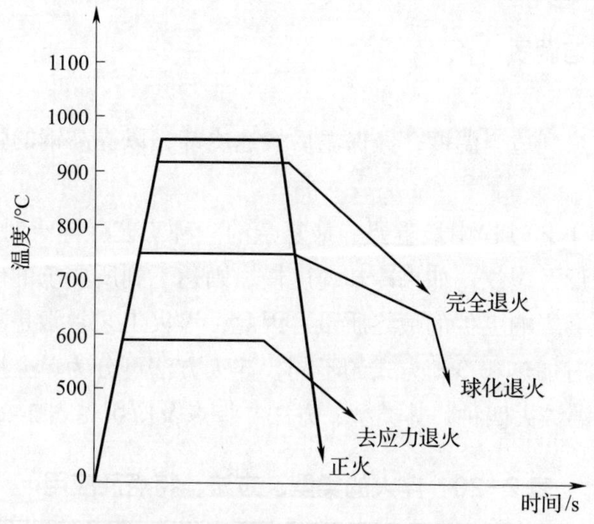

图 2-10 退火与正火热处理工艺曲线

表 2-19 退火与正火热处理的类型、方法、特点及应用

类型	方法	特点	应用
退火	将钢加热到适当温度，保持一定时间，然后缓慢冷却（一般随炉冷却）	降低硬度，提高塑性；细化晶粒，均匀组织；消除残余内应力，防止工件变形与开裂	根据加热温度和目的不同，常用的退火方法有完全退火、球化退火和去应力退火三种。 （1）完全退火。主要用于中碳钢及低、中碳合金结构钢的锻件、铸件、热轧型材等，有时也用于焊接件； （2）球化退火。用于碳素工具钢、合金工具钢、滚动轴承钢等； （3）去应力退火。用于消除毛坯、构件和零件的内应力

续表

类型	方法	特点	应用
正火	将钢加热到一定温度，保温适当时间后在空气中冷却	正火的冷却速度比退火快，故正火后得到的组织比较细密，强度、硬度比退火钢高	（1）对于低、中碳合金结构钢，正火的主要目的是细化晶粒、均匀组织、提高力学性能，另外还可以起到调整硬度、改善切削加工性能的作用；（2）对于力学性能要求不高的普通零件，正火可作为最终热处理；（3）对于高碳的过共析钢，正火的主要目的是改善组织，为球化退火或淬火做准备

2. 淬火、回火与调质

（1）淬火

淬火是将钢加热到适当温度，经保温后快速冷却，以提高钢的强度、硬度和耐磨性的工艺方法。

淬火是热处理工艺过程中最重要、最复杂的一种工艺。淬火时如果冷却速度快，容易使工件产生变形及裂纹；如果冷却速度慢，则达不到所要求的硬度。另外，加热温度和保温时间也会影响工件的最终质量。因此，淬火工艺常常是决定产品最终质量的关键。根据淬火时加热和冷却方式的不同，淬火方法可分为单介质淬火、双介质淬火、分级淬火和等温淬火四种，其类型、方法、特点及应用见表 2–20。

表 2–20　淬火的类型、方法、特点及应用

类型	方法	特点	应用
单介质淬火	将加热好的钢直接放入单一的淬火介质中冷却到室温	冷却特性不够理想，容易导致硬度不足或开裂等缺陷	主要用于外形简单、尺寸较小的工件
双介质淬火	先将加热好的钢浸入冷却能力强的介质中，在组织还未开始转变时再迅速浸入另一种冷却能力弱的介质中，缓冷到室温	淬火内应力小，工件变形和开裂小，操作困难，不易掌握	主要用于碳素工具钢制造的易开裂的较小工件，如丝锥等
分级淬火	先将加热好的钢浸入接近钢的组织转变温度的液态介质中，保持适当时间，待钢件的内外层都达到介质温度后取出空冷	淬火内应力小，工件不易变形和开裂	主要用于淬透性好的合金钢或截面不大、形状复杂的碳钢工件
等温淬火	先将加热好的钢快冷到组织转变温度区间（260 ~ 400 ℃），然后等温保持，使其转变为所需的理想组织，然后取出在空气中冷却	工件能获得较高的强度和硬度、较好的耐磨性和韧性，显著减小淬火内应力和淬火变形	常用于各种中、高碳工具钢和低碳合金钢制造的形状复杂、尺寸较小、韧性要求较高的模具、成形刀具等

（2）回火

回火是将淬火后的钢重新加热到某一较低温度，保温后再冷却到室温的热处理工艺。钢淬火后的组织处于不稳定状态，会自发地向稳定组织转变，从而引起工件变形甚至开裂。因此，淬火后必须马上进行回火处理，以稳定组织、消除内应力，防止工件变形、开裂，并获得所需的力学性能。由于钢最后的组织和性能由回火温度决定，所以生产中一般以工件所需的硬度来决定回火温度。根据回火温度的不同，回火可分为低温回火、中温回火和高温回火三种，其类型、加热温度、特点及应用见表 2–21。

表 2–21　回火的类型、加热温度、特点及应用

类型	加热温度 /℃	特点	应用
低温回火	150 ~ 250	具有高的硬度、耐磨性和一定的韧性，硬度为 58 ~ 64HRC	用于刀具、量具、冷冲模以及其他要求高硬度、高耐磨性的零件
中温回火	350 ~ 500	具有高的弹性极限、屈服强度和适当的韧性，硬度为 40 ~ 50HRC	主要用于弹性零件及热锻模具等
高温回火	500 ~ 650	具有良好的综合力学性能（即足够的强度与高韧性相配合），硬度为 200 ~ 330HBW	广泛用于重要的受力构件，如丝杠、螺栓、连杆、齿轮、曲轴等

（3）调质

生产中把淬火及高温回火相结合的热处理工艺称为调质，工件经调质处理后可获得良好的综合力学性能，不仅强度较高，而且有较好的塑性和韧性，为零件在工作中承受各种载荷提供了有利条件。因此，重要的、受力复杂的零件一般均采用调质处理。

3. 时效处理

时效处理是将经冷塑性变形或铸造、锻造以及粗加工后的金属工件，在较高的温度环境下或室温下放置，使其性能、形状、尺寸随时间而发生缓慢变化的热处理工艺。时效处理的目的是消除工件的内应力，稳定其组织和尺寸，改善其力学性能等。

（1）人工时效处理

将工件加热到一定温度（100 ~ 150 ℃），并在较短时间（6 ~ 36 h）内进行的时效处理，称为人工时效处理。

（2）自然时效处理

将工件置于室温或自然条件下，通过长时间（几天甚至几年）存放进行的时效处理，称为自然时效处理。

二、常用表面热处理

表面热处理常用的方法是表面淬火。表面淬火是一种仅对工件表层进行淬火的热处理工艺。其原理是通过快速加热，仅使钢的表层达到红热状态，在热量尚未充分传

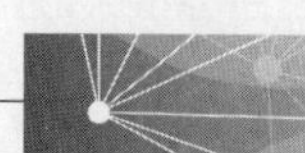

递到零件内部时就立即予以冷却。它不改变钢的表层化学成分，但改变表层组织。表面淬火只适用于中碳钢和中碳合金钢。

表面淬火的关键是加热速度。目前，表面淬火的方法很多，如火焰加热表面淬火、感应加热表面淬火、电接触加热表面淬火、激光加热表面淬火等。生产中最常用的方法是火焰加热表面淬火和感应加热表面淬火。

1. 火焰加热表面淬火

火焰加热表面淬火是应用氧乙炔（或其他可燃气体）焰对工件表面进行快速加热，并使其快速冷却的工艺，如图 2–11 所示。

火焰加热表面淬火的淬硬层深度一般为 2 ~ 6 mm。这种方法的特点是：加热温度及淬硬层深度不易控制，容易导致过热或加热不均的现象，淬火质量不稳定。但这种方法不需要特殊设备，故适用于单件或小批量生产。

2. 感应加热表面淬火

感应加热表面淬火是利用感应电流在工件表层所产生的热效应，使工件表面受到局部加热，并进行快速冷却的工艺，如图 2–12 所示。

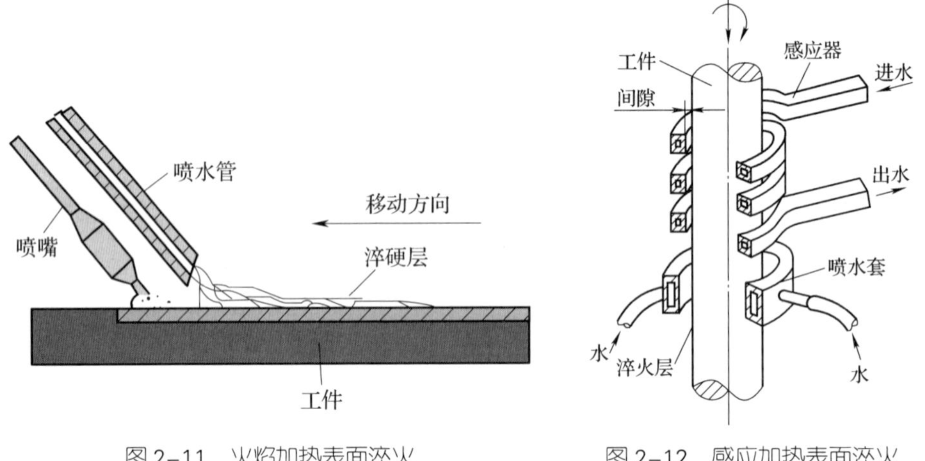

图 2–11 火焰加热表面淬火　　图 2–12 感应加热表面淬火

与火焰加热表面淬火相比，感应加热表面淬火具有如下特点：

（1）加热速度快，工件由室温加热到淬火温度仅需几秒到几十秒的时间。

（2）淬火质量好，硬度比火焰加热表面淬火高 2 ~ 3HRC。

（3）淬硬层深度易于控制，淬火操作便于实现机械化和自动化，但其设备较复杂、成本高，故适用于大批量生产。

三、化学热处理

化学热处理是将工件较长时间置于一定温度的活性介质中保温，使一种或几种元素渗入其表层，以改变其化学成分、组织和力学性能的热处理工艺。与其他热处理工艺相比，化学热处理不仅改变了钢的组织，而且其表层的化学成分也发生了变化，因而能够更加有效地改变零件表层的性能。根据渗入元素的不同，常用化学热处理有渗碳、渗氮、碳氮共渗等，其类型、方法、特点及应用见表 2-22。

表 2-22　常用化学热处理的类型、方法、特点及应用

类型	方法	特点	应用
渗碳	使碳原子渗入钢的表层	使低碳钢工件具有高碳钢的表层，再经过淬火和低温回火，使工件表层具有较高的硬度和耐磨性，而工件的中心部分仍然保持着低碳钢的韧性和塑性	主要用于低碳钢或低碳合金钢制造的要求耐磨的零件
渗氮	在一定温度下和一定介质中使氮原子渗入工件表层	渗氮温度比较低，因而工件变形较小，但渗层较浅，心部硬度较低	主要用于重要和复杂的精密零件，如精密丝杠、镗杆、排气阀、精密机床的主轴等
碳氮共渗	向钢的表层同时渗入碳和氮	渗碳与渗氮工艺的结合，既能达到渗碳的深度，又能达到渗氮的硬度，综合性能较好	应用广泛，常用于汽车和机床上的齿轮、蜗杆和轴类等零件

第 5 节　非金属材料

通常将金属及合金以外的其余材料称为非金属材料。由于性能独特，非金属材料不仅广泛地用于人们的生活，而且在工业中也越来越多地得到应用，是不可替代的机械工程材料。

一、高分子材料

高分子材料是以高分子化合物为主要组分的材料，高分子化合物的一个分子往往包含成千上万甚至几十万个原子。高分子化合物分为天然的和合成的两类，机械与电气设备中常用的是合成高分子材料，如塑料、橡胶、黏结剂等。

1. 塑料

（1）塑料的组成

塑料是以合成树脂（合成高分子化合物）为主要成分，加入某些添加剂而制成的高分子材料，是目前工业上应用最多的非金属材料。

合成树脂是组成塑料的基本组成物，塑料的基本性能取决于树脂的种类、性能及加入量。许多塑料都是以树脂的名称命名的，如聚氯乙烯塑料中的树脂是聚氯乙烯，聚苯乙烯塑料中的树脂是聚苯乙烯。

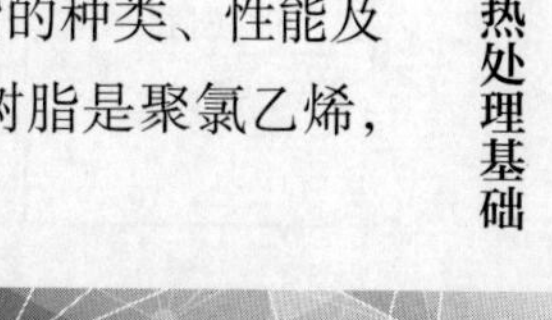

加入添加剂的目的是改善或弥补塑料某些性能的不足，常见的添加剂有填充剂、增塑剂、固化剂、稳定剂、润滑剂、着色剂、阻燃剂等。稳定剂主要提高塑料在受热和光作用时的稳定性，防止老化；固化剂使树脂获得体型网状结构，使塑料制品坚硬和稳定；填充剂赋予塑料新的性能，如铝粉提高塑料对光的反射能力等。

（2）塑料的分类

塑料的品种很多，按其使用范围可分为通用塑料、工程塑料，见表 2–23，按合成树脂的热性能可分为热塑性塑料和热固性塑料，见表 2–24。

表 2–23　按使用范围分类

类别	特征	典型品种	代号	应用举例
通用塑料	原料来源丰富，产量大，价格低，通用性强，用途广泛，可作为日常生活用品、包装材料	聚氯乙烯	PVC	塑料管、板、棒、容器、薄膜与日常用品
		聚乙烯	PE	可包装食物的塑料瓶、塑料袋与软管等
		聚丙烯	PP	电视机外壳、电风扇与管道等
		聚苯乙烯	PS	透明窗、眼镜、灯罩与光学零件
		酚醛塑料	PF	电器绝缘板、刹车片等电木制品
		氨基塑料	AF	玩具、餐具、开关、纽扣等
工程塑料	在各种环境（如高温、低温、腐蚀、机械应力等）下均能保持优良的性能，并有很好的机械强度、韧性和刚性，可代替金属材料制造机械零件及工程构件	聚酰胺	PA	齿轮、凸轮、轴等尼龙制品
		ABS 塑料	ABS	泵叶轮、轴承、把手、冰箱外壳等
		聚碳酸酯	PC	汽车外壳、医疗器械、防弹玻璃等
		聚甲醛	POM	轴承、齿轮、仪表外壳等
		改性有机玻璃	PMMA	飞机、汽车窗、窥镜等
		聚四氟乙烯	PTFE	轴承、活塞环、阀门、容器与不粘涂层等

表 2–24　按合成树脂的热性能分类

类别	特征	典型品种	代号
热塑性塑料	树脂为线型高分子化合物，能溶于有机溶剂，加热到一定温度后可软化或熔化，具有可塑性，冷却后固化成型，并能反复重塑	聚氯乙烯	PVC
		聚乙烯	PE
		聚酰胺	PA
		聚甲醛	POM
		聚碳酸酯	PC
热固性塑料	网状高分子树脂，固化后重新加热不再软化和熔融、亦不溶于有机溶剂，不能再成型使用	酚醛塑料	PF
		氨基塑料	AF
		有机硅塑料	SI
		环氧树脂	EP

（3）塑料的性能

1）化学性能。塑料具有良好的耐腐蚀性能，大多数塑料能耐大气、水、酸、碱、油的腐蚀，其中聚四氟乙烯能耐“王水”的腐蚀。因此工程塑料能制作化工机械零件及在腐蚀介质中工作的零件。

2）物理性能。塑料的密度小，相当于钢密度的 1/7 ~ 1/4；热性能不如金属，遇热易老化、分解；塑料的导热性差，有良好的电绝缘性；塑料的线膨胀系数大，一般为钢的 3 ~ 10 倍。

3）力学性能。一般塑料的强度、刚度和韧性都较差，其强度仅为 30 ~ 150 MPa；塑料具有良好的减摩性；容易出现蠕变与应力松弛；具有良好的减振性和消声性。

（4）常用工程塑料

工程上用的塑料种类很多，常用塑料的类别、名称、代号、主要性能及应用举例见表 2–25。

表 2–25　常用塑料的类别、名称、代号、主要性能及应用举例

类别	名称	代号	主要性能	应用举例
热塑性塑料	聚乙烯	PE	耐蚀性和电绝缘性能极好，高压聚乙烯质地柔软、透明；低压聚乙烯质地坚硬、耐磨	高压聚乙烯主要用于制作软管、薄膜和塑料瓶；低压聚乙烯主要用于制作塑料管、板、绳及承载不高的零件，亦可作为耐磨、减摩及防腐蚀涂层
	改性聚苯乙烯	PS	密度小，常温下透明度好，着色性好，具有良好的耐蚀性和绝缘性。耐热性差，易燃，易脆裂	可用作眼镜等光学零件，车辆灯罩，仪表外壳，化工中的储槽、管道、弯头及日用装饰品等
	聚酰胺（尼龙）	PA	具有较高的强度和韧性，很好的耐磨性、自润滑性及良好的成型工艺性，耐蚀性较好，抗霉、抗菌、无毒，但吸水性大，耐热性不高，尺寸稳定性差	用于制作各种轴承、齿轮、凸轮轴、轴套、泵叶轮风扇叶片、储油容器、传动带、密封圈、蜗轮、铰链、电缆、电器线圈等
	聚甲醛	POM	具有优良的综合力学性能，尺寸稳定性高，良好的耐磨性和自润滑性，耐老化性好，吸水性小，使用温度为 −50 ~ 110 ℃，但密度较大，耐酸性和阻燃性不好，遇火易燃	用于制作减摩、耐磨件及传动件，如齿轮、轴承、凸轮轴、制动闸瓦、阀门、仪表、外壳、汽化器、叶片、运输带、线圈骨架等

续表

类别	名称	代号	主要性能	应用举例
热塑性塑料	ABS塑料（丙烯腈－丁二烯－苯乙烯）	ABS	兼有三组元的共同性能，坚韧、质硬、刚性好，同时具有良好的耐磨性、耐热性、耐蚀性、耐油性及尺寸稳定性，可在 −40 ～ 100 ℃下长期工作，成型性好	应用广泛，如制造齿轮、轴承、叶轮、管道、容器、设备外壳、把手、仪器和仪表零件、外壳、文体用品、家具、小轿车外壳等
	聚甲基丙烯酸甲酯（改性有机玻璃）	PMMA	具有优良的透光性、耐候性、耐电弧性，强度高，可耐稀酸、碱，不易老化，易于成型，但表面硬度低，易擦伤，较脆	可用于制造飞机、汽车、仪器仪表和无线电工业中的透明件，如风窗玻璃、光学镜片、电视机屏幕、透明模型、广告牌、装饰品等
	聚砜	PSU	具有优良的耐热、抗蠕变及尺寸稳定性，强度高、弹性模量大，最高使用温度达 150 ～ 165 ℃，还有良好的电绝缘性、耐蚀性和可电镀性。缺点是加工性不好	可用于制造高强度、耐热、抗蠕变的结构件、耐蚀件和电气绝缘件等，如精密齿轮、凸轮、真空泵叶片、仪器仪表零件、电气线路板、线圈骨架等
热固塑料	酚醛塑料	PF	采用木屑做填料的酚醛塑料俗称“电木”。有优良的耐热性、绝缘性，化学稳定性、尺寸稳定性和抗蠕变性良好。这类塑料的性能随填料的不同而差异较大	用于制作各种电信器材和电木制品，如电器绝缘板、电器插头、开关、灯口等，还可用于制造受力较大的制动片、曲轴带轮，仪表中的无声齿轮、轴承等
	环氧塑料	EP	强度高，韧性好。具有良好的化学稳定性和耐热、耐寒性，长期使用温度为 −80 ～ 155 ℃。电绝缘性优良，易成型。缺点是具有一定的毒性	用于制造塑料模具、精密量具、电器绝缘及印制电路板、灌封与固定电器和电子仪表装置、配制飞机漆、油船漆以及作黏结剂等
	氨基塑料	UF、MF	优良的耐电弧性和电绝缘性，硬度高、耐磨、耐油脂及溶剂，难于自燃，着色性好。其中脲醛塑料（UF），颜色鲜艳，电绝缘性好，又称为“电玉”；三聚氰胺甲醛塑料（MF，也称密胺塑料）耐热、耐水、耐磨、无毒	主要为塑料粉，用于制造机器零件、绝缘件和装饰件，如仪表外壳、电话机外壳、开关、插座、玩具、餐具、纽扣、门把手等
	有机硅塑料	SI	优良的电绝缘性，高频绝缘性能好，可在 180 ～ 200 ℃下长期使用；憎水性好，防潮性强；耐辐射、耐臭氧	主要为浇铸料和粉料，其中，浇铸料用于制作电器、电子元件及线圈的灌封与固定；粉料用于压制耐热件、绝缘件

2. 橡胶

橡胶也是一种高分子材料，与塑料不同的是它在使用温度范围内处于高弹性状态，即在较小外力作用下就能产生很大的变形，当外力取消后又能很快恢复原状。同时，橡胶还具有良好的耐磨性、隔声性和绝缘性。因此，橡胶被广泛用于制造密封件、减振防振件、传动件、轮胎以及绝缘件等。

（1）橡胶的组成

橡胶是以生胶为基础加入适量的配合剂制成的高分子材料。其中生胶又分为天然与合成两类，橡胶制品的性质主要取决于生胶的性质。合成橡胶的品种很多，如丁苯橡胶、氯丁橡胶、丁腈橡胶、硅橡胶等。

配合剂是为了提高和改善橡胶制品的性能而加入的物质。橡胶配合剂的种类很多，如硫化剂及其促进剂、软化剂、防老化剂、填充剂、发泡剂和着色剂等。硫化剂的作用类似热固性塑料中的固化剂，它能改变橡胶分子的结构，提高橡胶的力学性能，并使橡胶具有既不溶解也不熔融的性质，克服橡胶因温度升高而变软发黏的缺点。因此，橡胶制品只有经硫化后才能使用。天然橡胶常以硫磺作硫化剂。

（2）常用的橡胶

根据橡胶的应用范围，橡胶可分为通用橡胶和特种橡胶。常用橡胶的类别、名称、代号、主要性能、使用温度及应用举例见表 2–26。

表 2–26　常用橡胶的类别、名称、代号、主要性能、使用温度及应用举例

类别	名称	代号	主要性能	使用温度 /℃	应用举例
通用橡胶	天然橡胶	NR	综合性能好，耐磨性、抗撕性和加工性良好，电绝缘性好。缺点是耐油和耐溶剂性差，耐臭氧老化性较差	−70 ~ 110	用于制作轮胎、胶带、胶管、胶鞋及通用橡胶制品
	丁苯橡胶	SBR	优良的耐磨、耐热和耐老化性，比天然橡胶质地均匀。但加工成型困难，硫化速度慢，弹性稍差	−50 ~ 140	用于制作轮胎、胶管、胶带及通用橡胶制品。其中丁苯 −10 用于耐寒橡胶制品，丁苯 −50 多用于生产硬质橡胶
	顺丁橡胶	BR	性能与天然橡胶相似，尤以弹性好、耐磨和耐寒著称，易与金属粘合	≤ 120	用于制作轮胎、耐寒运输带、V 带、橡胶弹簧等

续表

类别	名称	代号	主要性能	使用温度 /℃	应用举例
通用橡胶	氯丁橡胶	CR	力学性能好，耐氧、耐臭氧的老化性能好、耐油、耐溶剂性较好。但密度大、成本高、电绝缘差、加工成型的性能较差	−35 ～ 130	用于制作胶管、胶带、电缆粘胶剂、油罐衬里、模压制品及汽车门窗嵌条等
特种橡胶	聚氨酯橡胶	UR	耐磨性、耐油性优良，强度较高。但耐水、酸、碱的性能较差	≤ 80	用于制作胶辊、实心轮胎及耐磨制品
	硅橡胶	SI	优良的耐高温和低温性能，电绝缘性好，较好的耐臭氧老化性。但强度低、价格高，耐油性不好	−70 ～ 110	用于制作耐高温、耐寒制品，耐高温电绝缘制品，以及密封、胶粘、保护材料等
	氟橡胶	FPM	耐高温、耐油、耐高真空性好，耐蚀性高于其他橡胶，抗辐射性能优良，但加工性能差、价格贵	−70 ～ 110	用于制作耐蚀制品，如化工容器衬里、垫圈、高级密封件、高真空橡胶件等

二、其他非金属材料

1. 陶瓷材料

陶瓷是一种无机非金属材料，它同金属材料、高分子材料一起被称为三大固体工程材料。

（1）陶瓷的基本性能

1）力学性能。与金属材料相比，陶瓷具有很高的弹性模量和硬度（维氏硬度 > 1 500 HV），抗压强度较高，但脆性较大，韧性较低，抗拉强度很低。

2）热性能。陶瓷材料的熔点高，抗蠕变能力强，具有比金属高得多的耐热性，热硬性可达 1 000 ℃以上，热膨胀系数和热导率小，是优良的绝热材料，但陶瓷的抗急冷、急热性能差。

3）化学性能。陶瓷的组织结构非常稳定，即使在 1 000 ℃也不会被氧化，不会被酸、碱、盐和熔融的金属（如有色金属银、铜等）侵蚀，不会发生老化。

4）导电性。陶瓷材料的导电性变化范围很广，大多数陶瓷都是良好的绝缘体，但也有不少具有导电性的特种陶瓷，如氧化物半导体陶瓷等。

此外，有些陶瓷还具有光学性能、磁性能等。

（2）陶瓷材料的应用

陶瓷的种类很多，按照其原料和用途不同，可分为普通陶瓷和特种陶瓷两大类。

1）普通陶瓷（又称传统陶瓷）。普通陶瓷是以天然的硅酸盐矿物（黏土、长石、石英等）为原料，经过原料加工、成型和烧结而成的。普通陶瓷广泛用于人们的日常生活、建筑、卫生、电力及化工等领域，如餐具、艺术品、装饰材料、电器支柱、耐酸砖等。

2）特种陶瓷（又称近代陶瓷）。特种陶瓷是化学合成陶瓷，由化工原料（如氧化物、氮化物、碳化物等）经配料、成型、烧结而制成，主要有氧化铝陶瓷、氮化硅陶瓷和氮化硼陶瓷等。

氧化铝陶瓷又叫刚玉瓷，其主要成分是 Al_2O_3。它的熔点高、耐高温，能在 1 600 ℃的高温下长期使用；硬度高（在 1 200 ℃时为 80 HRA），绝缘性、耐蚀性优良。其缺点是脆性大，抗急冷急热性差。主要用于制作刀具、内燃机火花塞、坩埚、热电偶的绝缘套等。

氮化硅陶瓷的主要成分是 Si_3N_4。它的突出特点是抗急冷急热性优良，硬度高、化学稳定性好、耐磨性好、电绝缘性优良，具有自润滑性。因此，主要用于制作高温轴承、耐蚀水泵密封环、阀门、刀具等。

氮化硼陶瓷的主要成分是 BN，按晶体结构有六方与立方两种。立方氮化硼硬度极高，仅次于金刚石，目前主要用于制作磨料和高速切削刀具。

2. 复合材料

复合材料是由两种或两种以上性质不同的材料经人工组合而得到的多相固体材料。它不仅具有各组成材料的优点，而且还能获得单一材料无法具备的优良综合性能。

（1）复合材料的组成和分类

复合材料一般由基体相和增强相构成，基体相起形成几何形状和粘结的作用，增强相起提高强度、韧性等的作用。

按复合材料的增强相种类和结构形式不同，可将其分为以下三类：

1）纤维增强复合材料。这类复合材料是以玻璃纤维、碳纤维等纤维材料为增强相，复合于以塑料、树脂、橡胶和金属等为基体相的材料中而制成的，如橡胶轮胎、玻璃钢、纤维增强陶瓷等。

2）层叠复合材料。这类复合材料是由两层或两层以上不同材料复合而成的，如五合板、钢 - 铜 - 塑料复合的无油润滑轴承材料等。

3）颗粒复合材料。这类材料是由一种或多种颗粒均匀分布在基体相内而制成的，如 WC-Co 或 WC-TiC-Co 等组成的硬质合金。

（2）常用纤维增强复合材料

这类复合材料是发展最快、应用最广的一类复合材料。它具有比强度（σ_b/ρ）、比弹性模量（E/ρ）高，减振性、抗疲劳性能、耐高温性能好等优点。

1）玻璃纤维 - 树脂复合材料。这类复合材料是以玻璃纤维及其制品为增强相，

以树脂为黏结剂而制成的，俗称玻璃钢。

以尼龙、聚烯烃类、聚苯乙烯类等热塑性树脂为黏结剂制成的玻璃钢，其性能比普通塑料高得多，抗拉强度、抗弯强度和抗疲劳强度均提高 2 ~ 3 倍，冲击韧度提高 1 ~ 4 倍，蠕变抗力提高 2 ~ 5 倍，达到或超过了某些金属的性能，可用于制作轴承、齿轮、仪表盘、空调机叶片、汽车前后灯等。

以环氧树脂、酚醛树脂、有机硅树脂等热固性树脂为黏结剂制成的玻璃钢，具有密度小（约是钢的 1/6 ~ 1/4）、强度高、耐腐蚀、绝缘及绝热性好、成型工艺性好等优点，但刚度较差（弹性模量仅为钢的 1/10 ~ 1/5）、耐热性不高、容易老化。因此，常用于制造汽车车身、船体、直升机的旋翼、风扇叶片、石油化工管道等。

2）碳纤维－树脂复合材料。这种材料是以碳纤维及其制品为增强相，以环氧树脂、酚醛树脂、聚四氟乙烯树脂等为黏结剂结合而成的。它不仅保持了玻璃钢的许多优点，而且许多性能还优于玻璃钢。其密度比玻璃钢还小，强度和弹性模量超过了铝合金，而接近于高强度钢。此外，它还具有优良的耐磨、减摩及自润滑性、耐蚀性、耐热性等，受 X 射线辐射时，强度和弹性模量不变化。常用于制作承载件和耐磨件，如连杆、齿轮、轴承、机架、人造卫星天线构架等。

课后练习

1. 什么是屈服强度？什么是抗拉强度？
2. 按化学成分不同，钢可分为哪几类？
3. 非合金钢按含碳量分为哪几类？
4. Q235 有何特性和用途？
5. 优质碳素结构钢的含碳量有何要求？主要用途有哪些？试列举几种常用优质碳素结构钢的牌号。
6. 低合金钢与合金钢的组成有何区别？
7. 什么是合金调质钢？其含碳量是多少？主要热处理工艺是什么？
8. 黄铜具有哪些性能？
9. 铝合金根据成分特点和生产方式不同可分为哪些类型？
10. 什么是硬质合金？
11. 根据加热和冷却方式不同，钢的热处理工艺分为哪几类？
12. 什么是淬火？根据淬火时加热和冷却方式不同，淬火方法可分为哪几种？

13. 表面淬火的方法有哪些?
14. 什么是化学热处理?
15. 塑料按使用范围可分为哪几种?
16. 简述塑料的性能。
17. 简述陶瓷的基本性能。
18. 按复合材料的增强相种类和结构形式不同,复合材料可分为哪几类?

机械传动

学习目标

1. 掌握带传动和链传动的组成及工作原理。
2. 了解 V 带与 V 带轮、滚子链与链轮的结构。
3. 掌握螺旋传动的类型和应用。
4. 掌握带传动、齿轮传动、蜗杆传动的特点及应用。
5. 了解轮系的分类及应用特点。

第 1 节　带　传　动

带传动是机械传动中重要的传动形式之一。随着工业技术水平的不断提高，带传动正向着多样化、多领域发展，在金属切削机床、汽车、家用电器、办公设备、工程机械中得到了越来越广泛的应用。图 3–1 所示为带传动在空气压缩机中的应用，电动机的动力通过 V 带传递给空气压缩机的主轴。

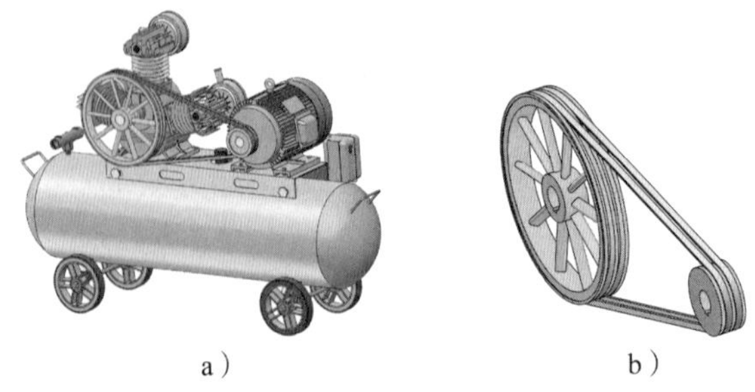

图 3–1　带传动在空气压缩机中的应用
a）空气压缩机　b）带传动

一、带传动概述

1. 带传动的组成

由带和带轮组成传递运动和（或）动力的传动称为带传动。如图 3-2 所示，带传动一般由固定在主动轴 3 上的主动带轮 4、固定在从动轴 1 上的从动带轮 5 和紧套在两轮上的挠性带 2 组成。

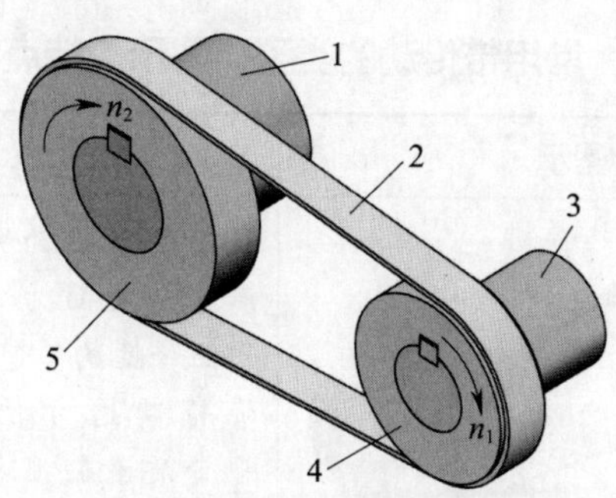

图 3-2　带传动的组成

1—从动轴　2—挠性带　3—主动轴　4—主动带轮　5—从动带轮

2. 带传动的工作原理

带传动是依靠带与带轮接触面间的摩擦力（或啮合力）来传递运动和动力的。静止时，带轮两边带上的拉力相等。传动时，由于传递载荷的关系，两边带上的拉力会有一定的差值。拉力大的一边称为紧边（主动边），拉力小的一边称为松边（从动边）。如图 3-3 所示，当主动轮 1 按图示方向回转时，上边是紧边，下边是松边。

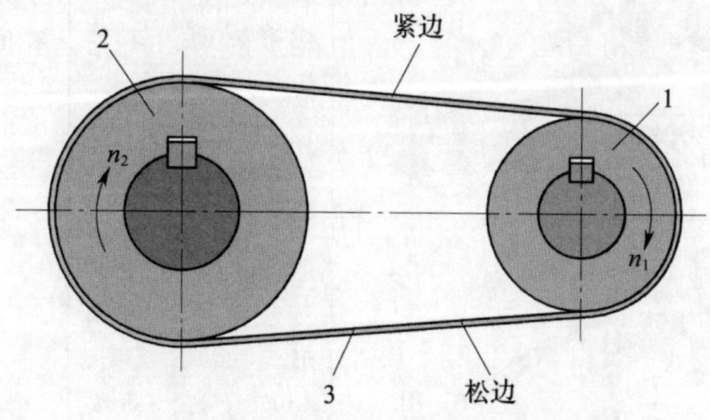

图 3-3　带传动的工作原理

1—主动带轮　2—从动带轮　3—挠性带

3. 带传动的传动比

在机械传动系统中，其始端主动轮与末端从动轮的角速度或转速的比值称为传动比，又称速比。带传动的传动比就是主动轮转速 n_1 与从动轮转速 n_2 之比，用 i_{12} 表示，即

$$i_{12}=\frac{n_1}{n_2}$$

式中　n_1——主动轮转速，r/min；

n_2——从动轮转速，r/min。

4. 带传动的类型、特点与应用

带传动按工作原理不同可分为摩擦型带传动和啮合型带传动两类。在常用的机械传动中，绝大多数带传动属于摩擦型带传动。摩擦型带传动按带的剖面形状不同又可分为平带传动、V 带传动、多楔带传动和圆带传动等，啮合型带传动主要是指同步带传动。常用带传动的类型、图示、特点与应用见表 3–1。

表 3–1　常用带传动的类型、图示、特点与应用

<table>
<tr><th colspan="2">类型</th><th>图示</th><th colspan="2">特点</th><th>应用</th></tr>
<tr><td rowspan="4">摩擦型带传动</td><td>平带传动</td><td></td><td>截面形状为矩形，内表面为工作面。结构简单，带轮制造方便，平带质量轻且挠曲性好</td><td rowspan="4">传动过载时存在打滑现象，传动比不准确</td><td>常用于中心距较大的场合，可用于平行轴的交叉传动与相错轴的半交叉传动</td></tr>
<tr><td>V 带传动</td><td></td><td>截面形状为梯形，两侧面为工作面。承载能力较大，是平带的 3 倍，使用寿命较长</td><td>广泛应用于一般机械传动中</td></tr>
<tr><td>多楔带传动</td><td></td><td>截面形状为多楔形，多楔带的楔形侧面为工作面。传动功率大，传动效率高，使用寿命长</td><td>适用于要求三角带根数较多或轮轴线垂直于地面的传动</td></tr>
<tr><td>圆带传动</td><td></td><td>截面形状为圆形。抗拉强度高，耐磨性好，易安装，使用寿命长</td><td>常用于包装机、印刷机、纺织机等机器中</td></tr>
<tr><td>啮合型带传动</td><td>同步带传动</td><td></td><td colspan="2">依靠带内周的横向齿与带轮啮合实现传动。传动比准确，传动效率高</td><td>常用于汽车、数控机床、纺织机械等传动精度要求较高的场合</td></tr>
</table>

二、V带传动

V 带传动是由一条或数条 V 带和 V 带轮组成的摩擦传动。V 带安装在相应的轮槽内，仅与轮槽的两侧面接触，而不与槽底接触，依靠 V 带的两侧面与轮槽侧面压紧产生的摩擦力进行动力传递，如图 3–4 所示。V 带传动主要有普通 V 带传动和窄 V 带传动两种形式。一般情况多使用普通 V 带，窄 V 带适用于传递动力大而又要求传动装置结构紧凑的场合。

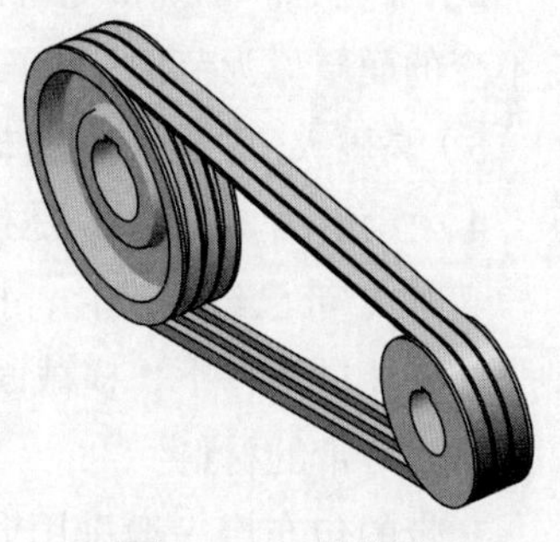
图 3–4　V 带传动

1. V 带

（1）V 带的结构

V 带是一种无接头的环形带，其横截面为等腰梯形，工作面是与轮槽相接触的两侧面，带与轮槽底面不接触。V 带由包布、顶胶、抗拉体和底胶四部分组成，其结构如图 3–5 所示。V 带的抗拉体有帘布芯和绳芯两种结构，帘布芯结构的 V 带制造方便，抗拉强度高，价格低廉，应用广泛；绳芯结构的 V 带柔韧性好，适用于转速较高的场合。

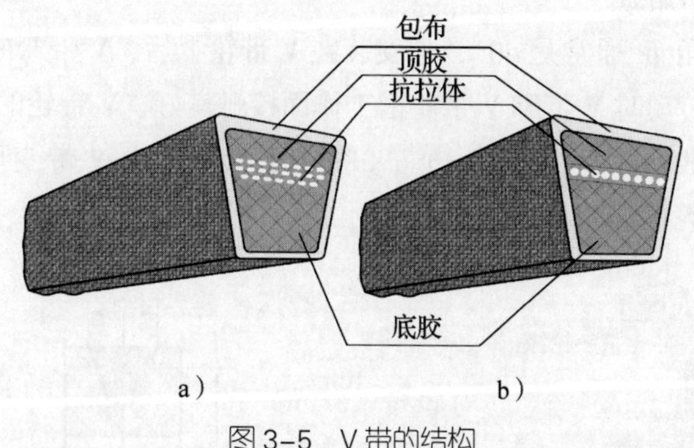

图 3–5　V 带的结构

a）帘布芯结构　b）绳芯结构

（2）普通 V 带的横截面尺寸

普通 V 带是横截面为梯形的环形带，其横截面形状如图 3–6 所示，其主要参数有顶宽 b、节宽 b_p、高度 h、楔角 α 等。

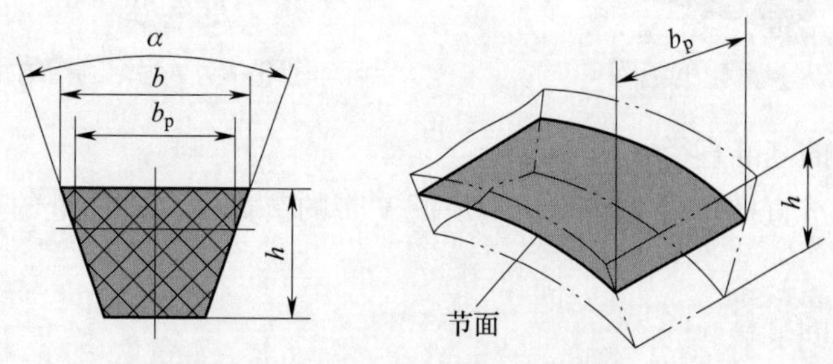

图 3–6　普通 V 带的横截面形状

第 3 章　机械传动

1）顶宽 b。顶宽 b 是指带横截面中梯形轮廓的最大宽度。

2）节宽 b_p。带绕带轮弯曲时，外部受拉伸长，内部受压缩短，其长度和宽度均保持不变的面层称为节面，节面的宽度称为节宽 b_p。

3）高度 h。高度 h 是指梯形轮廓的高度。

4）楔角 α。楔角 α 是指带的两侧面所夹的锐角，其值通常为 40°。

普通 V 带已经标准化，按横截面尺寸由小到大分为 Y、Z、A、B、C、D、E 七种型号。在相同条件下，横截面尺寸越大，则传递的功率越大。

（3）V 带的材料

V 带的包布层一般采用含氯丁二烯的棉、聚酯纤维织物等；顶胶和底胶可采用天然橡胶、丁苯橡胶、氯丁橡胶和丁腈胶等；抗拉体要求材料具有低拉伸、高强度的特性，多为聚酯线绳，也有采用芳纶与钢丝等材料的。

2. V 带轮

（1）V 带轮的结构

V 带轮的结构从功能上分为轮缘、轮辐和轮毂三部分，轮槽制作在轮缘上，如图 3–7 所示。

（2）V 带轮的槽角 φ

普通 V 带的楔角 α 通常是 40°，但安装在 V 带轮上后，V 带弯曲会使其楔角 α 变小。为了保证 V 带传动时 V 带和 V 带轮槽工作面接触良好，V 带轮的槽角 φ（见图 3–8）要比 40° 小些，一般取 32°、34°、36°、38°。小 V 带轮上 V 带变形严重，对应的槽角要小些，大 V 带轮的槽角则可大些。

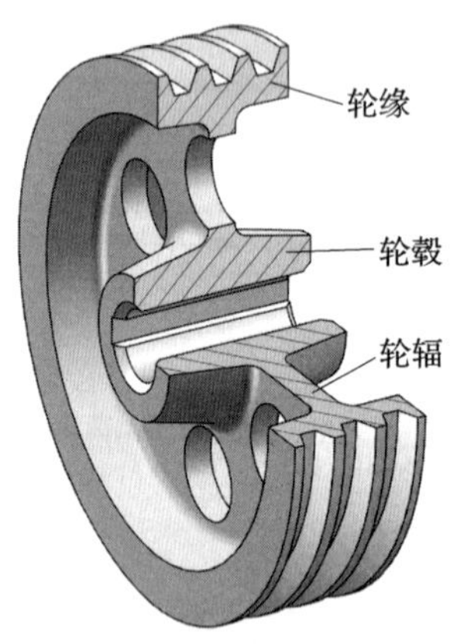

图 3–7　V 带轮的结构

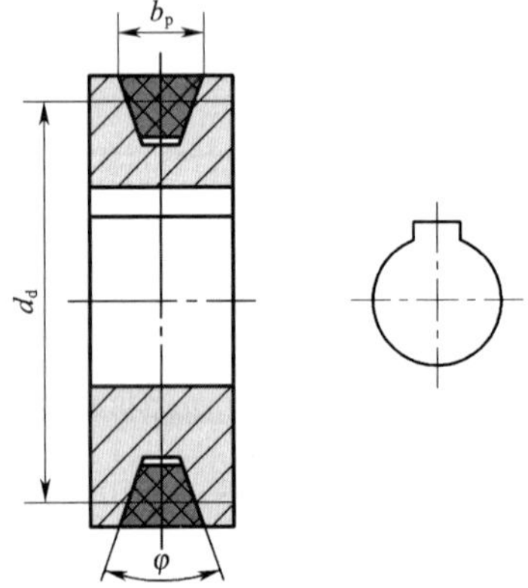

图 3–8　V 带轮的槽角和基准直径

（3）V 带轮的基准直径 d_d

V 带轮的基准直径 d_d 是指带轮上与所配 V 带的节宽 b_p 相对应处的直径，如图 3–8 所示。

（4）V 带轮的材料

普通 V 带轮通常用灰铸铁制造，带速较高时可采用铸钢，功率较小的传动可采用铸造铝合金或工程塑料等。

3. V 带传动的主要参数

（1）V 带传动的传动比 i

根据带传动的传动比计算公式，对于 V 带传动，如果不考虑 V 带与 V 带轮间打滑因素的影响，其传动比计算公式可用主、从动轮的基准直径来表示，即

$$i_{12}=\frac{d_{d2}}{d_{d1}}$$

式中　d_{d1}——主动轮的基准直径，mm；

d_{d2}——从动轮的基准直径，mm。

通常情况下，V 带传动的传动比 $i \leqslant 7$，常取为 2 ~ 7。

（2）小带轮的包角 α_1

包角是带与带轮接触弧所对应的圆心角，如图 3–9 所示。包角的大小反映了带与带轮轮缘表面间接触弧的长短。两带轮中心距越大，小带轮包角 α_1 也越大，带与带轮接触弧也越长，带能传递的功率就越大；反之，带能传递的功率就越小。为了使 V 带传动可靠，一般要求小带轮包角 $\alpha_1 \geqslant 120°$。

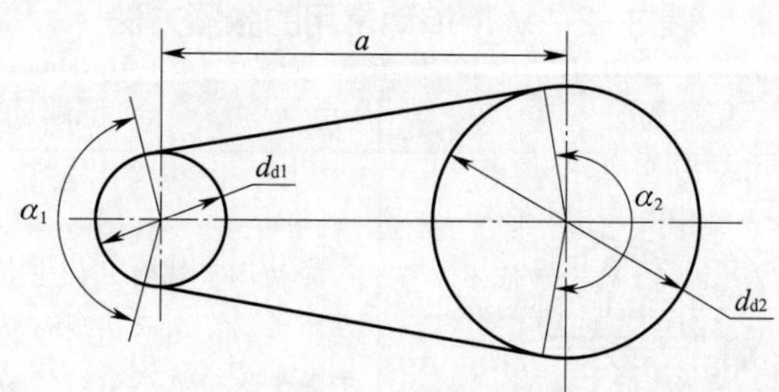

图 3–9　带轮的包角

α_1—小带轮包角　α_2—大带轮包角　a—中心距

d_{d1}—小带轮基准直径　d_{d2}—大带轮基准直径

（3）中心距 a

中心距 a 是两带轮中心连线的长度（见图 3–9）。两带轮中心距越大，带的传动能力越强；但中心距过大，又会使整个传动尺寸不够紧凑，在高速传动时易使带产生振动，反而使带的传动能力下降。因此，两带轮中心距一般为（0.7 ~ 2）($d_{d1}+d_{d2}$)。

（4）带速 v

带速 v 一般取 5 ~ 25 m/s。带速 v 过高或过低都不利于带的传动。带速太低，在传递功率一定时，所需圆周力增大，容易引起打滑；带速太高，离心力又会使带与带轮间的压紧程度减小，传动能力降低。

（5）V 带的根数 Z

V 带的根数影响到带的传动能力。根数越多，传递功率越大，所以 V 带传动中所需 V 带的根数应按具体的传递功率大小而定。但为了使各 V 带受力比较均匀，V 带的根数不宜过多，通常应小于 7。

4. 普通 V 带传动的应用特点

（1）普通 V 带传动的优点

1）结构简单，制造、安装精度要求不高，使用维护方便，适用于两轴中心距较大的场合。

2）传动平稳，噪声低，有缓冲、吸振作用。

3）过载时，传动带会在带轮上打滑，可以防止零件的损坏，起安全保护作用。

（2）普通 V 带传动的缺点

1）不能保证准确的传动比。

2）外廓尺寸大，传动效率低（一般为 0.85 ~ 0.95）。

5. V 带传动的张紧装置

在安装 V 带传动装置时，V 带是以一定的拉力紧套在带轮上的。经过一段时间运转后，V 带会因为塑性变形和磨损而松弛，影响正常工作。因此，需要对 V 带进行定期检查与重新调整，以恢复和保持必需的张紧力，保证 V 带传动具有足够的传动能力。V 带传动常用的张紧方法见表 3-2。

表 3-2　V 带传动常用的张紧方法

张紧方法	结构简图	原理及应用
调整中心距	电动机 V带 调节螺钉 滑道	转动调节螺钉可使电动机沿垂直于其转轴的方向移动，从而实现 V 带的张紧。该方法适用于水平或接近水平的传动
	摆架 销轴 电动机 调节螺母	转动调节螺母，可使摆架绕销轴转动，从而改变 V 带的张紧程度。该方法适用于竖直或接近竖直的传动
	电动机 摆架 销轴	靠电动机及摆架的重力使电动机绕销轴摆动，实现自动张紧。该方法多用于小功率传动

续表

张紧方法	结构简图	原理及应用
采用张紧轮	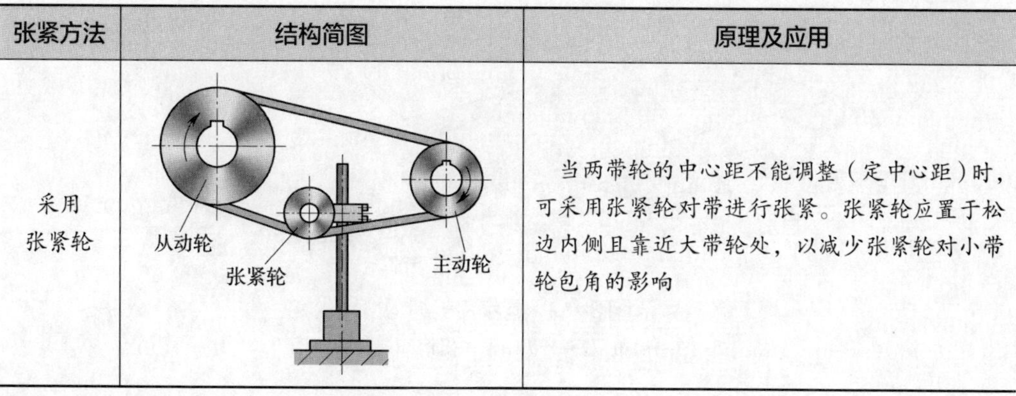	当两带轮的中心距不能调整（定中心距）时，可采用张紧轮对带进行张紧。张紧轮应置于松边内侧且靠近大带轮处，以减少张紧轮对小带轮包角的影响

【知识链接】

窄V带传动

窄V带是在普通V带的基础上发展形成的一种新型胶带，结构形式与普通V带很相似，性能则更为优良。

窄V带的楔角 α 通常也是40°，但其截面高度相比普通V带要高。窄V带的横截面结构如图3–10所示，其顶面呈弧形，两侧面呈凹形。窄V带弯曲后侧面变直，与轮槽两侧面能更好地贴合，增大了摩擦力，提高了传动能力。因此，与普通V带传动相比，窄V带传动具有传动能力更大、效率更高、结构更紧凑、使用寿命更长等优点。目前，窄V带传动已广泛应用于高速、大功率且结构要求紧凑的机械传动中。

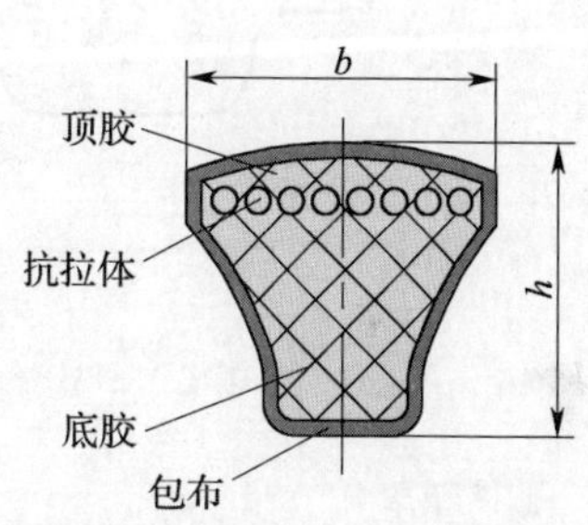

图3–10　窄V带的横截面结构

三、同步带传动

同步带传动即啮合型带传动。它通过传动带内表面上等距分布的横向齿与带轮上的相应齿槽啮合来传递运动，如图3–11所示。与V带传动相比，同步带传动的带轮和传动带之间没有相对滑动，能够保证准确的传动比。

1. 同步带

（1）同步带的结构及材料

同步带是具有等距横向齿的环形传动带，一般由齿布、带齿、芯绳和带背四部分组成，其结构如图3–12所示。带背和带齿合称为带体，其材料一般多为聚氨酯或橡胶等；芯绳采用抗拉强度很高的钢丝绳或玻璃纤维绳等；齿布包裹在整个带齿上，起保护、防开裂的作用，其材料一般为高耐磨织物。

图3–11　同步带传动

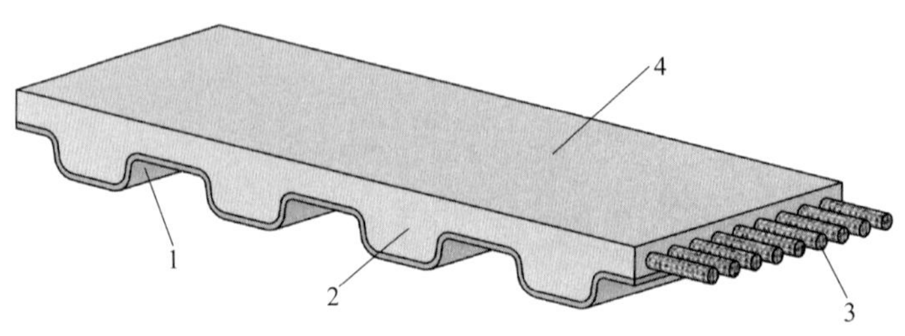

图 3-12　同步带的结构

1—齿布　2—带齿　3—芯绳　4—带背

（2）同步带的类型

同步带的类型很多，按齿的形状分为梯形齿、圆弧齿和曲线齿三类，如图 3-13 所示。梯形齿的齿廓为梯形，圆弧齿的齿廓为圆弧，曲线齿的齿廓由两段圆弧和一段直线组成。

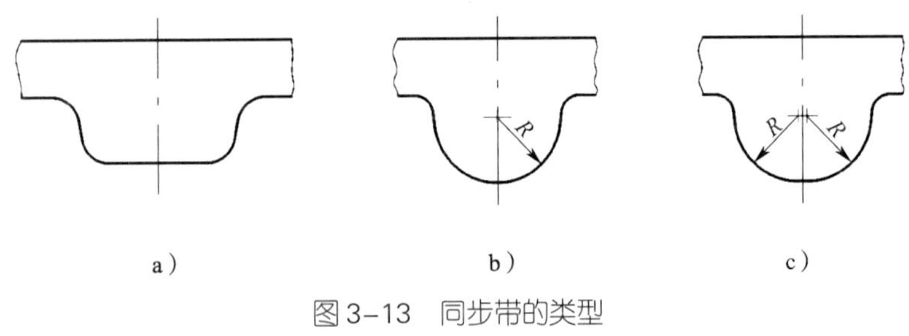

图 3-13　同步带的类型

a）梯形齿　b）圆弧齿　c）曲线齿

同步带按齿的分布情况分为单面同步带（单面有齿）和双面同步带（双面有齿）两种类型。双面同步带又分为对称双面齿同步带（型式代号为 DA）和交错双面齿同步带（型式代号为 DB），如图 3-14 所示为双面梯形齿同步带。

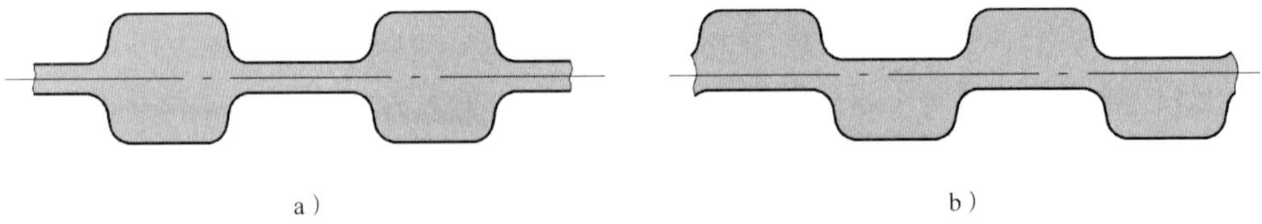

图 3-14　双面梯形齿同步带

a）对称双面梯形齿同步带（DA 型）　b）交错双面梯形齿同步带（DB 型）

2. 同步带轮

同步带轮有梯形齿同步带轮和圆弧齿同步带轮两种，其齿形如图 3-15 所示。同步带轮分为有挡圈和无挡圈两种，其结构如图 3-16 所示。同步带轮常用材料有铝合金、钢、铸铁、不锈钢、尼龙、铜、橡胶、POM 聚甲醛塑料等，其中以 45 钢、铝合金最为常见。

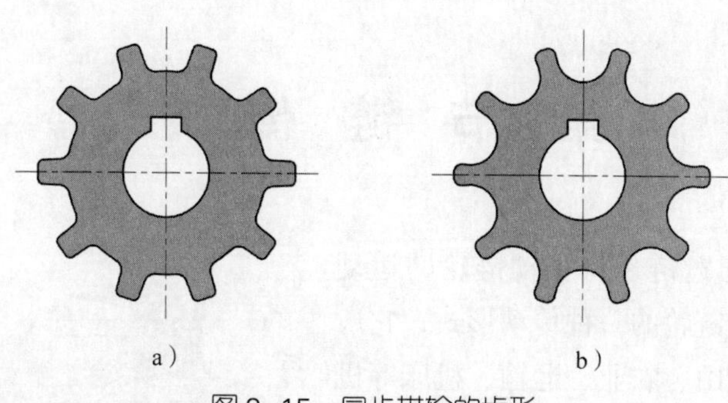

图 3-15 同步带轮的齿形

a）梯形齿 b）圆弧齿

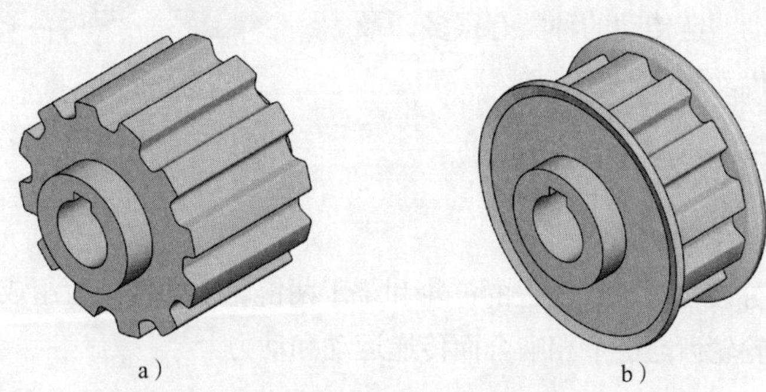

图 3-16 同步带轮的结构

a）无挡圈带轮 b）有挡圈带轮

3. 同步带传动的特点及应用

（1）同步带传动工作时，带与带轮无相对滑动，传动准确，具有恒定的传动比，广泛应用于精密传动的各种设备，例如传真机、打印机、扫描仪、一体机等办公设备。

（2）传动平稳，具有缓冲、减振能力，噪声低，在轻工机械上得到广泛应用，如纺织机械中大量采用了同步带传动。此外，如印刷、造纸、食品、烟草及医疗机械等也都广泛采用同步带传动。

（3）传动效率可达 0.98，节能效果明显。

（4）传动比范围大，一般可达 1∶10，线速度可达 50 m/s，具有较大的功率传递范围，可从几瓦到几百千瓦。常用于强度、工作可靠性、耐磨性和耐腐蚀性要求较高的场合，如汽车、摩托车发动机上的传动系统广泛采用了同步带传动。

（5）传动机构比较简单，维护保养方便，维护费用低。

（6）结构紧凑，适用于多轴传动，如数控机床、3D 打印机、机器人等精密设备广泛采用同步带传动。

（7）不需要润滑，无污染，因此可在不允许有污染和工作环境较为恶劣的场合下正常工作，可用于食品、矿山、石油等行业的机械设备中。

第2节 链 传 动

链传动是指通过链条将主动链轮的运动和动力传递到从动链轮的一种传动形式，它广泛应用于轻工、矿山、农业、运输、机床等机械的传动中，在日常生活中也极为常见，自行车、摩托车（见图3–17）等运动和动力的传递都采用了链传动。链传动的种类有很多，最常见的是滚子链传动和齿形链传动。

图3–17 摩托车

一、链传动概述

1. 链传动及其传动比

链传动是由分装在两平行轴上的链轮和绕于两链轮上的链条所组成的，如图3–18所示。它通过链轮轮齿与链节相啮合而传递运动和动力。

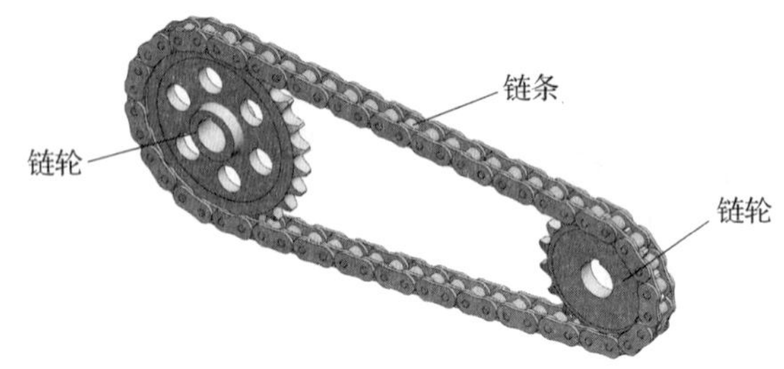

图3–18 链传动的组成

在链传动中，主动链轮每转过一个齿，链条移动一个链节，从动链轮被链条带动转过一个齿。如图3–19所示，设主动链轮的齿数为z_1，从动链轮的齿数为z_2，当主动链轮的转速为n_1，从动链轮的转速为n_2时，单位时间内主动链轮转过的齿数z_1n_1与从动链轮转过的齿数z_2n_2相等，即：

$$z_1n_1=z_2n_2 \quad 或 \quad \frac{n_1}{n_2}=\frac{z_2}{z_1}$$

主动链轮的转速n_1与从动链轮的转速n_2之比称为链传动的传动比，表达式为：

$$i_{12}=\frac{n_1}{n_2}=\frac{z_2}{z_1}$$

式中 n_1、n_2——主、从动链轮的转速，r/min；

z_1、z_2——主、从动链轮的齿数。

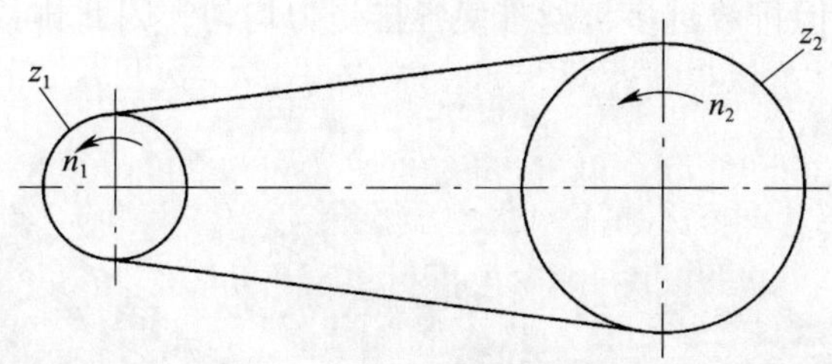

图 3-19　链传动的传动比

2. 链传动的应用特点

链传动的传动比一般为 $i \leqslant 8$，低速传动时 i 可达 10，两轴中心距 a 可达 5 ~ 6 m，传动功率 $P \leqslant 100$ kW；链条速度 $v \leqslant 15$ m/s，高速时可达 20 ~ 40 m/s。

链传动具有挠性传动和啮合传动的双重性。因此，它在一定程度上兼有带传动和齿轮传动的特性。

（1）链传动与摩擦型带传动相比

与摩擦型带传动相比，其优点如下：

1）没有弹性滑动，平均传动比保持恒定。

2）承载能力较强，传动功率大，传动效率高（一般可达 0.95 ~ 0.98），工作更为可靠。

3）适应工作环境条件宽，能在低速、重载和高温条件下以及油、酸污染等不良环境中工作。

4）张紧力小，作用在轴上的载荷较小。

（2）链传动与齿轮传动相比

链传动与齿轮传动相比，其优点是：

1）能够发挥挠性传动的优势，可以非常简便地实现中心距较大和多轴间的传动。

2）制造、安装精度要求略低，便于制造和安装。

（3）链传动的缺点

1）由于链节的多边形运动，使得瞬时传动比是变化的，瞬时链速度不是常数，传动中会产生动载荷和冲击，因此不宜用于要求精密传动的机械上。

2）链条的铰链磨损后，使链条节距变大，传动中链条容易脱落。

3）链节与链轮进入啮合时会发生冲击，造成振动与噪声。

4）为了减小链条的磨损，链传动对润滑条件要求严格，润滑油容易造成污染。

5）无过载保护作用。

二、滚子链传动

1. 滚子链

常用的滚子链主要有单排链、双排链和三排链，如图 3-20 所示。链条中的零件由碳素钢或合金钢制造，并经表面淬火处理，强度、硬度及耐磨性好。滚子链的承载

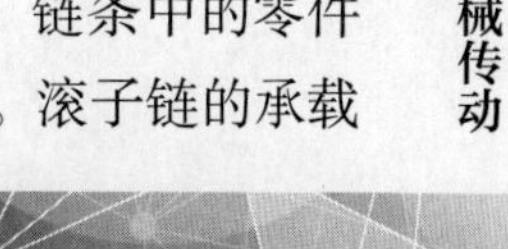

能力与排数成正比，但排数越多，越难使各排受力均匀，因此排数不宜过多，常用的有双排链和三排链。

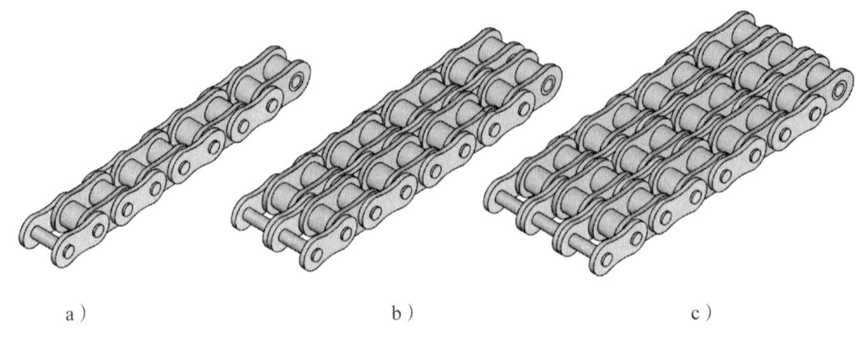

图 3-20　常用的滚子链

a）单排链　b）双排链　c）三排链

如图 3-21 所示为单排滚子链的结构，它由内链板、外链板、销轴、套筒、滚子等组成。销轴与外链板、套筒与内链板之间分别采用过盈配合连接；而销轴与套筒、滚子与套筒之间则为间隙配合连接，以保证链节屈伸时，内链板与外链板之间能相对转动，滚子与套筒、套筒与销轴之间可以自由转动。当链条与链轮啮合时，滚子与链轮轮齿相对滚动，两者之间主要是滚动摩擦，从而减少了链条和链轮轮齿的磨损。双排滚子链的结构与单排滚子链类似。

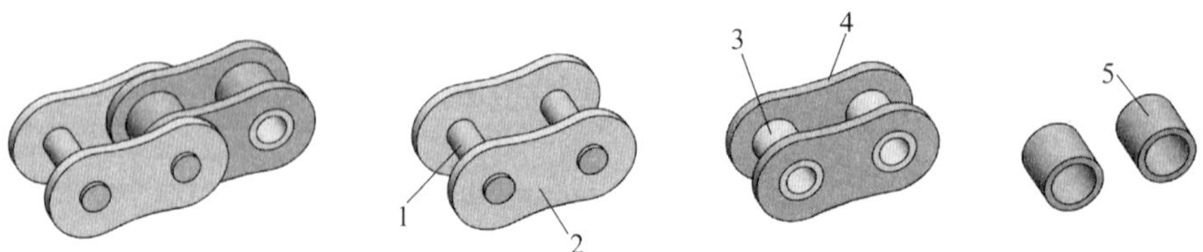

图 3-21　单排滚子链的结构

1—销轴　2—外链板　3—套筒　4—内链板　5—滚子

滚子链接头处一般可用弹簧锁片（见图 3-22a）或开口销（见图 3-22b）锁定。当链节数为奇数时，滚子链接头需采用过渡链节接头（见图 3-22c）的形式。过渡链节不仅制造复杂，而且抗拉强度较低，因此尽量不采用。

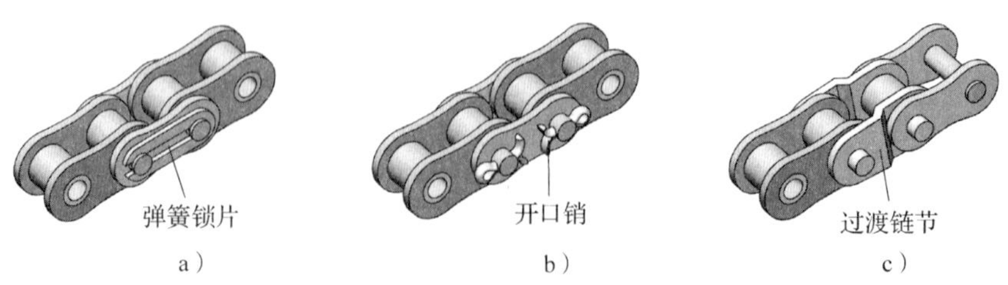

图 3-22　滚子链接头形式

a）弹簧锁片接头　b）开口销接头　c）过渡链节接头

2. 滚子链链轮

滚子链链轮与链配套，其种类分为单排、双排和多排等，如图 3–23 所示。滚子链链轮的轮齿形状如图 3–24 所示。

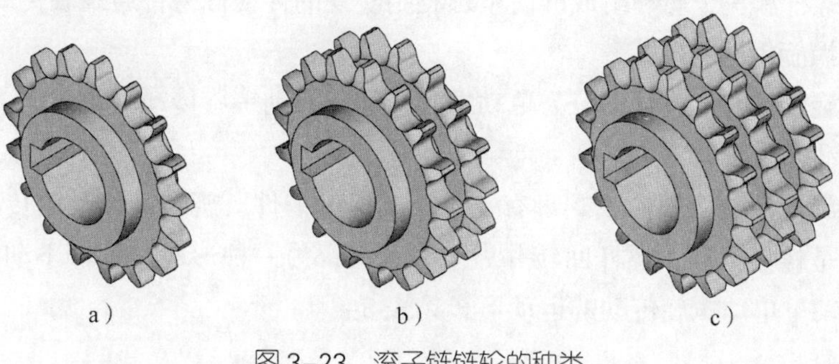

图 3–23　滚子链链轮的种类

a）单排　b）双排　c）多排

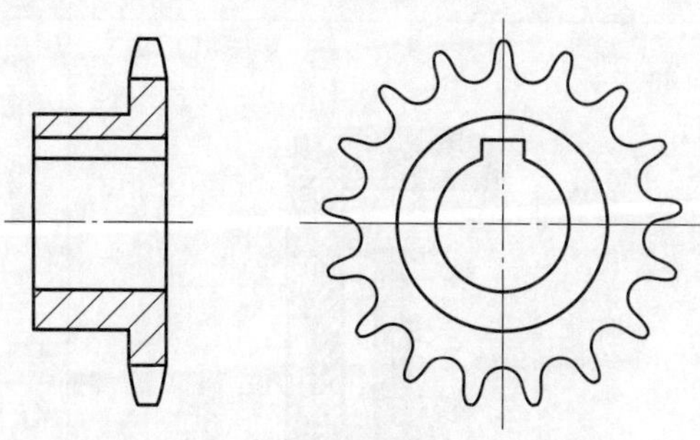

图 3–24　滚子链链轮的轮齿形状

为保证传动平稳，减少冲击和动载荷，小链轮齿数不宜过少，一般应大于 17。大链轮齿数也不宜过多，齿数过多，除了会增大传动尺寸和质量外，还会出现跳齿和脱链等现象，通常大链轮齿数应小于 120。由于链节数常取偶数，为使链条与链轮轮齿磨损均匀，链轮齿数一般应取与链节数互为质数的奇数。

链轮材料应保证轮齿有足够的强度和耐磨性，一般可采用灰铸铁、低碳钢、中碳钢、低碳合金钢、中碳合金钢等。链轮齿面一般都经过热处理，使之达到一定的硬度。

第 3 节　螺旋传动

螺旋传动是利用螺杆（丝杠）和螺母组成的螺旋副来实现传动要求的。螺旋传动具有结构简单，工作连续、平稳，承载能力强，传动精度高等优点，广泛应用于各种机械和仪器中。按螺旋副之间的摩擦状态，可将螺旋传动分为滑动螺旋传动、滚动螺旋传动。滑动螺旋传动又分为普通螺旋传动和差动螺旋传动两种类型。

一、普通螺旋传动

由一个螺杆和一个螺母组成的简单螺旋副实现的传动称为普通螺旋传动。

1. 普通螺旋传动的形式

普通螺旋传动的形式可以分为单动螺旋传动和双动螺旋传动两类。

（1）单动螺旋传动

单动螺旋传动是指螺栓或螺母有一件不动，另一件既旋转又移动的传动形式。其中一种形式是螺母不动，螺杆回转并做直线运动；另一种形式是螺杆不动，螺母旋转并做直线运动。单动螺旋传动的运动形式见表 3–3。

表 3-3　单动螺旋传动的运动形式

运动形式	应用实例	工作过程
螺母固定不动，螺杆回转并做直线运动	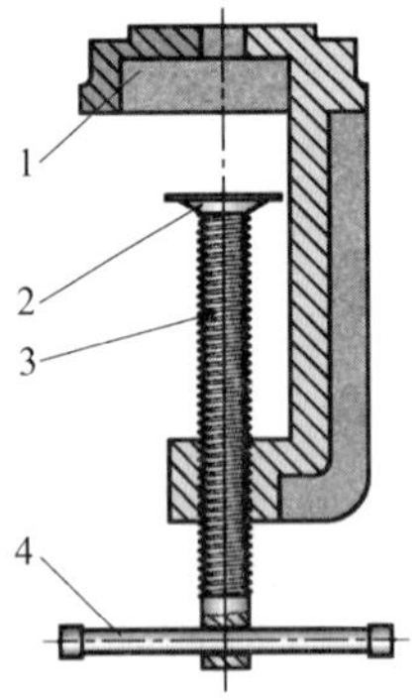 桌虎钳底座夹紧装置 1—固定座　2—压紧盘　3—螺杆　4—手柄	当螺杆做回转运动时，螺杆连同其上的手柄和压紧盘向上运动，将桌虎钳固定在桌面上；或向下运动，以便将桌虎钳从桌面上拆卸下来
螺杆固定不动，螺母回转并做直线运动	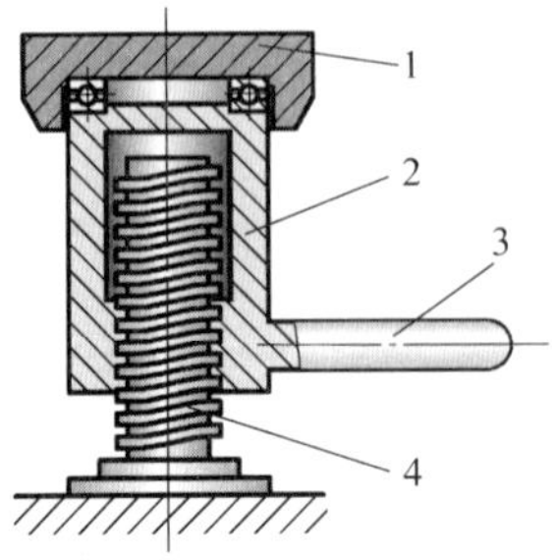 螺旋千斤顶 1—托盘　2—螺母　3—手柄　4—螺杆	螺杆连接在底座上固定不动，转动手柄使螺母回转，并做上升或下降的直线移动，从而举起或放下托盘

（2）双动螺旋传动

双动螺旋传动是指螺杆和螺母都做运动的传动形式。其中一种形式是螺杆原位回转，螺母做往复直线运动；另一种形式是螺母原位回转，螺杆做往复直线运动。双动螺旋传动的运动形式见表 3-4。

表 3-4　双动螺旋传动的运动形式

运动形式	应用实例	工作过程
螺杆回转，螺母做直线运动	桌虎钳夹紧机构 1—手柄　2—固定钳身　3—螺杆　4—活动钳身	转动手柄时，螺杆与手柄一起旋转，使活动钳身（螺母）做直线往复运动，从而实现对工件的夹紧和松开
螺母回转，螺杆做直线运动	观察镜螺旋调整装置 1—观察镜　2—螺母　3—螺杆 4—机架　5—定位螺钉	螺母做回转运动时，螺杆带动观察镜向上或向下移动，从而实现对观察镜的上下调整

2. 普通螺旋传动运动方向的判定

（1）普通螺旋传动运动方向的判定方法

在普通螺旋传动中，螺杆或螺母的移动方向可用左、右手法则判定。具体方法如下：

1）左旋螺纹用左手判定，右旋螺纹用右手判定。

2）弯曲四指，其指向与螺杆或螺母回转方向相同。

3）大拇指与螺杆轴线方向一致。

4）若为单动，大拇指的指向即为螺杆或螺母的运动方向；若为双动，与大拇指指向相反的方向即为螺杆或螺母的运动方向。

（2）普通螺旋传动运动方向的判定示例

1）单动螺旋传动运动方向的判定。图 3–25 所示为管钳，螺杆相对钳座回转并做直线运动。该机构属于螺杆既做旋转运动又做直线运动的单动传动形式。根据图示可判断螺纹的旋向为右旋，所以用右手法则判定。当螺杆顺时针旋转时，螺杆向下运动，带动活动钳口夹紧管件。

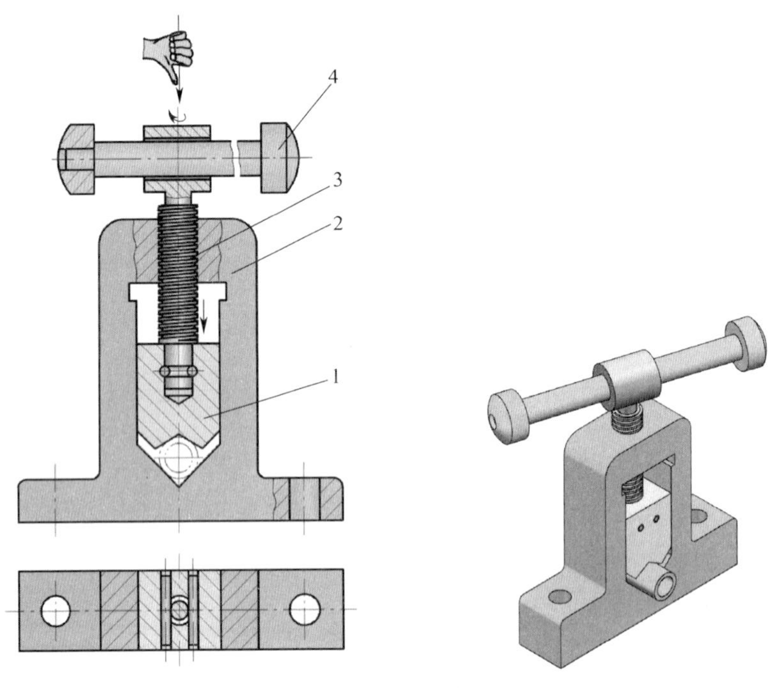

图 3–25　管钳

1—活动钳口　2—钳座　3—螺杆　4—手柄

2）双动螺旋传动运动方向的判定。图 3–26 所示为机用虎钳，螺杆只能做旋转运动，螺母带动活动钳身做直线运动。该机构属于螺杆回转，螺母做直线运动的双动螺旋传动，根据图示可判断旋向为右旋，所以用右手法则判定。当螺杆顺时针旋转时，螺母向拇指的反方向运动，即向左移动。

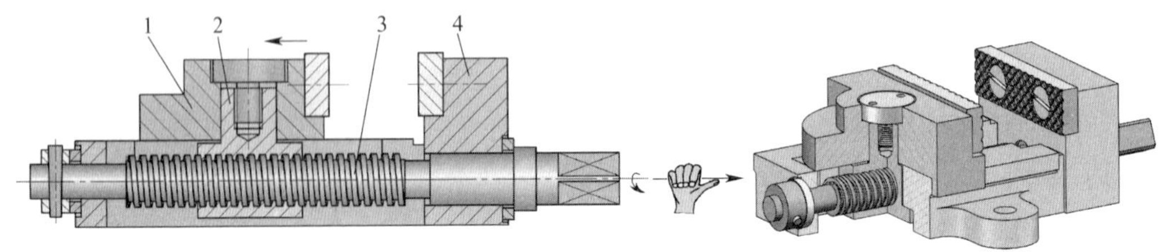

图 3–26　机用虎钳

1—活动钳身　2—螺母　3—螺杆　4—固定钳身

二、差动螺旋传动

差动螺旋传动是指由在同一螺杆上具有两个不同导程（或旋向）的螺旋副组成的传动形式。

1. 差动螺旋传动的种类

根据传动中两螺旋副的旋向，可分为旋向相同的差动螺旋传动和旋向相反的差动螺旋传动两种形式。

（1）旋向相同的差动螺旋传动

旋向相同的差动螺旋传动是指螺杆上两段螺纹旋向相同而螺距不同的差动螺旋传动。如图 3-27 所示，螺杆上有两段螺纹（导程分别为 P_{h1} 和 P_{h2}），分别与固定螺母（机架）和活动螺母组成两个螺旋副，这两个螺旋副组成的传动，使活动螺母与螺杆产生不一致的轴向运动。

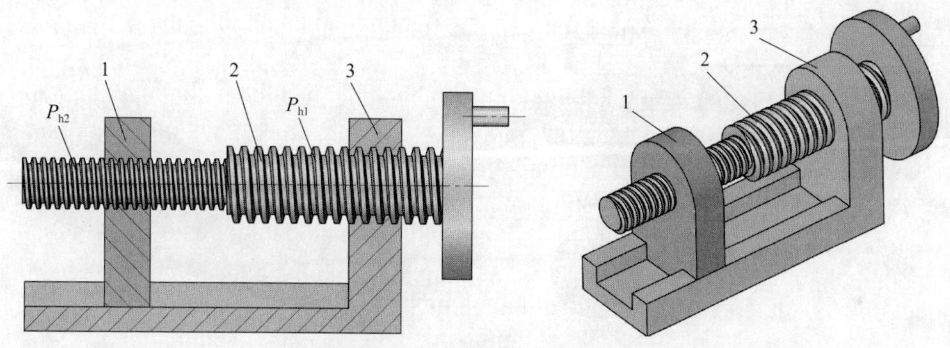

图 3-27　旋向相同的差动螺旋传动

1—活动螺母　2—螺杆　3—固定螺母（机架）

（2）旋向相反的差动螺旋传动

旋向相反的差动螺旋传动是指螺杆（或螺母）上两段螺纹旋向相反的差动螺旋传动。图 3-28 所示为紧绳器，其螺杆上的两段螺纹旋向相反。图 3-29 所示的紧绳器是在螺母连接环上加工了两段不同旋向的内螺纹，与相应旋向的螺杆配合，也能起到与图 3-28 所示装置相同的作用。

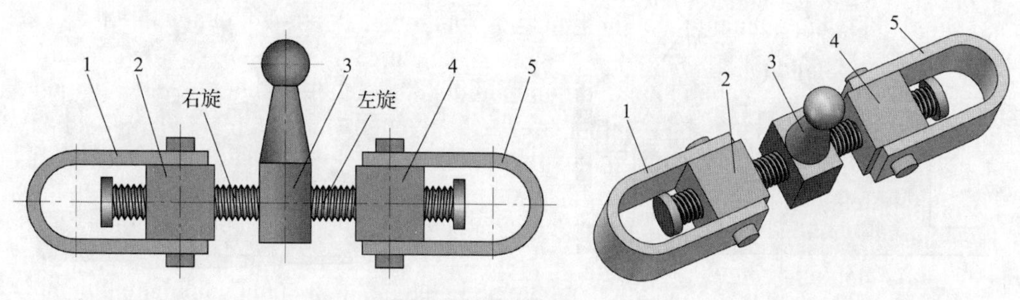

图 3-28　紧绳器（一）

1、5—拉环　2、4—带销轴的螺母块　3—带手柄的螺杆

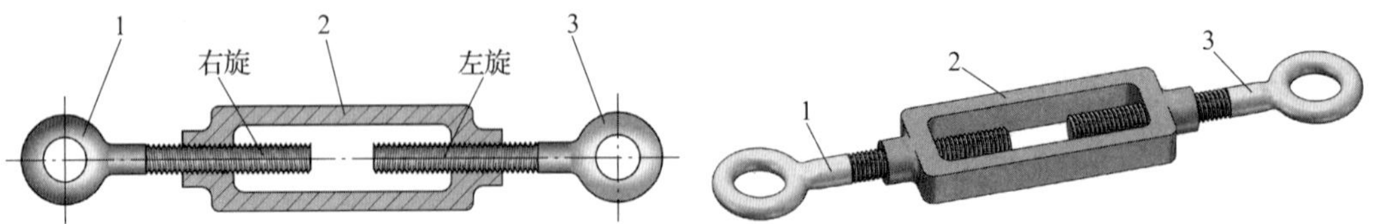

图 3-29 紧绳器（二）
1、3—拉环 2—螺母连接环

2. 差动螺旋传动的应用举例

旋向相同的差动螺旋传动可产生极小的位移，而其螺纹的导程并不需要很小，加工较容易。所以这种螺旋传动常用于测微器、分度器、精密机床、仪表及工具等。图 3-30 所示为利用差动螺旋传动的微调镗刀头，螺杆上的两段螺纹均为右旋螺纹，左侧螺纹的导程大于右侧螺纹的导程，通过旋转螺杆可以方便地实现镗刀的微调。

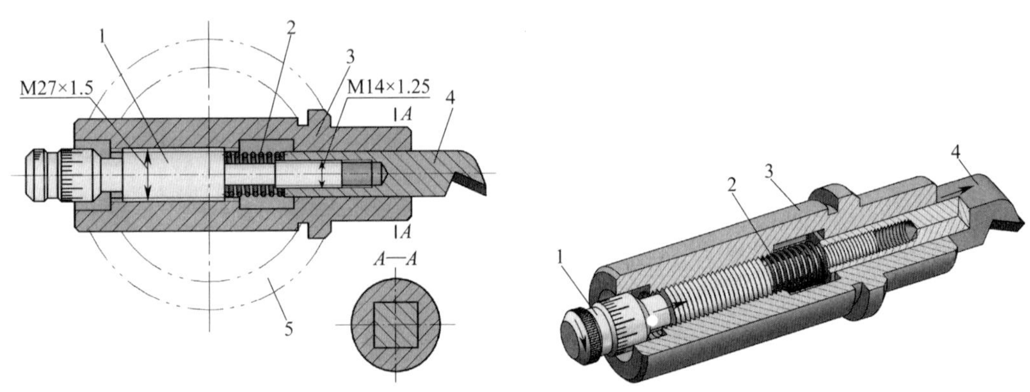

图 3-30 微调镗刀头
1—螺杆 2—弹簧 3—刀套 4—镗刀 5—镗刀杆

旋向相反的差动螺旋传动中，两活动螺母之间可以产生很大的相对位移，因此，可以用于需快速移动或需要同时调整两对称构件相对位置的装置中。图 3-31 所示为铣床快速夹紧装置，它采用了螺距相同、旋向相反的差动螺旋传动，使得左、右两侧钳座的移动距离相等，以保证工件的准确定位。

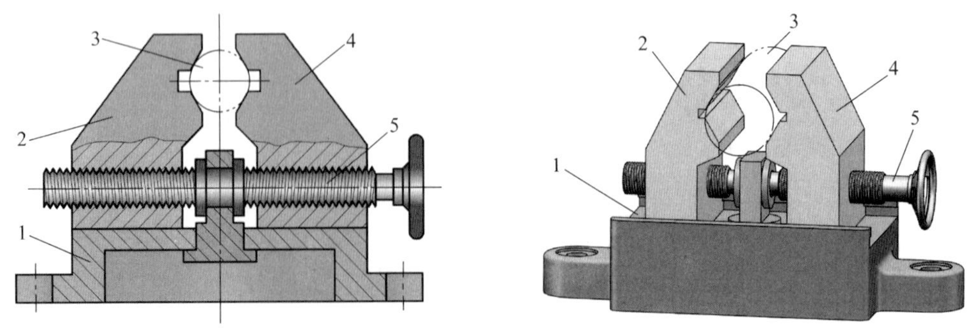

图 3-31 铣床快速夹紧装置
1—底座 2、4—钳座 3—工件 5—螺杆

三、滑动螺旋副的材料及热处理

螺杆材料应具有较高的强度和良好的加工性。不经热处理的螺杆可选 Q235、Q275 等碳素结构钢，或选 45、50 等优质碳素结构钢。对于重要传动，要求耐磨性高的螺杆，可选 40Cr、65Mn 等合金钢并进行淬火处理，或选合金渗碳钢 20CrMnTi 进行渗碳后淬火处理以提高耐磨性。对于精密的螺旋传动，要求螺杆热处理后要有较好的尺寸稳定性，可选用合金工具钢 CrWMn 并进行淬火处理，或选用高级优质合金钢 38CrMoAlA 并进行渗氮处理。

螺母材料除了要有足够的强度外，和螺杆配合后还应具有较低的摩擦因数和较高的耐磨性。要求较高时，可选铸造锡青铜 ZCuSn10P1 和 ZCuSn5Pb5Zn5；低速重载时，可选用铸造铝青铜 ZCuAl9Mn2、ZCuAl10Fe3 或铸造黄铜 ZCuZn38；轻载低速时可选用球墨铸铁。

第 4 节　齿轮传动

齿轮传动是机器中传递运动和动力的最主要形式之一。在金属切削机床、工程机械、冶金机械以及汽车、机械式钟表中都有齿轮传动。齿轮传动是机器中所占比重最大的传动形式，齿轮已成为许多机械设备中不可缺少的传动部件。图 3–32 所示为机械上最常用的齿轮减速器，它通过主、从动轴上的小齿轮和大齿轮之间的啮合降低轴的转速。

图 3–32　齿轮减速器

1—主动轴　2—从动轴

一、齿轮传动概述

1. 齿轮传动的常用类型

齿轮传动的常用类型见表 3–5。

表 3–5　齿轮传动的常用类型

<table>
<tr><th colspan="2">分类方法</th><th colspan="4">类型和图例</th></tr>
<tr><td rowspan="4">两轴平行</td><td rowspan="2">按轮齿方向</td><td>类型</td><td>直齿圆柱齿轮传动</td><td>斜齿圆柱齿轮传动</td><td>人字齿圆柱齿轮传动</td></tr>
<tr><td>图例</td><td></td><td>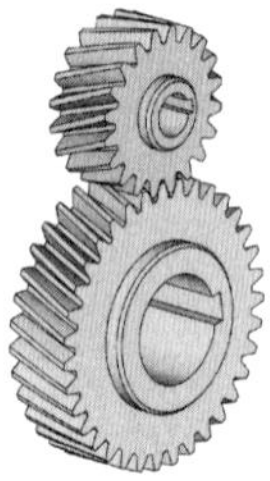</td><td>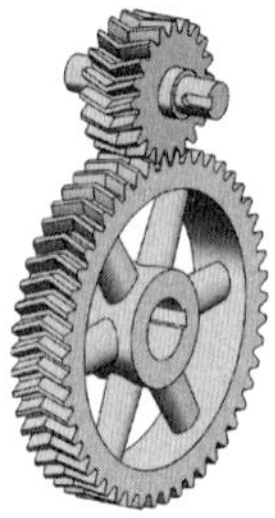</td></tr>
<tr><td rowspan="2">按啮合情况</td><td>类型</td><td>外啮合齿轮传动</td><td>内啮合齿轮传动</td><td>齿轮齿条传动</td></tr>
<tr><td>图例</td><td></td><td>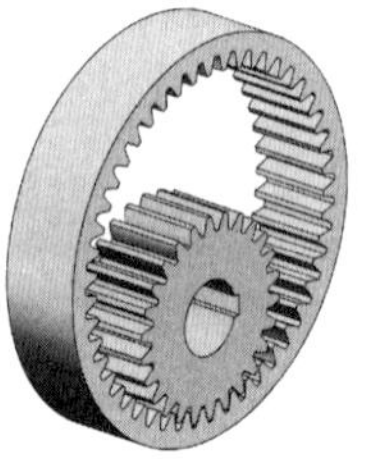</td><td></td></tr>
<tr><td colspan="2" rowspan="3">两轴不平行</td><td rowspan="2">类型</td><td colspan="2">相交轴齿轮传动</td><td rowspan="2">交错轴斜齿圆柱齿轮传动</td></tr>
<tr><td>直齿锥齿轮传动</td><td>曲线齿锥齿轮传动</td></tr>
<tr><td>图例</td><td>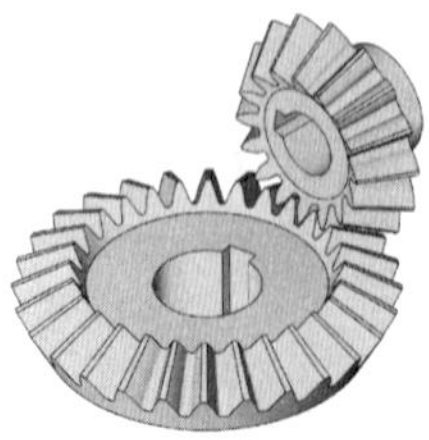</td><td></td><td></td></tr>
</table>

2. 齿轮传动的传动比

在某齿轮传动中，主动齿轮的齿数为 z_1，从动齿轮的齿数为 z_2，主动齿轮每转过一个齿，从动齿轮也转过一个齿。当主动齿轮的转速为 n_1、从动齿轮的转速为 n_2 时，单位时间内主动齿轮转过的齿数 n_1z_1 与从动齿轮转过的齿数 n_2z_2 应相等，即：

$$n_1z_1=n_2z_2$$

得到齿轮传动的传动比：

$$i_{12}=\frac{n_1}{n_2}=\frac{z_2}{z_1}$$

式中　n_1、n_2——主、从动齿轮的转速，r/min；

z_1、z_2——主、从动齿轮的齿数。

上式说明：齿轮传动的传动比是主动齿轮转速与从动齿轮转速之比，也等于两齿轮齿数之反比。

3. 齿轮传动的应用特点

（1）齿轮传动的优点

1）能保证瞬时传动比恒定，工作可靠性高，传递运动准确，这是齿轮传动被广泛应用的最主要原因之一。

2）传递功率和圆周速度范围较宽，传递功率可高达 5×10^4 kW，圆周速度可达 300 m/s。

3）结构紧凑，可实现较大的传动比。

4）传动效率高，使用寿命长，维护简便。

（2）齿轮传动的缺点

1）运转过程中有振动、冲击和噪声。

2）对齿轮的安装要求较高。

3）不能实现无级变速。

4）不适用于中心距较大的场合。

二、外啮合直齿圆柱齿轮传动

1. 渐开线齿廓

（1）渐开线

如图 3–33 所示，在某平面上，动直线 AB 沿一固定圆做纯滚动，此动直线 AB 上任意一点 K 的运动轨迹 CD 称为该圆的渐开线，该圆称为渐开线的基圆，其半径（基圆半径）用 r_b 表示，直线 AB 称为渐开线的发生线。

（2）渐开线齿廓的啮合特性

以同一个基圆上产生的两条反向渐开线为齿廓的齿轮就是渐开线齿轮，如图 3–34 所示。渐开线齿廓啮合时具有以下特性：

1）能保证瞬时传动比的恒定，保证了传动的平稳性，减小了振动和冲击。

2）齿轮在啮合过程中，即使两齿轮的实际中心距与设计的中心距稍有改变，其瞬时传动比仍能保持不变，从而保证了齿轮在实际工作中，因制造、安装误差或轴承磨损而导致齿轮的中心距产生微小改变时，仍能保持良好的传动性能。

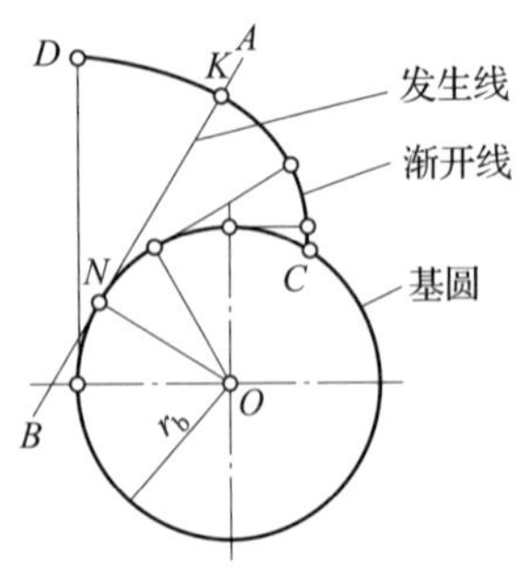

图 3–33　渐开线的形成

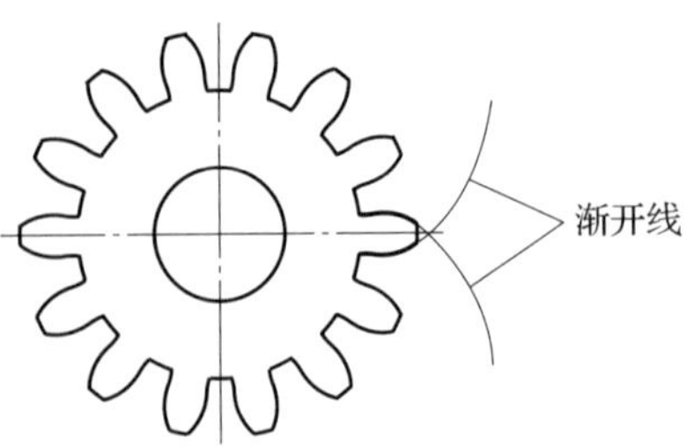

图 3–34　渐开线齿廓

2. 渐开线标准直齿圆柱齿轮各部分名称

如图 3–35 所示为渐开线标准直齿圆柱齿轮，其各部分名称及代号见表 3–6。

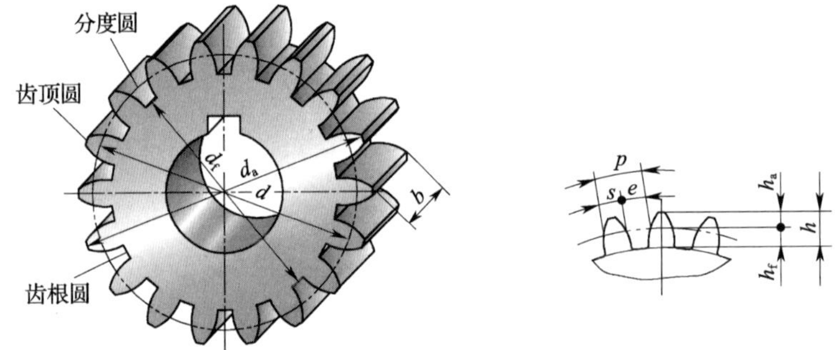

图 3–35　渐开线标准直齿圆柱齿轮

表 3–6　渐开线标准直齿圆柱齿轮各部分名称及代号

名称	定义	代号
齿顶圆	通过轮齿顶部的圆	d_a（齿顶圆直径）
齿根圆	通过轮齿根部的圆	d_f（齿根圆直径）
分度圆	齿轮上具有标准模数和标准压力角的圆	d（分度圆直径）
齿厚	在端平面（垂直于齿轮轴线的平面）上，一个齿的两侧端面齿廓之间的分度圆弧长	s
齿槽宽	在端平面上，一个齿槽的两侧端面齿廓之间的分度圆弧长	e
齿距	两个相邻且同侧端面齿廓之间的分度圆弧长	p
齿宽	齿轮的有齿部位沿分度圆柱面直母线方向量取的宽度	b
齿顶高	齿顶圆与分度圆之间的径向距离	h_a
齿根高	齿根圆与分度圆之间的径向距离	h_f
齿高	齿顶圆与齿根圆之间的径向距离	h

3. 渐开线标准直齿圆柱齿轮的基本参数

（1）压力角

在齿轮传动中，齿廓上某点所受正压力的方向（即齿廓上该点法向）与速度方向线之间所夹的锐角称为压力角。如图 3–36 所示，K 点的压力角为 α_K。

渐开线齿廓上各点的压力角是不相等的，K 点离基圆越远，压力角越大，基圆上的压力角为 0°。一般情况下所说的齿轮的压力角是指分度圆上的压力角，用 α 表示。国家标准规定，标准渐开线圆柱齿轮分度圆上的压力角 α=20°。

图 3–36　齿轮轮齿的压力角

（2）齿数 z

齿轮的轮齿总数称为齿数，用 z 表示。

（3）模数 m

齿距 p 除以圆周率 π 所得的商称为模数，即 $m=p/\pi$，单位为 mm。为了便于齿轮的设计和制造，模数已经标准化，国家标准规定的标准模数系列值见表 3–7。

表 3–7　标准模数系列值（摘自 GB/T 1357—2008）　mm

系列									
第Ⅰ系列	1	1.25	1.5	2	2.5	3	4	5	6
	8	10	12	16	20	25	32	40	50
第Ⅱ系列	1.125	1.375	1.75	2.25	2.75	3.5	4.5	5.5	（6.5）
	7	9	11	14	18	22	28	36	45

注：优先采用第Ⅰ系列的模数。应尽量避免选用第Ⅱ系列中的模数 6.5 mm。

4. 渐开线直齿圆柱齿轮正确啮合的条件

两渐开线直齿圆柱齿轮正确啮合的条件是：

（1）两齿轮的模数必须相等，即 $m_1=m_2$。

（2）两齿轮分度圆上的压力角必须相等，即 $\alpha_1=\alpha_2$。

三、其他齿轮传动

1. 内啮合直齿圆柱齿轮传动

如图 3–37 所示为内啮合直齿圆柱齿轮，与外啮合直齿圆柱齿轮相比，它具有以下不同点：

（1）内啮合直齿圆柱齿轮的齿顶圆小于分度圆，齿根圆大于分度圆。

（2）内啮合直齿圆柱齿轮的齿廓是内凹的，其齿厚和齿槽宽分别对应于外啮合齿轮的齿槽宽和齿厚。

（3）为使内啮合直齿圆柱齿轮齿顶的齿廓全部为渐开线，其齿顶圆必须大于基圆。

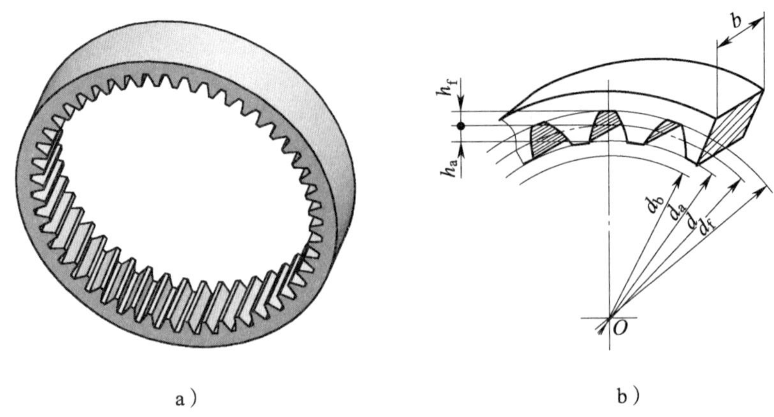

图 3–37　内啮合直齿圆柱齿轮

a）内啮合齿轮　b）内啮合齿轮各部分的名称代号

当要求齿轮传动轴平行，回转方向一致，且传动结构紧凑时，可采用内啮合直齿圆柱齿轮传动（见图 3–38）。

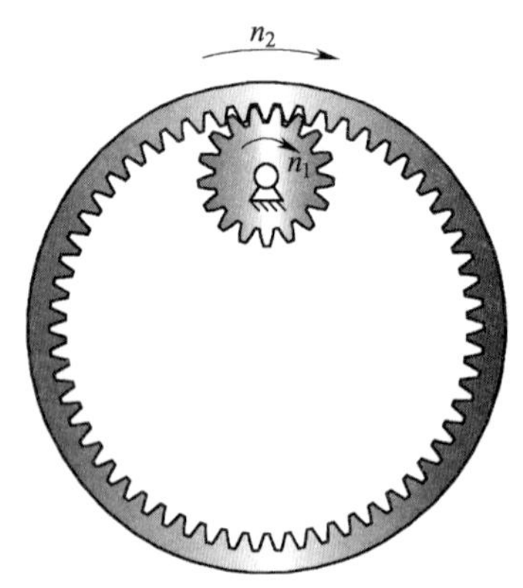

图 3–38　内啮合直齿圆柱齿轮传动

2. 齿轮齿条传动

齿轮齿条传动（见图 3–39）是齿轮传动的一种特殊组合方式，可以将齿轮的回转运动转换为齿条的往复直线运动，或将齿条的往复直线运动转换为齿轮的回转运动。齿条就像一个直径无限大的齿轮。

当齿轮的圆心位于无穷远处时，其上各圆的直径趋向于无穷大，齿轮上的基圆、分度圆、齿顶圆等各圆成为基线、分度线、齿顶线等互相平行的直线，渐开线齿廓也变成直线齿廓（对齿面而言则为平面），齿轮即演化成为齿条。齿条分为直齿条和斜齿条，如图 3–40 所示。

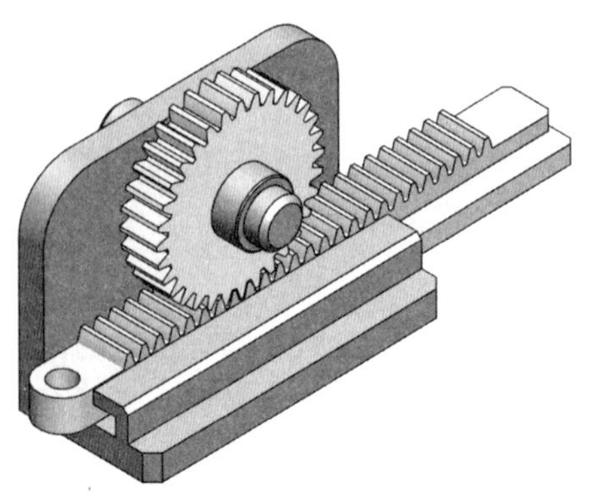

图 3–39　齿轮齿条传动

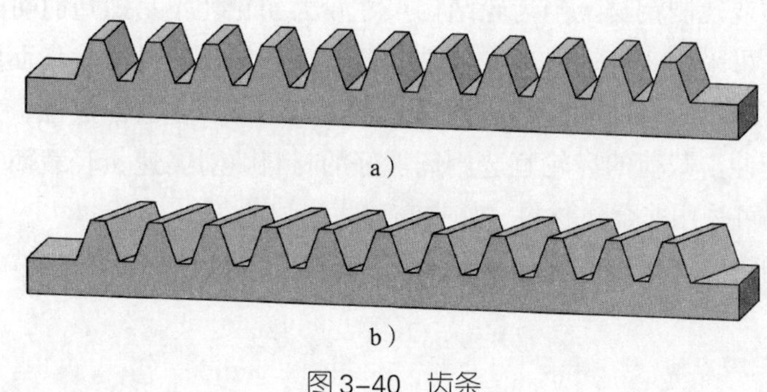

图 3–40　齿条

a）直齿条　b）斜齿条

3. 直齿锥齿轮传动

锥齿轮的轮齿分布在圆锥面上，有直齿、斜齿和曲线齿三种，其中直齿锥齿轮应用最广，如图 3–41 所示。

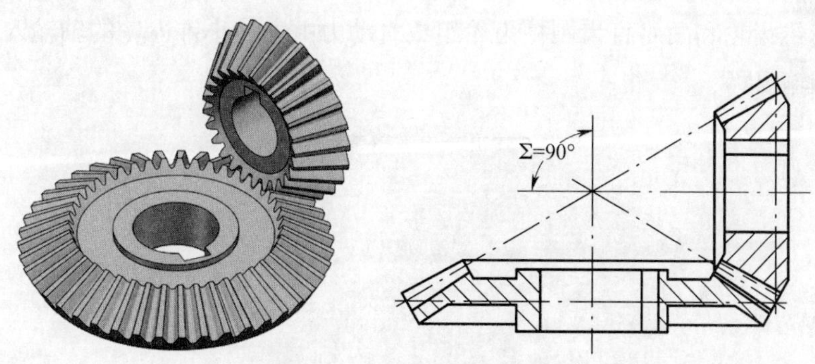

图 3–41　直齿锥齿轮传动

直齿锥齿轮用于两轴相交时的传动，两轴间的交角可以任意，在实际应用中多采用两轴互相垂直的传动形式，其结构如图 3–41 所示。

由于锥齿轮的轮齿分布在圆锥面上，所以轮齿的尺寸沿着齿宽方向变化，大端轮齿的尺寸大，小端轮齿的尺寸小。为了便于测量，并使测量时的相对误差尽量小，规定以大端参数作为标准参数。

为保证正确啮合，直齿锥齿轮传动应满足以下条件：

（1）两齿轮的大端模数相等，即 $m_1=m_2=m$。

（2）两齿轮的压力角相等，即 $\alpha_1=\alpha_2=\alpha$。

四、齿轮的常用材料与热处理

对齿轮材料的基本要求是：应使齿面具有足够的硬度和耐磨性，齿心具有足够的韧性以防止轮齿失效，同时应具有良好的冷、热加工的工艺性，以达到齿轮的各种技术要求。

常用的齿轮材料为优质碳素结构钢、合金结构钢、铸钢、铸铁和非金属材料等，

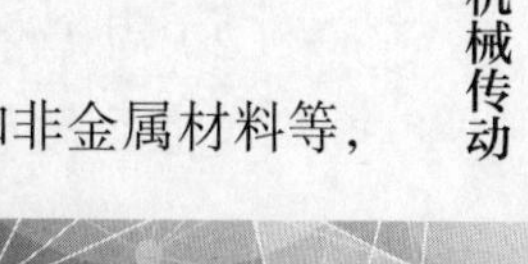

一般多采用锻件或轧制钢材。当齿轮结构尺寸较大，轮坯不易锻造时可采用铸钢。开式低速传动齿轮可采用灰铸铁或球墨铸铁。低速重载的齿轮易产生齿面塑性变形，轮齿也易折断，宜选用综合性能较好的钢材。高速齿轮易产生齿面点蚀，宜选用齿面硬度高的材料。受冲击载荷的齿轮宜选用韧性好的材料。对高速、轻载而又要求低噪声的齿轮传动，也可采用非金属材料、如夹布胶木、尼龙等。

钢制齿轮的热处理方法主要有表面淬火、渗碳、渗氮、调质、正火等。

五、轮系

在机械传动中，仅仅依靠一对齿轮传动往往是不够的。例如，在各种机床中需要把电动机的高转速变成主轴的低转速，或将一种转速变为多级转速；在汽车动力系统中，需要把发动机的一种转速转变为多种转速。这些都要依靠一系列彼此相互啮合的齿轮所组成的齿轮机构来实现。这种为了满足机器的功能要求和实际工作需要，采用多对相互啮合齿轮组成的传动系统称为轮系。如图 3–42 所示为三级齿轮减速器，它由一对直齿锥齿轮和两对直齿圆柱齿轮组成。动力由安装小锥齿轮的轴输入，由安装大齿轮的轴输出。

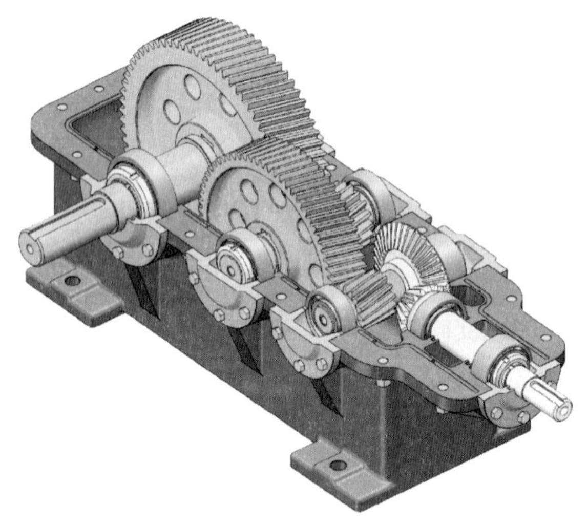

图 3–42　三级齿轮减速器

1. 轮系的分类

轮系的形式有很多，按照传动时各齿轮的轴线位置是否固定分为定轴轮系、周转轮系和混合轮系三大类。

（1）定轴轮系

当轮系运转时，各齿轮的几何轴线位置均相对固定不变，这种轮系称为定轴轮系，也称为普通轮系，如图 3–43 所示。

（2）周转轮系

当轮系运转时，至少有一个齿轮的几何轴线的位置是不固定的，并且绕另一个齿轮的固定轴线转动，这种轮系称为周转轮系。如图 3-44 所示，齿轮 3 一方面绕自身轴线 O_1 回转，另一方面又绕固定轴线 O 回转。

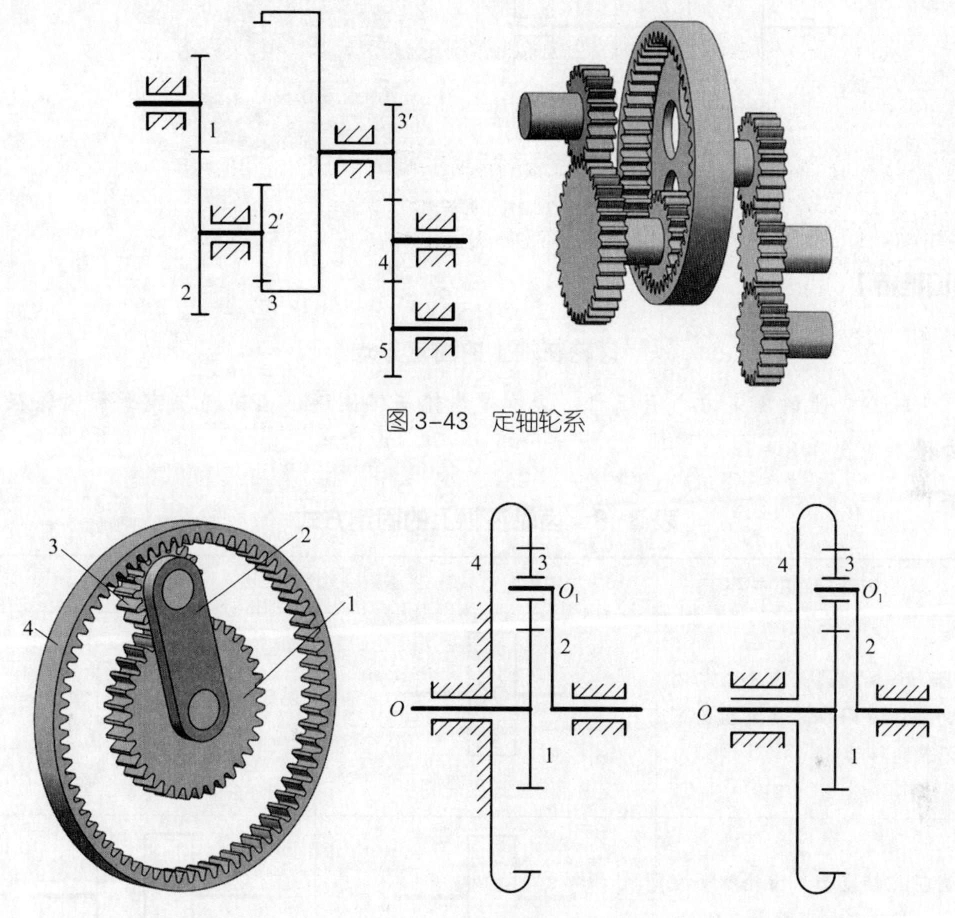

图 3-43　定轴轮系

图 3-44　周转轮系

a）立体图　b）行星轮系　c）差动轮系

1—太阳轮　2—行星架　3—行星齿轮　4—内齿圈

周转轮系由太阳轮、内齿圈、行星齿轮和行星架组成。处于中心位置的外齿轮称为太阳轮，处于最外面的内齿轮称为内齿圈，它们统称为中心轮。安装在行星架上的惰轮称为行星齿轮，支承行星齿轮并与太阳轮同轴线旋转的构件称为行星架。

周转轮系分为行星轮系与差动轮系两种。有一个中心轮的转速为零的周转轮系称为行星轮系（见图 3-44b），中心轮的转速都不为零的周转轮系称为差动轮系（见图 3-44c）。行星轮系只有一个自由度，差动轮系有两个自由度。

（3）混合轮系

既有定轴轮系又有周转轮系的轮系称为混合轮系，如图 3-45 所示。

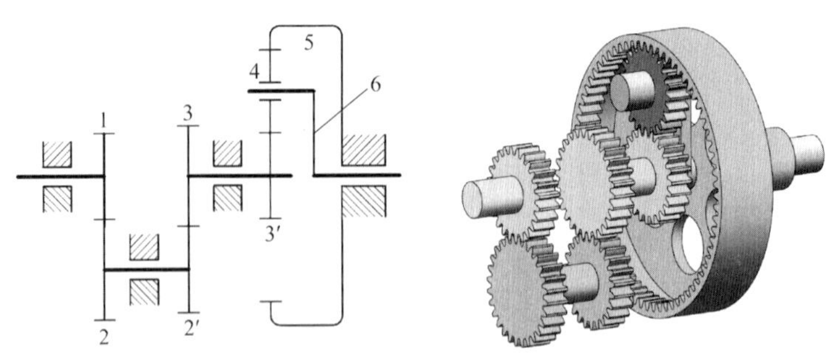

图 3-45　混合轮系

【知识链接】

齿轮在轴上的固定方式

齿轮在轴上的固定方式有三种，分别是齿轮与轴固连、齿轮与轴空套和齿轮在轴上滑移，见表 3-8。

表 3-8　齿轮在轴上的固定方式

齿轮与轴之间的关系	结构简图	
齿轮与轴固连：齿轮与轴固定为一体，同步转动且齿轮不能沿轴向移动	单一齿轮与轴固定	双联齿轮与轴固定
齿轮与轴空套：齿轮空套在轴上，齿轮与轴可以各自转动，互不影响	单一齿轮与轴空套	双联齿轮与轴空套
齿轮在轴上滑移：齿轮与轴周向固定且同步转动，但齿轮可沿轴向进行滑移	单一齿轮进行轴向滑移	双联齿轮进行轴向滑移

2. 轮系的应用特点

（1）可获得较大的传动比

当两轴之间的传动比较大时，若仅用一对齿轮传动，因为大齿轮齿数太多，使得齿轮传动结构尺寸增大。为此，一对齿轮传动的传动比不能过大（一般 i_{12}=3 ~ 5，i_{max} ≤ 8）。而采用轮系传动，可以获得较大的传动比，以满足低速工作的要求。如图 3-46 所示，$i_{13}=i_{12}\times i_{23}$。

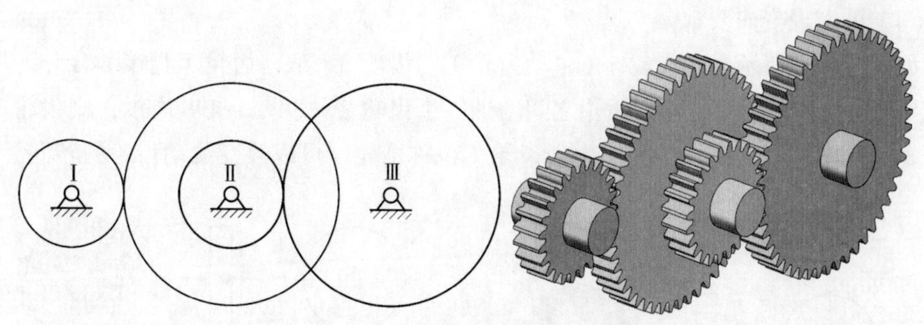

图 3–46　采用轮系获得较大的传动比

（2）可作较远距离的传动

当两轴中心距较大时，如用一对齿轮传动，则两齿轮结构尺寸必然很大，导致传动机构庞大。而采用轮系传动，可使结构紧凑，缩小传动装置的空间，节约材料，如图 3–47 所示。

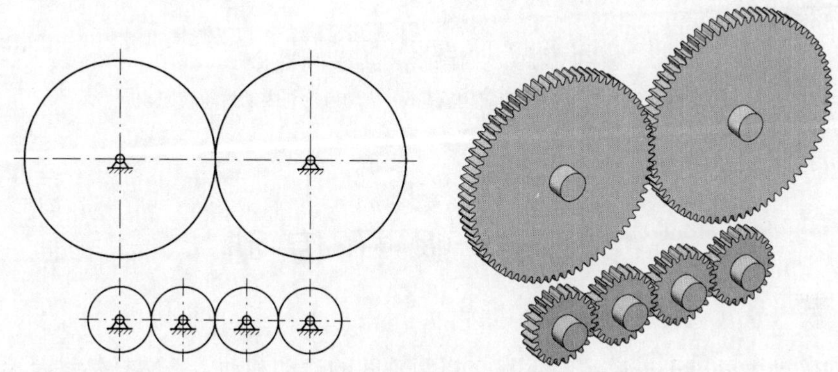

图 3–47　采用轮系实现远距离传动

（3）可实现变速要求

如图 3–48 所示，齿轮 1、2 是双联滑移齿轮，可在轴Ⅰ上滑移。当齿轮 1 和齿轮 3 啮合时，轴Ⅱ获得一种转速；当双联滑移齿轮右移，使齿轮 2 和齿轮 4 啮合时，轴Ⅱ获得另一种转速（齿轮 1、3 和齿轮 2、4 的传动比不同）。

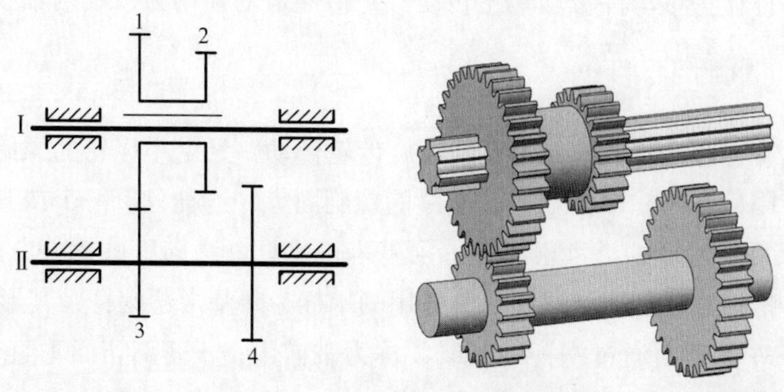

图 3–48　采用轮系实现变速要求

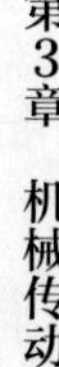

（4）可实现变向要求

如图 3–49a 所示，当齿轮 1（主动齿轮）与齿轮 3（从动齿轮）直接啮合时，齿轮 3 和齿轮 1 的转向相反。若在两轮之间增加一个齿轮 2，如图 3–49b 所示，则齿轮 3 和齿轮 1 的转向相同。因此，利用中间齿轮（也称惰轮）可以改变从动齿轮的转向。

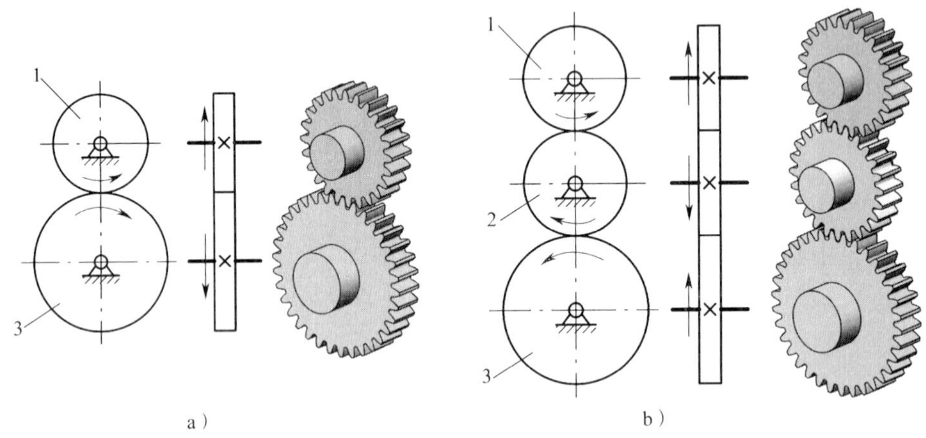

图 3–49 采用轮系实现变向要求

a）从动齿轮与主动齿轮转向相反 b）从动齿轮与主动齿轮转向相同

第 5 节 蜗 杆 传 动

蜗杆传动主要用于传递空间垂直交错两轴间的运动和动力。蜗杆传动具有传动比大、结构紧凑等优点，广泛应用于机床、汽车、仪器、起重运输机械、冶金机械等。如图 3–50 所示为蜗杆减速器，由于采用了蜗杆传动，可以实现较大的传动比。

一、蜗杆传动概述

蜗杆传动是指由蜗杆与蜗轮互相啮合组成的交错轴间的齿轮传动，如图 3–51 所示。通常由蜗杆作为主动件带动蜗轮转动，并传递运动和动力，其两轴线在空间一般交错成 90°。

1. 蜗杆

蜗杆传动相当于两轴交错成 90° 的螺旋齿轮传动，只是小齿轮的螺旋角很大，而直径却很小，因而在圆柱面上形成了连续的螺旋面齿，这种只有一个或几个螺旋齿的斜齿轮就是蜗杆。蜗杆的类型很多，如阿基米德蜗杆、法向直廓蜗杆、渐开线蜗杆、锥面包络圆柱蜗杆和圆弧圆柱蜗杆。最常用的蜗杆为阿基米德蜗杆，其形状如图 3–52 所示。图中 *I—I* 剖切面通过蜗杆的轴线，称为轴向面；*n—n* 剖切面垂直于蜗杆齿廓，称为法面。阿基米德蜗杆的轴向齿廓为直线，法向齿廓为渐开线。

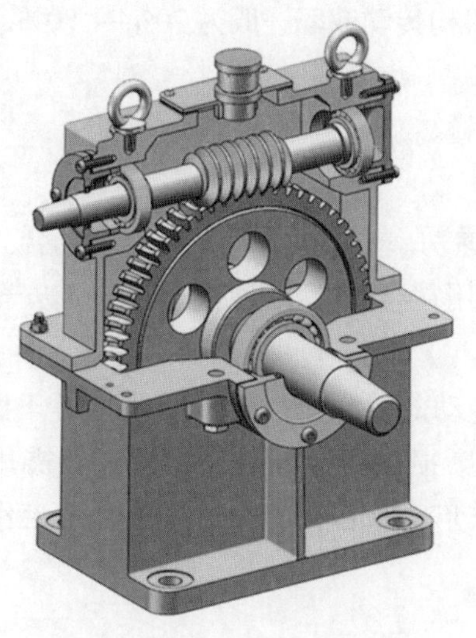

图 3–50　蜗杆减速器

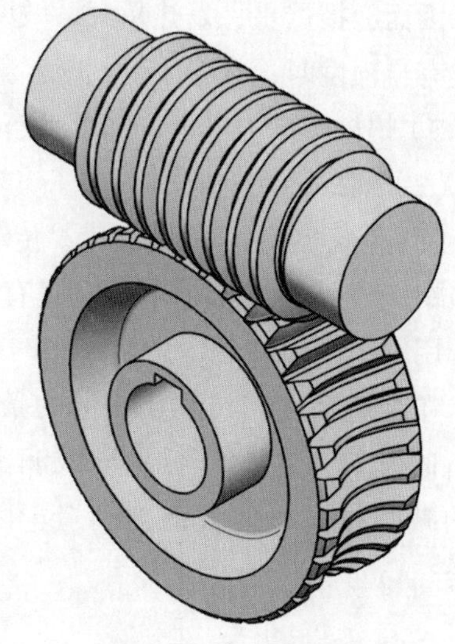

图 3–51　蜗杆传动

2. 蜗轮

与蜗杆组成交错轴齿轮副且轮齿沿着齿宽方向呈内凹弧形的斜齿轮称为蜗轮，如图 3–53 所示。蜗轮齿廓随蜗杆的齿廓而异，蜗轮一般在滚齿机上用与蜗杆形状和参数相同的滚刀或飞刀加工而成。

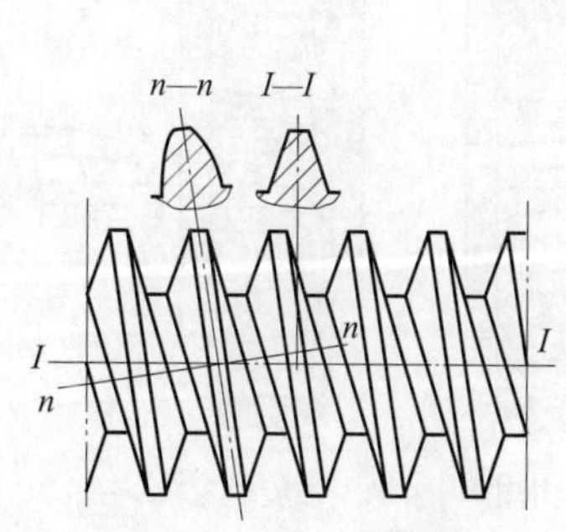

图 3–52　阿基米德蜗杆

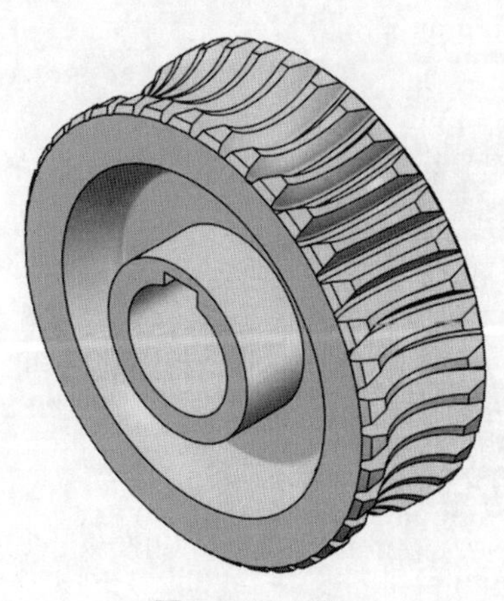

图 3–53　蜗轮

3. 蜗杆传动的特点及应用

（1）蜗杆传动的特点

1）传动比大，结构紧凑。单级传动比 i=8 ~ 80，在分度机构中可达 1 000。

2）传动平稳、噪声小。蜗杆上是连续不断的螺旋齿，蜗轮与蜗杆的啮合是逐渐进入并逐渐退出的，同时啮合的齿数较多，所以传动平稳、噪声小。

3）在一定条件下可以实现自锁。当蜗杆的螺旋线升角小于啮合面的当量摩擦角时，蜗杆传动具有自锁性。

4）传动效率低，磨损严重，易发热。由于蜗轮和蜗杆在啮合处有较大的相对滑动，因而磨损严重，发热量大，效率较低。蜗杆机构传动效率一般为 70% ~ 80%，当其具有自锁性时，效率小于 50%。

5）蜗杆轴向力较大，轴承易磨损，蜗轮造价较高。

（2）蜗杆传动的应用

蜗杆传动常用于两轴交错、传动比较大、传递功率不太大或间歇工作的场合。由于当蜗杆导程角 γ 较小时传动具有自锁性，故常用在卷扬机等起重机械中，起安全保护作用。

在制造精度和传动比相同的条件下，蜗杆传动的效率比齿轮传动低。蜗杆和蜗轮齿间发热量较大，容易导致润滑失效，引起磨损加剧。同时，蜗轮一般需用贵重的减摩材料（如青铜）制造。因此，蜗杆传动不适用于大功率、长时间工作的场合。

二、蜗杆和蜗轮旋向的判定

在蜗杆传动中，蜗杆和蜗轮的旋向应一致，即同为左旋或右旋。可以用判定螺杆和斜齿圆柱齿轮旋向的方法判定蜗杆和蜗轮的旋向，也可以只用右手判定蜗杆和蜗轮的旋向，如图 3–54 所示，手心对着自己，四指顺着蜗杆或蜗轮轴线方向摆正，若齿向与右手拇指指向一致，则该蜗杆或蜗轮为右旋，反之则为左旋。

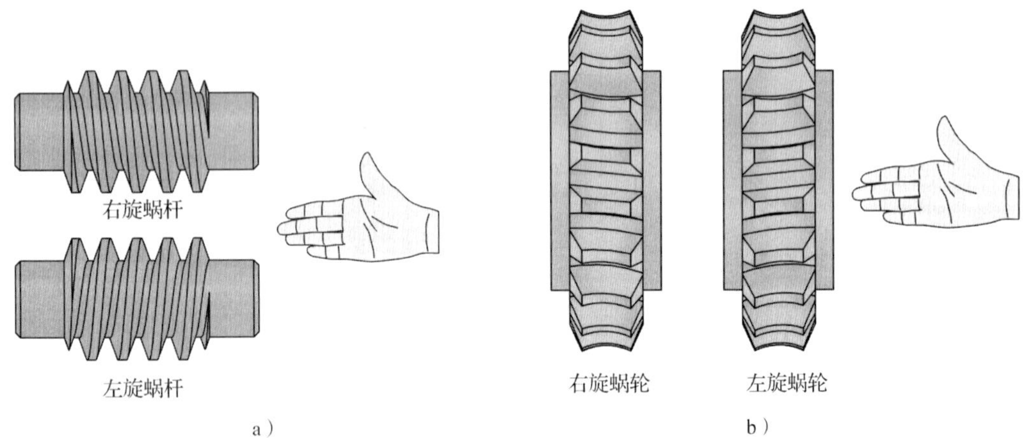

图 3–54　蜗杆和蜗轮旋向判定

a）蜗杆旋向判定　b）蜗轮旋向判定

三、蜗轮回转方向的判定

蜗轮的回转方向取决于蜗杆齿的旋向和蜗杆的回转方向，可用左右手定则来判定。左右手定则：左旋蜗杆用左手，右旋蜗杆用右手，四指弯曲与蜗杆的回转方向相同，拇指伸直与蜗杆轴线重合，则拇指所指方向的相反方向即为蜗轮上啮合点的线速度方向，如图 3–55 所示。

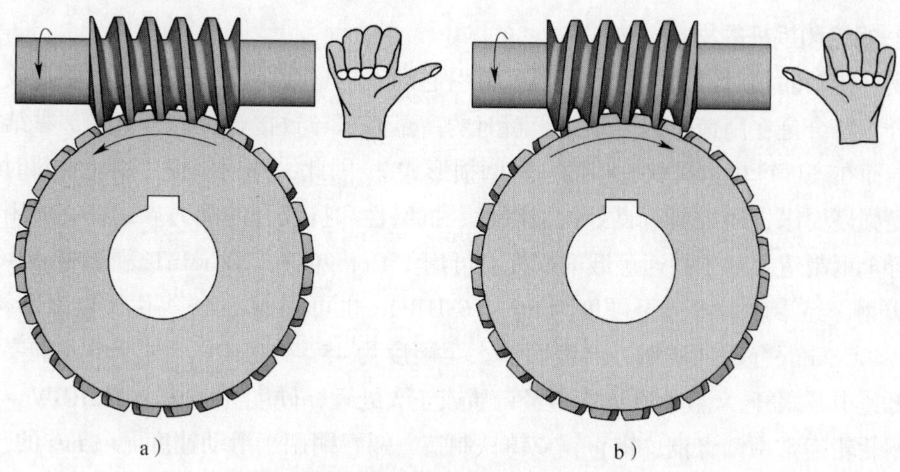

图 3–55　蜗轮回转方向判定

a）右旋蜗杆传动　b）左旋蜗杆传动

四、蜗轮和蜗杆的结构及材料

1. 蜗轮和蜗杆的结构

（1）蜗杆结构

蜗杆通常与轴合为一体，结构如图 3–56 所示。

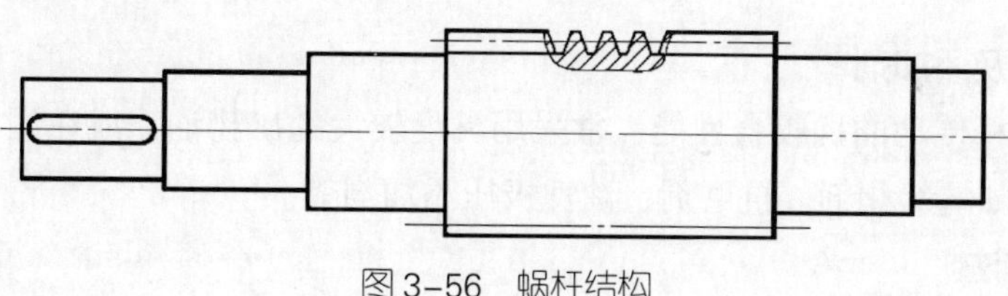

图 3–56　蜗杆结构

（2）蜗轮结构

蜗轮常采用组合结构，连接方式有铸造连接、过盈配合连接和螺栓连接，其结构如图 3–57 所示。

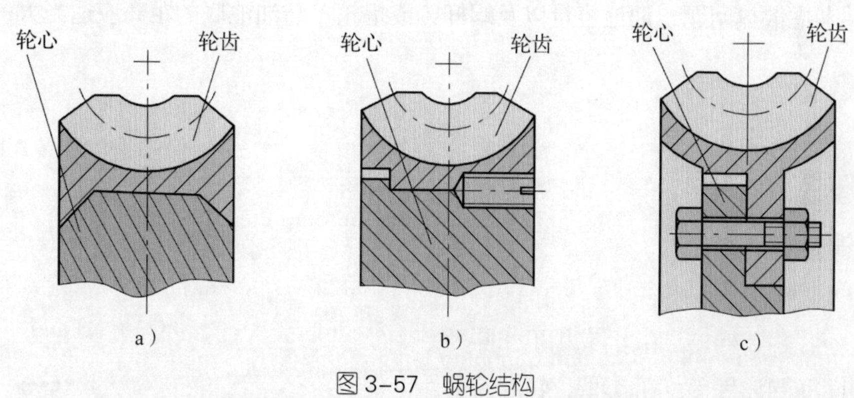

图 3–57　蜗轮结构

a）铸造连接　b）过盈配合连接　c）螺栓连接

2. 蜗轮和蜗杆的材料

蜗杆传动的相对滑动速度大，因摩擦引起的发热量大、效率低，故主要失效形式为胶合（胶合是在高速重载传动中，瞬时的高温高压导致接触区的金属局部黏结在一起，继而在表面产生沟纹状磨痕的一种磨损形式）。因此，选用蜗杆、蜗轮材料时不仅要满足强度要求，还要具有良好的减摩性、抗磨性和抗胶合的能力。蜗杆一般用碳素钢或合金钢制造。对于高速重载的蜗杆，可用15Cr、20Cr、20CrMnTi和20MnVB等合金渗碳钢，经渗碳后淬火至硬度为56 ~ 63HRC；也可用40、45等优质碳素结构钢，40Cr、40CrNi等合金调质钢，经表面淬火至硬度为45 ~ 50HRC。对于不太重要的传动及低速中载蜗杆，常用40、45钢经调质或正火处理，硬度为220 ~ 230HBW。

蜗轮轮齿常用锡青铜、铝青铜或铸铁制造。锡青铜用于滑动速度 $v_s>3$ m/s的传动，常用牌号有ZCuSn10Pb1和ZCuSn5Pb5Zn5；铝青铜一般用于滑动速度 $v_s \leq 4$ m/s的传动，常用牌号为ZCuAl9Mn2；铸铁用于滑动速度 $v_s<2$ m/s的传动，常用牌号有HT150和HT200等。轮芯可采用铸铁或45钢等。

五、蜗杆传动的润滑

由于蜗杆传动的传动效率低、发热量大，若润滑不当，容易引起过度磨损和胶合。为保证蜗杆传动具有良好的润滑，必须合理选择和确定润滑油、润滑方法及润滑油的供油量。

1. 润滑油及添加剂

为提高蜗杆传动的抗胶合性能，常采用黏度较大的矿物油，或在润滑油中加入适量的添加剂，如抗氧化剂、抗磨剂、油性极压添加剂等。

2. 润滑方法

闭式蜗杆传动的润滑方法主要有浸油润滑和喷油润滑两种，可根据齿面相对滑动速度选择。喷油润滑时，应注意控制油压。

采用油池浸油润滑时，蜗杆最好下置，浸油深度以蜗杆一个齿高为宜；若因结构限制蜗杆不得已上置时，浸油深度可取蜗轮半径的1/6 ~ 1/3。为避免蜗杆工作时带起油池沉渣，并考虑散热问题，油池容量以及蜗杆（或蜗轮）与油池底的距离应适当大一些。

课后练习

1. 简述带传动的组成和工作原理。
2. 简述带传动的类型、特点及应用。

3. 链传动有何优点？
4. 简述螺旋传动的类型。
5. 简述齿轮传动的类型及应用特点。
6. 渐开线齿廓的啮合特性有哪些？
7. 轮系分为哪几类？有何应用特点？
8. 蜗杆传动有何特点？

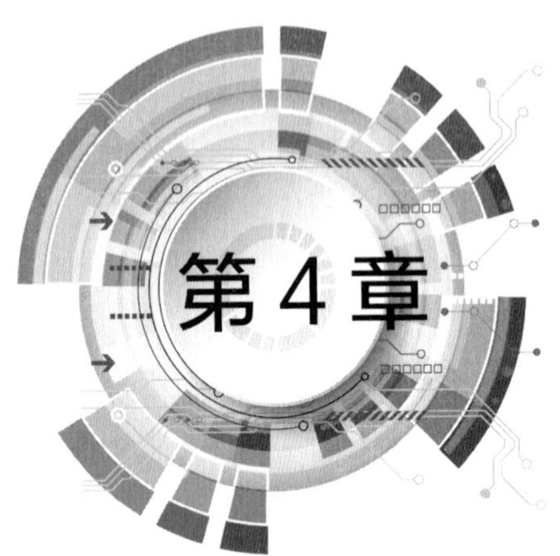

常用机构

学习目标

1. 了解铰链四杆机构的组成，掌握铰链四杆机构的类型及工作原理。
2. 掌握曲柄滑块机构的工作原理，了解曲柄摇块机构的工作原理。
3. 掌握铰链四杆机构曲柄存在的条件，了解铰链四杆机构的急回特性和死点位置。
4. 掌握凸轮机构的组成、类型及工作过程，了解从动件端部形状。
5. 掌握塔轮变速机构和滑移齿轮变速机构的工作原理，了解离合式齿轮变速机构和挂轮变速机构的工作原理。
6. 了解滚子平盘式无级变速机构和宽V带式无级变速机构的工作原理。
7. 掌握三星轮换向机构的工作原理。
8. 掌握棘轮机构的工作原理，了解棘轮机构的常见类型及其应用。
9. 掌握槽轮机构的组成和工作原理，了解槽轮机构的常见类型。

第1节　平面连杆机构

一、平面连杆机构的概念

平面连杆机构是由一些刚性构件用转动副或移动副相互连接而成，在同一平面或相互平行的平面内运动的机构。平面连杆机构能够实现某些较为复杂的平面运动，在生产和生活中广泛用于动力的传递或运动形式的改变。如图4–1所示为门座式起重机，它利用平面连杆机构实现货物的水平移动。平面连杆机构构件的形状多种多样，不一定为杆状，但从运动原理的角度来看，均可用等效的杆状构件进行替代，如

图 4-2 所示为起重机构的机构运动简图。最常用的平面连杆机构是具有四个构件（包括机架）的机构，称为四杆机构。构件间以四个转动副相连的平面四杆机构称为平面铰链四杆机构，简称铰链四杆机构。

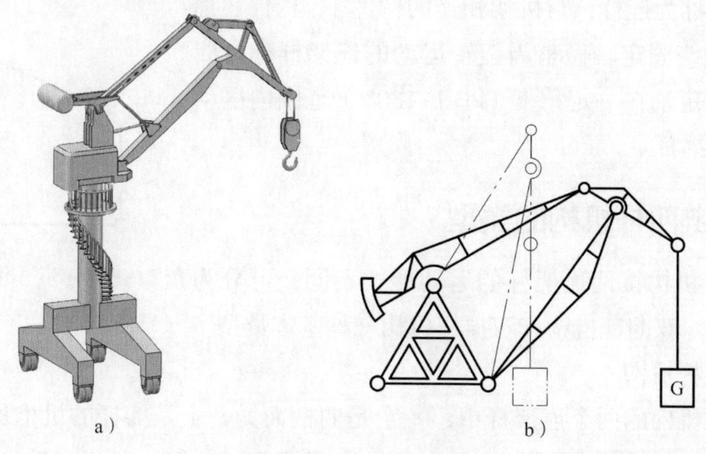

图 4-1　门座式起重机

a）实体图　b）起重机构的结构简图

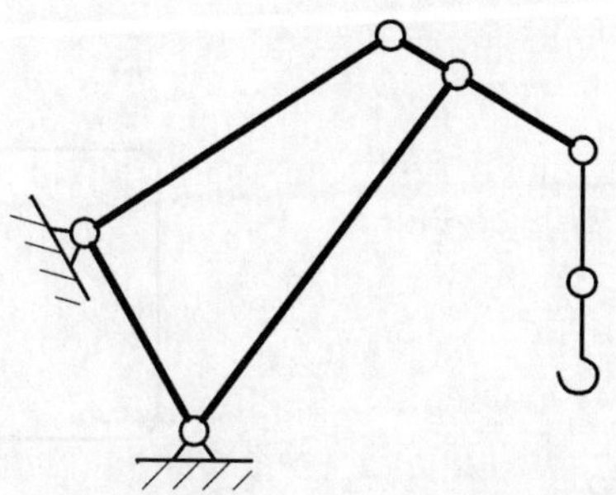

图 4-2　起重机构的机构运动简图

二、平面连杆机构的应用特点

1. 平面连杆机构的优点

（1）由于平面连杆机构是低副连接，为面接触，所以承受压强小，便于润滑，磨损较轻，可承受较大载荷。

（2）平面连杆机构结构简单，加工方便，构件之间的接触是由构件本身的几何约束来保持的，因此构件工作可靠。

（3）可使从动件实现多种形式的运动，满足多种运动规律的要求。

（4）利用平面连杆机构中连杆的变化可满足多种运动轨迹的要求。

2. 平面连杆机构的缺点

（1）设计比较复杂，运动传递的积累误差较大。

（2）运动时产生的惯性难以平衡，不适用于高速运动的场合。

三、铰链四杆机构的组成

在如图 4–3 所示的铰链四杆机构中，固定不动的构件 4 称为机架，不与机架直接相连的构件 2 称为连杆，与机架相连的构件 1、构件 3 称为连架杆。能绕固定轴做整周旋转运动的连架杆称为曲柄，只能绕固定轴在一定角度（小于 180°）范围内摆动的连架杆称为摇杆。

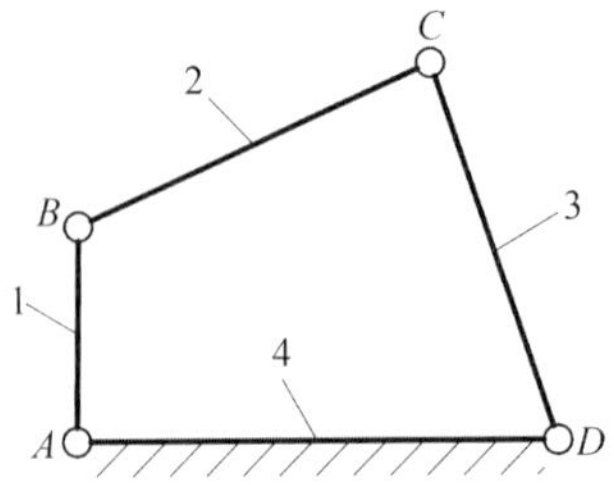

图 4–3　铰链四杆机构
1、3—连架杆　2—连杆　4—机架

四、铰链四杆机构的类型

铰链四杆机构按两连架杆的运动形式不同，可分为曲柄摇杆机构、双曲柄机构和双摇杆机构三种基本类型。

1. 曲柄摇杆机构

铰链四杆机构的两个连架杆中，一个是曲柄而另一个是摇杆的机构称为曲柄摇杆机构，如图 4–4 所示，连架杆 *AB* 为曲柄，连架杆 *CD* 为摇杆。

曲柄摇杆机构的应用十分广泛，如图 4–5 所示为汽车玻璃窗刮水器的机构运动简图，当电动机带动主动曲柄 *AB* 回转时，从动摇杆 *CD* 做往复摆动，利用摇杆的延长部分实现刮水动作。

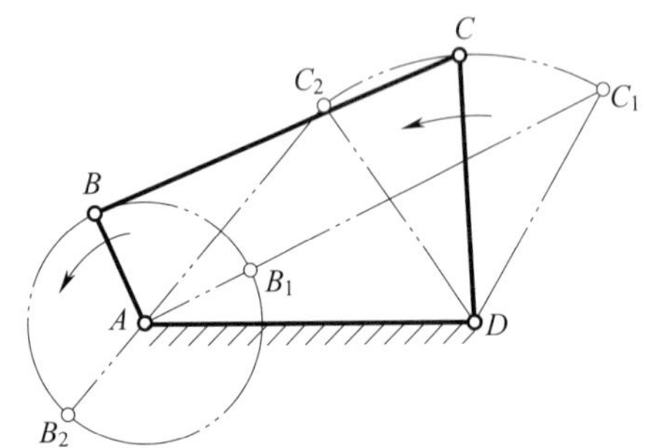

图 4–4　曲柄摇杆机构

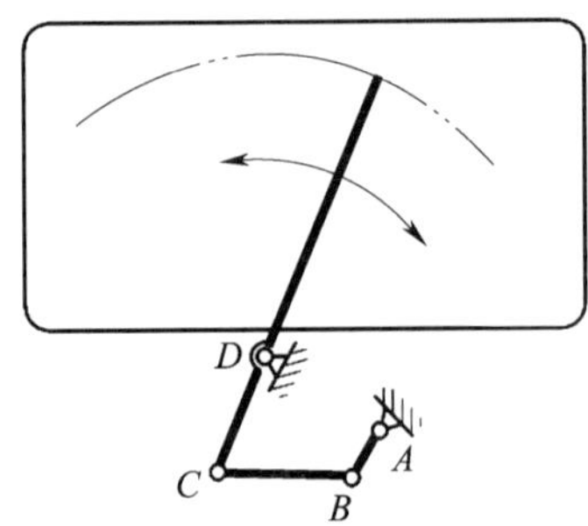

图 4–5　汽车玻璃窗刮水器的机构运动简图

2. 双曲柄机构

两连架杆均为曲柄的铰链四杆机构称为双曲柄机构。常见的双曲柄机构有不等长双曲柄机构和平行双曲柄机构等。

（1）不等长双曲柄机构

两曲柄长度不等的双曲柄机构称为不等长双曲柄机构，如图 4–6 所示。在双曲柄机构中，通常主动曲柄做等速转动，从动曲柄做变速转动。

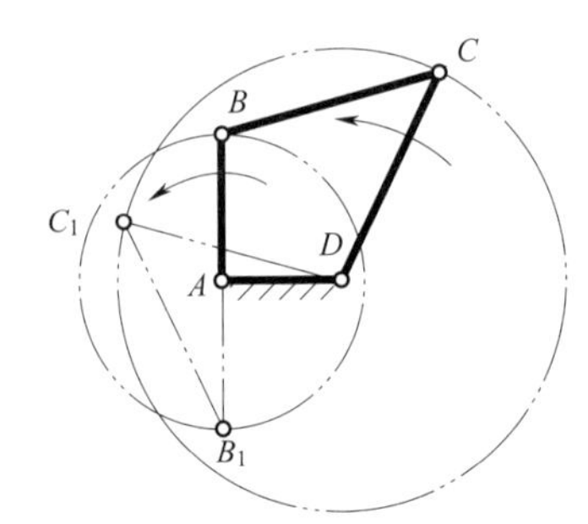

图 4–6　不等长双曲柄机构

如图 4–7a 所示为惯性筛，它通过双曲柄机构使筛子左右摆动，从而实现粗、细物料分离。惯性筛的机构运动简图如图 4–7b 所示，主动曲柄 *AB* 做匀速转动，

从动曲柄 *CD* 做变速转动，通过构件 *CE* 使筛子产生变速直线运动，筛子内的物料因惯性而来回做往复抖动，从而达到筛分物料的目的。

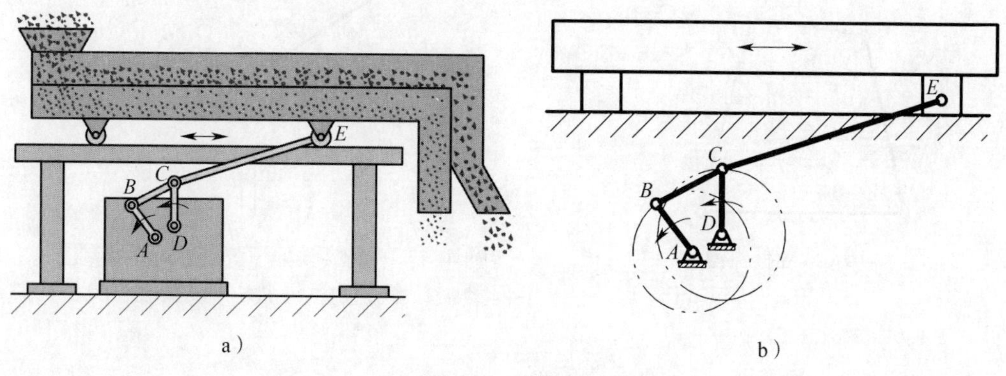

图 4–7　惯性筛

a）示意图　b）机构运动简图

（2）平行双曲柄机构

连杆与机架的长度相等且两曲柄长度相等、曲柄转向相同的双曲柄机构称为平行双曲柄机构，如图 4–8 所示。平行双曲柄机构的四个构件在任何位置均形成平行四边形，两曲柄的旋转方向与角速度恒相等。该机构的应用比较广泛，如图 4–9 所示为托盘天平，由两组对边等长的杆组成，*A*、*D* 为固定点，它利用了平行双曲柄机构中两曲柄的转向和旋转角度均相同的特性，因而 *CB* 与 *C′ B′* 始终保持在铅垂位置，托盘始终保持在水平位置。

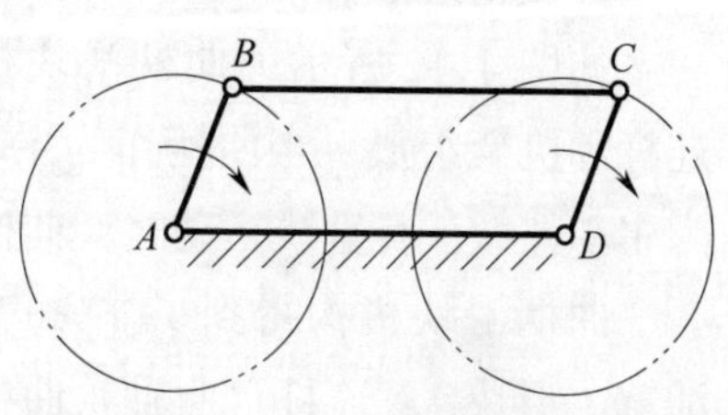

图 4–8　平行双曲柄机构

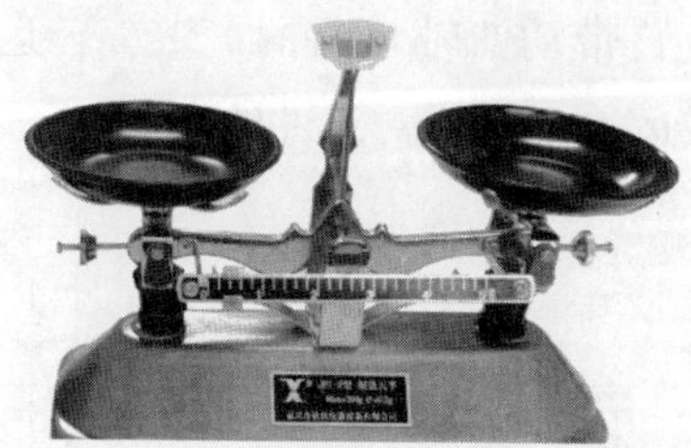

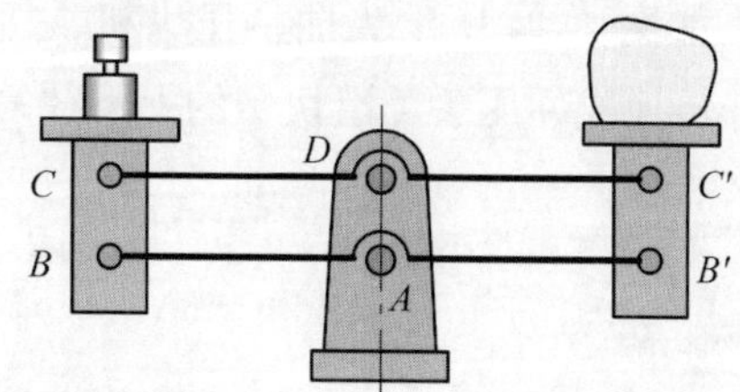

图 4–9　托盘天平

3. 双摇杆机构

如图 4–10 所示，两连架杆均为摇杆的铰链四杆机构称为双摇杆机构。该机构中两摇杆都分别可以作为主动杆，当连杆与摇杆共线时为机构的两极限位置。如图 4–11 所示为飞机起落架机构的机构运动简图，飞机着陆前，需要将机轮 3 从机翼 5 中推放出来（图 4–11 中粗实线）；起飞后，为了减小空气阻力，又需要将机轮 3 收入机翼 5 中（图 4–11 中细双点画线）。这些动作是由转动主动摇杆 1 通过连杆 2、从动摇杆 4 带动机轮 3 来实现的。

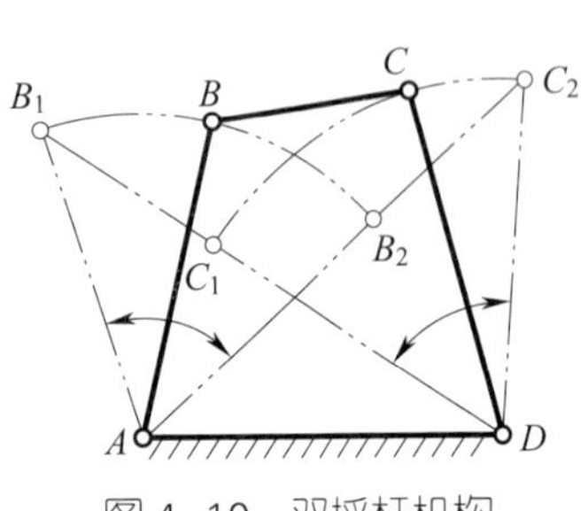

图 4-10　双摇杆机构

图 4-11　飞机起落架机构的机构运动简图

1—主动摇杆　2—连杆　3—机轮　4—从动摇杆　5—机翼

五、铰链四杆机构的演化

在实际生产中，除了前面介绍的铰链四杆机构的类型外，还广泛采用一些其他形式的四杆机构。它们一般是通过改变铰链四杆机构某些构件的形状、相对长度或选择不同构件作为机架等方式演化而来。

1. 曲柄滑块机构

如图 4-12 所示为曲柄滑块机构，它由曲柄摇杆机构演化而来，由曲柄、滑块、连杆和机架组成。当曲柄作为主动件做旋转运动时，滑块做往复直线运动；当滑块作为主动件做往复直线运动时，曲柄做旋转运动。

曲柄滑块机构得到了非常广泛的应用。如图 4-13 所示为内燃机活塞连杆组件，活塞（滑块）、连杆、曲轴（曲柄）等组成了曲柄滑块机构。在做功行程中，活塞承受燃气压力在气缸内做直线运动，通过连杆转换成曲轴的旋转运动，并由曲轴对外输出动力。如图 4-14 所示为曲柄压力机，机械装置带动曲轴（曲柄）做旋转运动，再通过连杆转换成冲压头（滑块）的上下往复直线运动，完成对工件的加工。

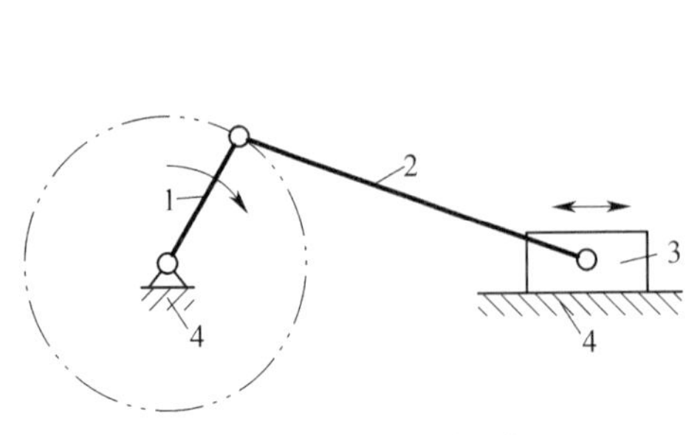

图 4-12　曲柄滑块机构

1—曲柄　2—连杆　3—滑块　4—机架

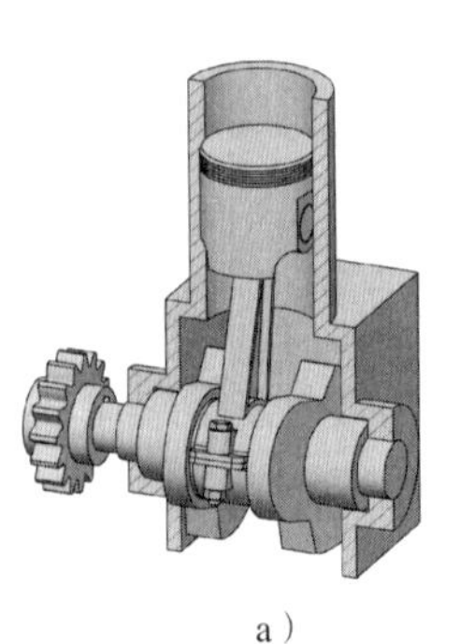

a）

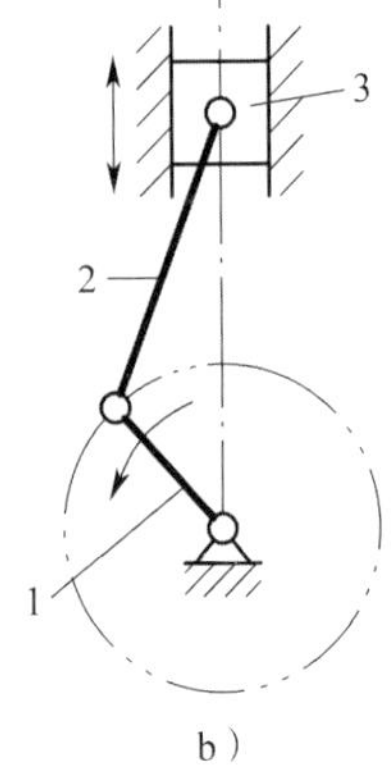

b）

图 4-13　内燃机活塞连杆组件

a）实体图　b）机构运动简图

1—曲轴（曲柄）　2—连杆　3—活塞（滑块）

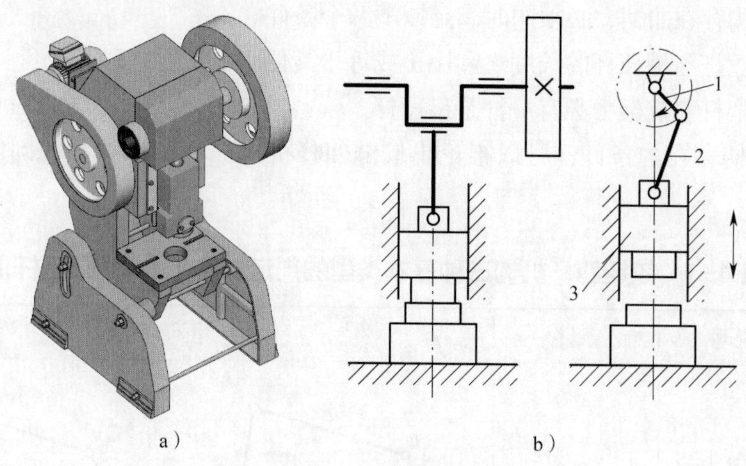

图 4-14　曲柄压力机

a）实体图　b）机构运动简图

1—曲轴（曲柄）　2—连杆　3—冲压头（滑块）

2. 曲柄摇块机构

若将曲柄滑块机构的连杆作为机架，滑块绕某一点摆动，就得到了曲柄摇块机构，如图 4-15 所示，当曲柄 2 绕着 *B* 点做整周回转运动时，摇块 4 做摆动。这种装置广泛应用于液压驱动装置中，如图 4-16 所示的吊车升降机构，液压缸的缸体相当于摇块，活塞杆相当于导杆。当液压油推动活塞杆向上移动时，起重臂 *AB* 绕 *B* 点顺时针摆动，吊钩上升，吊起重物。

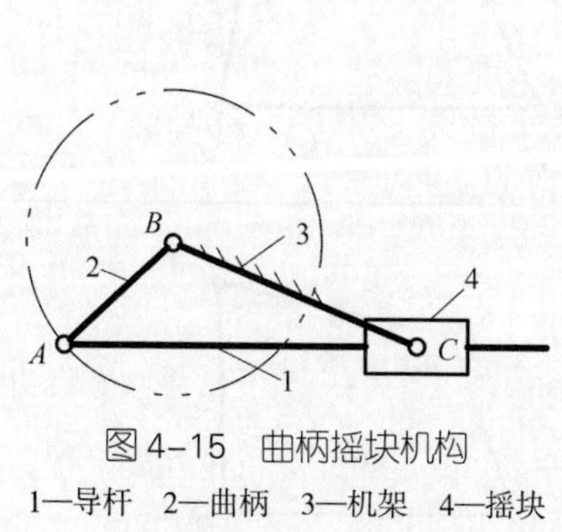

图 4-15　曲柄摇块机构

1—导杆　2—曲柄　3—机架　4—摇块

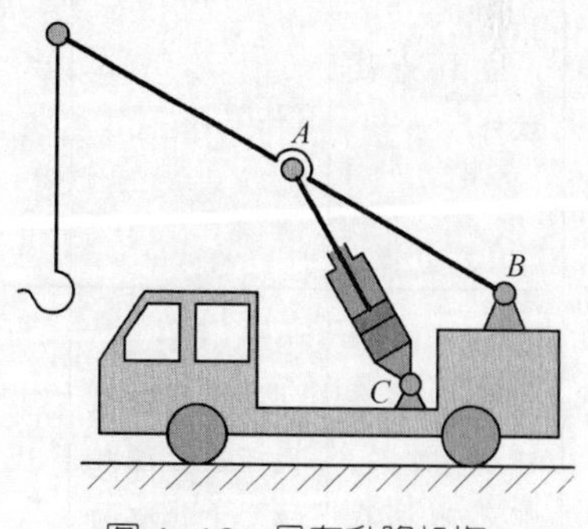

图 4-16　吊车升降机构

六、平面连杆机构的基本性质

1. 曲柄存在的条件

曲柄是能做整周旋转的连架杆，只有这种能做整周旋转的构件才能用电动机等连续转动的装置来带动，所以能做整周旋转的构件在平面连杆机构中具有重要地位，即曲柄是平面连杆机构中的关键构件。

铰链四杆机构中是否存在曲柄，主要取决于机构中各杆的相对长度和机架的选择。

铰链四杆机构存在曲柄，必须同时满足以下两个条件。

（1）最短杆与最长杆的长度之和小于或等于其他两杆长度之和。

（2）连架杆和机架中必有一杆是最短杆。

根据曲柄存在的条件，可以推论出铰链四杆机构三种基本类型的判定方法，见表 4–1。

表 4–1　铰链四杆机构三种基本类型的判定方法（*AB* 为最短杆）

类型	说明	条件	图示
曲柄摇杆机构	连架杆之一为最短杆	最短杆与最长杆的长度之和小于或等于其他两杆长度之和	
双曲柄机构	机架为最短杆		
双摇杆机构	连杆为最短杆		
	不论哪个杆为机架，都无曲柄存在	最短杆与最长杆的长度之和大于其他两杆长度之和	

2. 急回特性

如图 4–17 所示曲柄摇杆机构中，当曲柄 AB 整周回转时，摇杆在 C_1D 和 C_2D 两极限位置之间做往复摆动。当摇杆处于 C_1D 和 C_2D 两极限位置时，曲柄与连杆共线，曲柄的两个对应位置所夹的锐角称为极位夹角，用 β 表示。

当曲柄（主动件）沿逆时针方向等角速度连续转动，由 AB_1 位置转到 AB_2 位置时，转角 φ_1 为 $180° + \beta$，摇杆由 C_1D 摆到 C_2D（逆时针摆动），所用时间为 t_1；当曲

柄由 AB_2 位置转到 AB_1 位置时，转角 φ_2 为 $180°-\beta$，摇杆由 C_2D 摆回到 C_1D（顺时针摆动），所用时间为 t_2。很显然，摇杆逆时针摆动的时间大于顺时针摆动的时间（$t_1>t_2$），因此摇杆逆时针摆动的平均角速度（$\overline{\omega}_1$）小于顺时针摆动的平均角速度（$\overline{\omega}_2$）。通常情况下，摇杆由 C_1D 摆到 C_2D 的过程被用作机器的工作行程，摇杆由 C_2D 摆到 C_1D 的过程被用作空回行程，从而使空回行程时摇杆 CD 的平均角速度大于工作行程时的平均角速度，机构的这种性质称为急回特性。

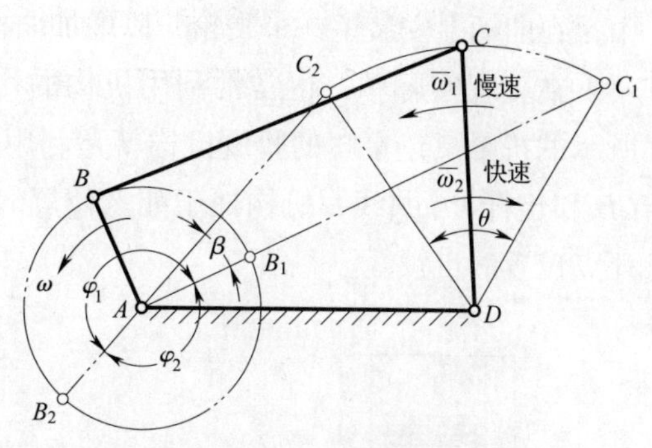

图 4-17　曲柄摇杆机构的急回特性

当机构有极位夹角 β 时，机构具有急回特性。极位夹角 β 越大，机构的急回特性越明显。当极位夹角 $\beta=0°$ 时，机构往返所用的时间相同，无急回特性。

3. 死点位置

如图 4-18 所示曲柄摇杆机构中，如果摇杆 CD 为主动件，当摇杆摆动到极限位置 C_1D 或 C_2D 时，连杆 BC 与从动曲柄 AB 共线，则主动摇杆 CD 通过连杆 BC 加于从动曲柄 AB 上的力将通过从动件的铰链中心 A，从而使驱动力对从动件（曲柄 AB）的回转力矩为零，此时无论施加多大的驱动力，都不能使从动件（曲柄 AB）转动，机构的这个位置称为死点位置。如图 4-19 所示的曲柄滑块机构，当以滑块为主动件时，如果连杆与从动曲柄共线，则机构同样处于死点位置。

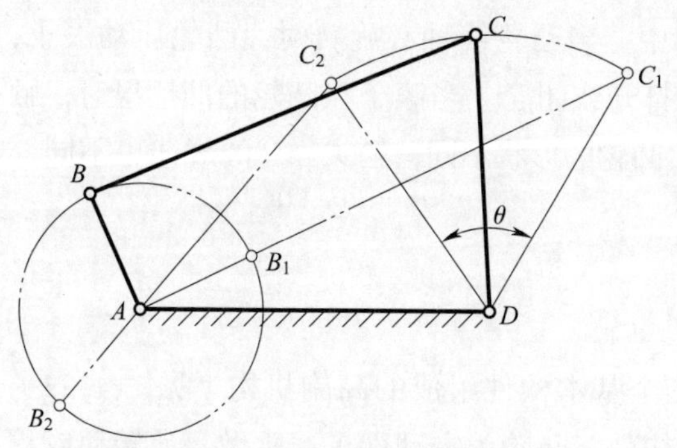

图 4-18　曲柄摇杆机构的死点位置

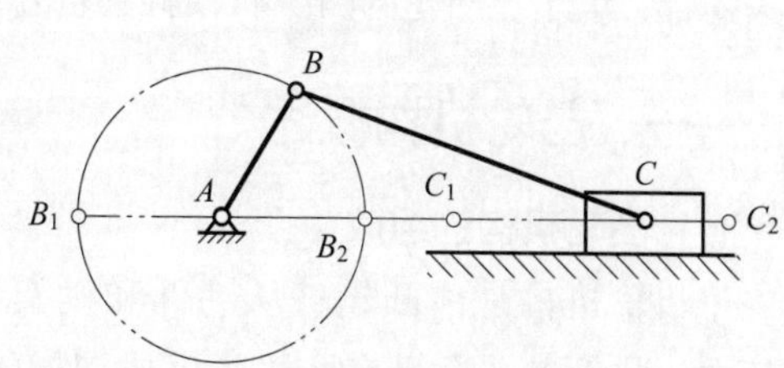

图 4-19　曲柄滑块机构的死点位置

死点位置将使机构的从动件出现卡死或运动不确定现象。对于传动机构来说，死点位置是应该设法克服的，通常可以利用惯性来保证机构顺利通过死点位置，以避免死机。内燃机是曲柄滑块机构的一个具体应用实例，内燃机在驱动过程中也有两个死点位置。为了使机构能顺利地通过死点位置而正常运转，必须采取适当的措施。如采用将两组以上的机构组合使用，从而使各组机构的死点位置相互错开排列。也可通过安装飞轮加大惯性的方法，借助惯性作用闯过死点位置等。如图 4-20 所示的内燃机中，在曲柄上安装了一个飞轮，以增加曲柄的惯性，从而克服死点位置。

在工程实际中，也常常利用机构的死点位置来实现特定的工作要求。如图 4–21 所示的折叠桌，桌腿的收放机构就是利用了死点位置的自锁性，当桌腿放开时，曲柄 *CD* 和连杆 *BC* 共线，机构处于死点位置。图 4–11 所示的飞机起落架机构也是利用了死点位置的自锁性。

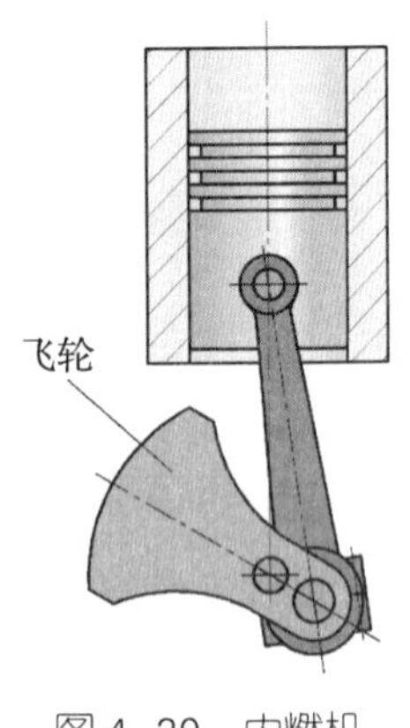

图 4–20　内燃机

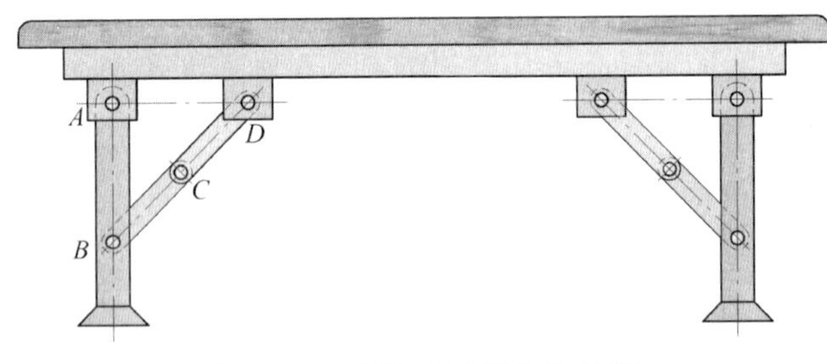

图 4–21　折叠桌桌腿收放机构

第 2 节　凸 轮 机 构

在机器或机械设备中，许多场合需要构件做一些特殊的运动。图 4–22 所示为凸轮控制器，可以用于中小型电气的控制机构中。当凸轮绕轴心旋转时，凸轮压动滚子，通过杠杆带动触头摆动，使触头有规律地打开或闭合。当滚子在凸轮的凹槽里时，触头闭合，滚子在凸轮的凸缘时，触头打开。凸轮的形状不同，触头分合的规律也不同。

一、凸轮机构概述

1. 凸轮机构的组成

凸轮机构是由凸轮、从动件和机架三个基本构件组成的高副机构（见图 4–23）。其中，凸轮是一个具有曲线轮廓或凹槽的构件，凸轮（主动件）通常做等速转动或移动。凸轮机构通过高副接触使从动件得到所预期的运动规律，广泛应用于各种机械，特别是自动机械、自动控制装置和装配生产线中。

2. 凸轮机构的特点

（1）优点

1）凸轮机构可以实现各种复杂的运动要求。因为从动杆的运动规律取决于凸轮轮廓曲线，所以几乎对于任何要求的从动件运动规律，都可以设计出相应的凸轮轮廓曲线（即凸轮轮廓线）来实现。

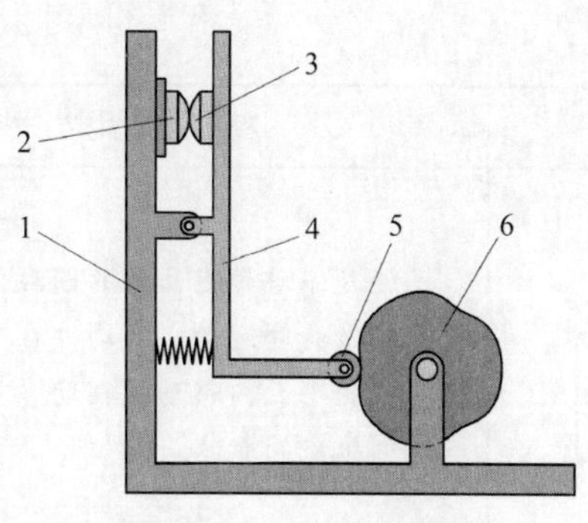

图 4-22　凸轮控制器

1—机架　2—静触头　3—动触头
4—杠杆　5—滚子　6—凸轮

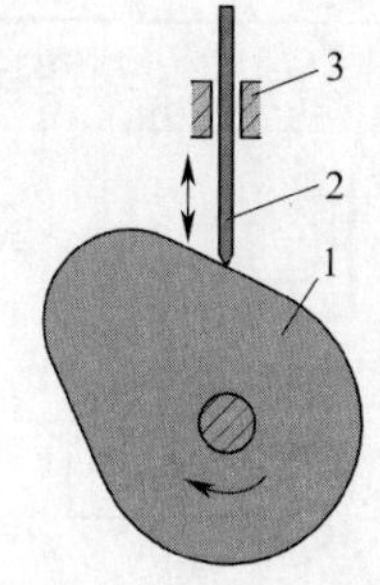

图 4-23　凸轮机构

1—凸轮　2—从动件　3—机架

2）凸轮机构结构简单、紧凑，工作可靠。

（2）缺点

凸轮与从动件（杆或滚子）之间以点或线接触，不便于润滑，易磨损，只适用于传力不大的场合，如用于自动机械、仪表、控制机构和调节机构中。

二、凸轮的类型

凸轮的类型很多，按凸轮形状可分为盘形凸轮、移动凸轮、圆柱凸轮和端面圆柱凸轮，见表 4-2。

表 4-2　凸轮的类型

名称	图示	特点及应用
盘形凸轮		凸轮为径向尺寸变化的盘形构件，它绕固定轴做旋转运动。从动件在垂直于回转轴的平面内做往复直线运动或往返摆动。是凸轮最基本的形式，应用广泛
移动凸轮		凸轮为一个有曲面的直线运动构件，在凸轮往返移动作用下，从动件可做往复直线运动或往返摆动。在机床上应用较多
圆柱凸轮		凸轮为一个有沟槽的圆柱体，它绕中心轴做旋转运动。从动件在平行于凸轮轴线的平面内做直线移动或摆动，常用于自动机床

续表

名称	图示	特点及应用
端面圆柱凸轮	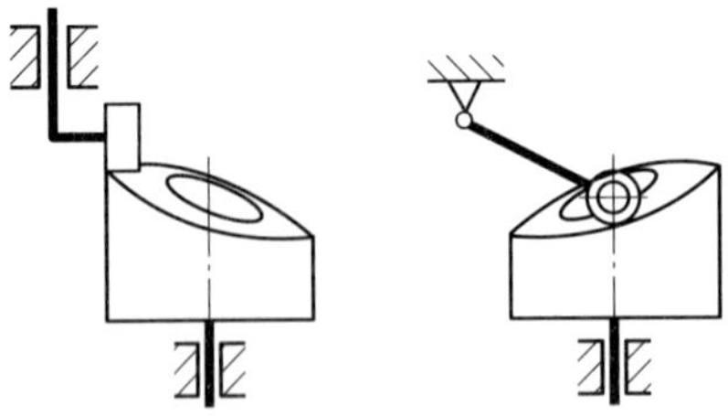	凸轮是一端带有曲面的圆柱体，它绕中心轴做旋转运动。从动件在平行于凸轮轴线的平面内移动或摆动。常用于金属切削机床的变速箱

三、从动件端部形状

从动件端部形状主要有尖顶、滚子、平底和曲面等，见表4–3。

表4–3　从动件端部形状

从动件端部形状	图示	特点及应用
尖顶	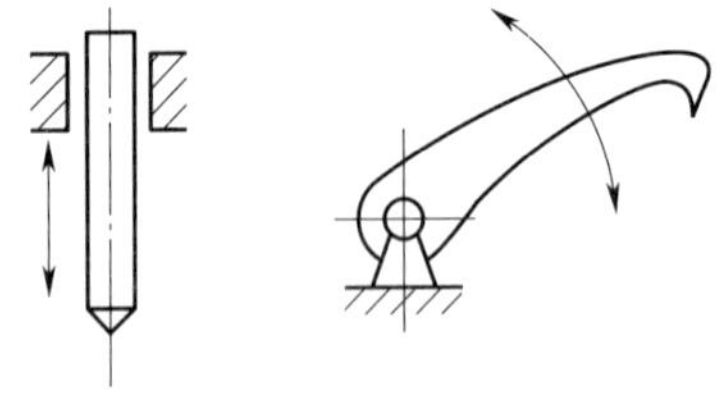	凸轮与从动件之间为点接触或线接触，能准确地实现任意运动规律。构造最简单，但易磨损，只适用于作用力不大和速度较低的场合，如用于仪表的机构中
滚子	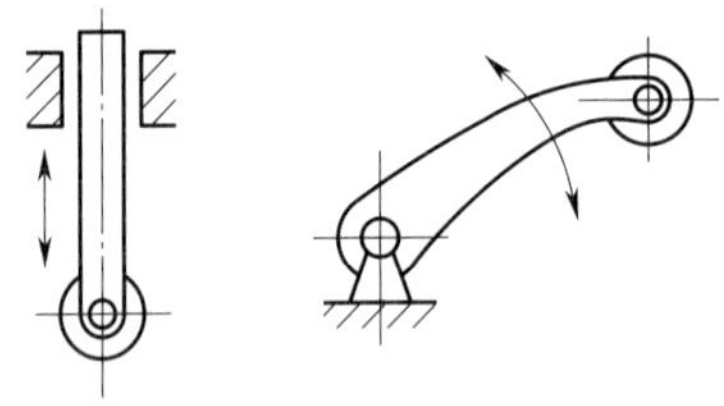	从动件与凸轮接触的一端装有滚子，凸轮与从动件为滚子接触，有利于润滑。滚子与凸轮轮廓之间为滚动摩擦，磨损较小，故可用来传递较大的动力，应用较广
平底	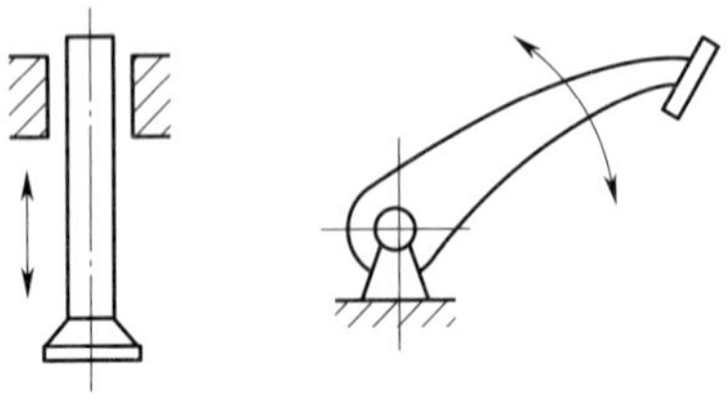	从动件与凸轮的曲线轮廓相切形成楔形缝隙，易于形成楔形油膜，润滑较好，常用于高速传动中
曲面	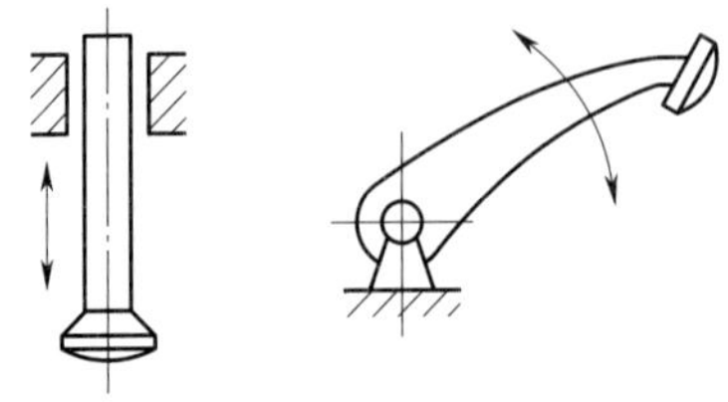	可避免因安装位置偏斜或不对中而造成的表面应力过大和磨损增大，兼有尖顶和平底从动件的优点，应用较广

四、凸轮机构的工作过程

凸轮机构中最常用的运动形式为凸轮做等速回转运动，从动件做往复直线运动。表 4-4 所列为对心外轮廓盘形凸轮机构的工作过程。凸轮回转时，从动件做“升—停—降—停”的运动循环。下面以此机构为例，分析从动件的工作过程及特点。

表 4-4　对心外轮廓盘形凸轮机构的工作过程

运动过程	图示	描述
升	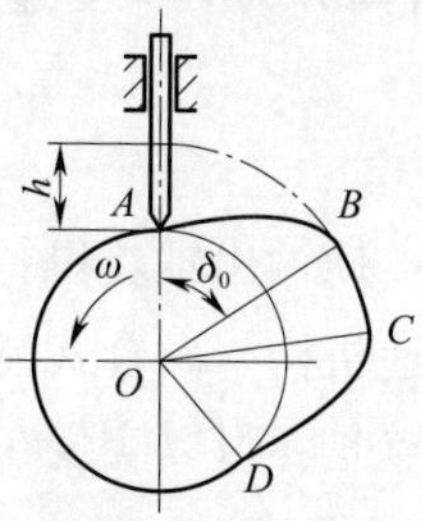	当凸轮逆时针转过 δ_0 时，从动件由最低位置被推到最高位置，从动件运动的这一过程称为推程，凸轮转角 δ_0 称为推程运动角 从动件上升或下降的最大位移 h 称为行程
停	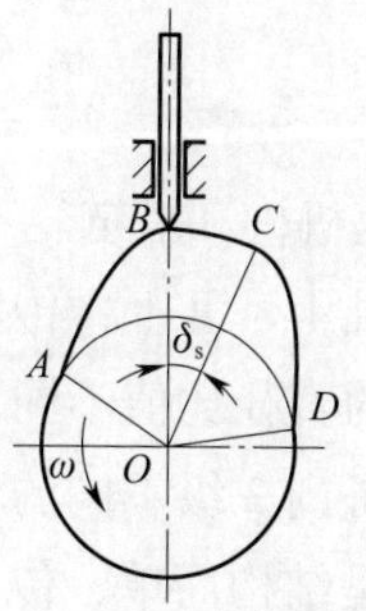	因凸轮的 BC 段轮廓是以 O 为圆心的圆弧，故凸轮转过 δ_s 时，从动件静止不动且停在最高位置，这一过程称为远停程，凸轮转角 δ_s 称为远停程角
降	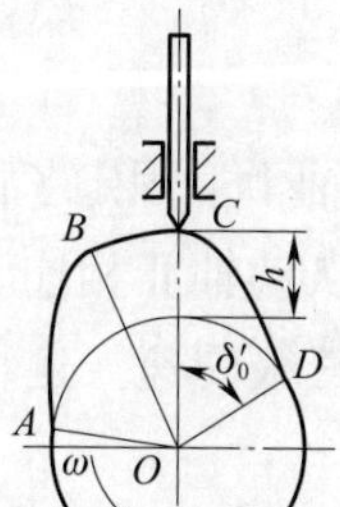	凸轮继续转过 δ_0' 时，从动件由最高位置回到最低位置，这一过程称为回程，凸轮转角 δ_0' 称为回程运动角
停	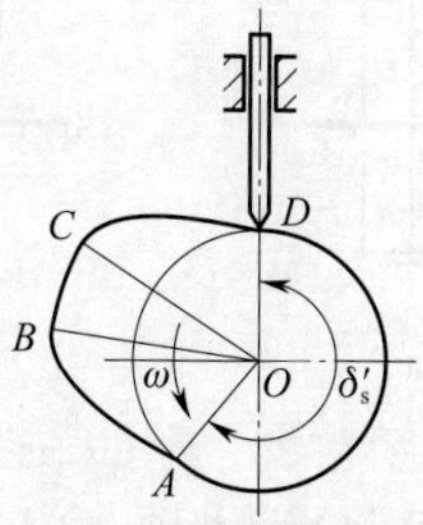	凸轮转过 δ_s' 时，从动件处于最低位置且静止不动，这一过程称为近停程，凸轮转角 δ_s' 称为近停程角

第 3 节　其他常用机构

一、变速机构

在输入转速不变的条件下，使输出轴获得不同转速的传动装置称为变速机构。汽车、机床、起重机等都需要变速机构。变速机构分为有级变速机构和无级变速机构。

1. 有级变速机构

有级变速机构可在输入轴转速不变的条件下，使输出轴获得一定的转速级数。常用的有级变速机构有塔轮变速机构、滑移齿轮变速机构、离合式齿轮变速机构、挂轮变速机构和拉键变速机构等。有级变速机构的特点是：可以实现在一定转速范围内的分级变速，具有变速可靠、传动比准确、结构紧凑等优点，但高速回转时不够平稳，变速时有噪声。

（1）塔轮变速机构

塔轮变速机构有塔带轮变速机构、塔齿轮变速机构和塔链轮变速机构等。图 4–24 所示为塔带轮变速机构，两个塔带轮分别固定在轴Ⅰ、Ⅱ上，传动带可以在塔带轮上转换 3 个不同的位置。由于两个塔带轮对应各级的直径比值不同，所以当轴Ⅰ以固定不变的转速旋转时，通过变换带的位置可使轴Ⅱ得到 3 级不同的转速。这种变速机构大多采用平带传动，也可以用 V 带传动。其优点是结构简单、传动平稳，但缺点是机构尺寸较大、变速不方便。

（2）滑移齿轮变速机构

如图 4–25 所示为滑移齿轮变速机构，在主动轴Ⅰ上固定了两个或三个齿轮，相互保持一定距离，双联或三联滑移齿轮用花键与从动轴Ⅱ相连。移动滑移齿轮可以实现不同齿轮副的啮合，从而使轴Ⅱ得到两级或三级转速。这种变速机构通过改变

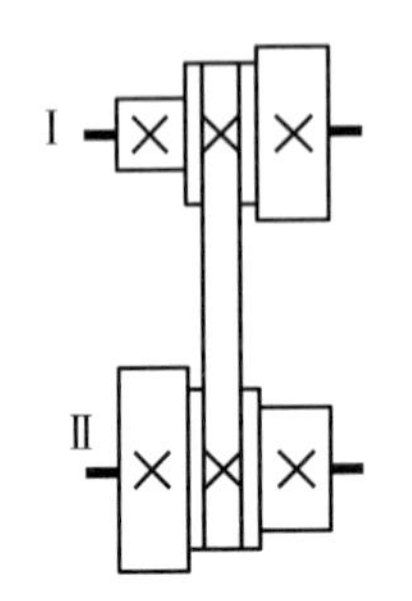

图 4–24　塔带轮变速机构

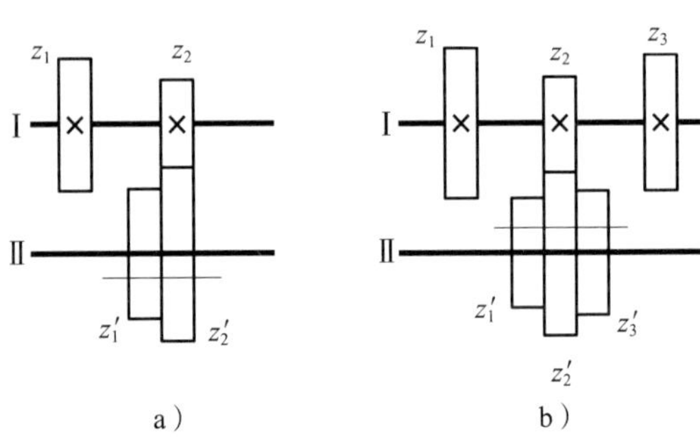

图 4–25　滑移齿轮变速机构

a）双联滑移齿轮变速机构　b）三联滑移齿轮变速机构

滑移齿轮的啮合位置就可改变轮系的传动比，具有变速可靠、传动比准确等优点，但其零件种类和数量较多，变速时有噪声。

（3）离合式齿轮变速机构

如图 4–26 所示为离合式齿轮变速机构，固定在轴Ⅰ上的两个齿轮与空套在轴Ⅱ上的两个齿轮保持啮合状态。轴Ⅱ上装有双向牙嵌离合器（用导向型平键或花键与轴相连），空套在轴Ⅱ上的两个齿轮在靠近离合器一端的端面上有能与离合器相啮合的牙齿。当轴Ⅰ转速不变时，通过双向离合器的中间滑块向左或向右移动，并与齿轮上的半离合器接合，轴Ⅱ即可得到两种不同的转速。这种变速机构的优点是可以采用斜齿轮或人字齿轮，使传动平稳；若采用摩擦式离合器，则可以在运转中变速。其缺点是齿轮处在经常啮合的状态，磨损较快；离合器所占空间较大。

（4）挂轮变速机构

如图 4–27 所示为挂轮变速机构，其工作原理为轴Ⅰ、轴Ⅱ上装有一对可以拆卸更换的齿轮（也称挂轮或交换齿轮、配换齿轮）1 和 2，从设备的备用齿轮中挑选不同齿数的两个挂轮换装在轴Ⅰ和轴Ⅱ上，就得到不同的传动比。变速级数取决于备用齿轮中能相互啮合且满足中心距要求的齿轮副的对数。在模数相同时，要求配换的各对挂轮的齿数和应相等。

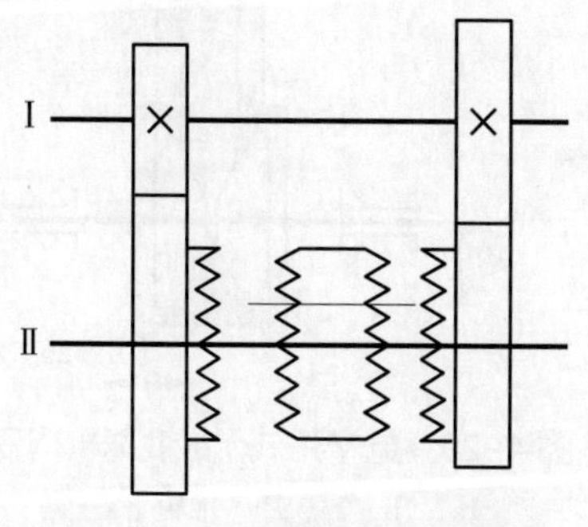

图 4–26　离合式齿轮变速机构

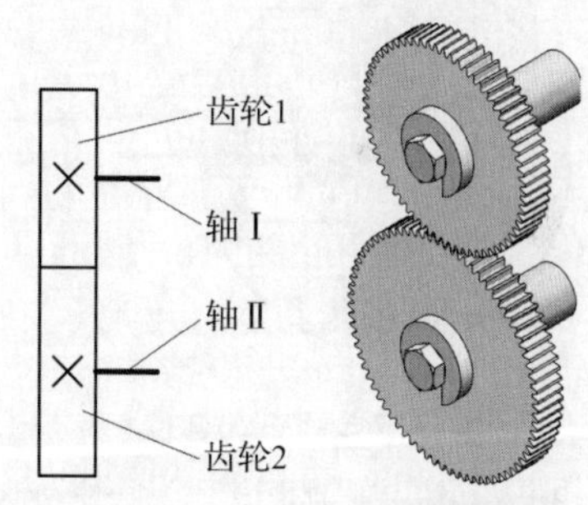

图 4–27　挂轮变速机构

挂轮变速机构的优点是结构简单、紧凑。由于用作主、从动轮的齿轮可以颠倒其位置，所以用较少的齿轮可获得较多的变速级数。挂轮变速机构的缺点是变速麻烦，调整齿轮费时费力。主要用于不需要经常变速的场合，如加工齿轮的插齿机、车床车削螺纹时的丝杠变速机构、铣床万能分度头等设备中。

2. 无级变速机构

有些机械为了适应工作条件的变化，需要连续地改变其工作速度，这就需要无级变速机构。无级变速机构的常用类型有滚子平盘式无级变速机构和宽 V 带式无级变速机构等。

（1）滚子平盘式无级变速机构

如图 4–28 所示为滚子平盘式无级变速机构，主、从动轮靠接触处产生的摩擦力传动，传动比 $i=R_2/R_1$。若将球面滚子 3 沿轴向移动，即改变 R_2，传动比也随之改变。

由于 R_2 可在一定范围内任意改变，所以从动轴 2 可以获得无级变速。该机构的优点是结构简单、制造方便，但存在较大的相对滑动，磨损严重。

（2）宽 V 带式无级变速机构

宽 V 带式无级变速机构又称带式无级变速机构，挠性件为宽 V 带，其变速原理如图 4-29 所示。在主动轴Ⅰ装有锥轮 1a、1b，在从动轴Ⅱ上装有锥轮 2a、2b。锥轮 1b 和 2a 分别固定在轴Ⅰ、Ⅱ上，锥轮 1a 和 2b 可以沿轴Ⅰ、Ⅱ同步同向移动。宽 V 带 3 套在两对锥轮之间，工作时如同 V 带传动。通过轴向同步移动锥轮 1a 和 2b，可改变工作半径 R_1 和 R_2 的大小，从而实现无级变速。这种变速机构的优点是结构简单，容易进行无级变速，工作平稳，能吸收振动，过载保护能力强；缺点是传动带易磨损，外形尺寸较大，变速范围相对较小。主要用于机床的主传动系统。

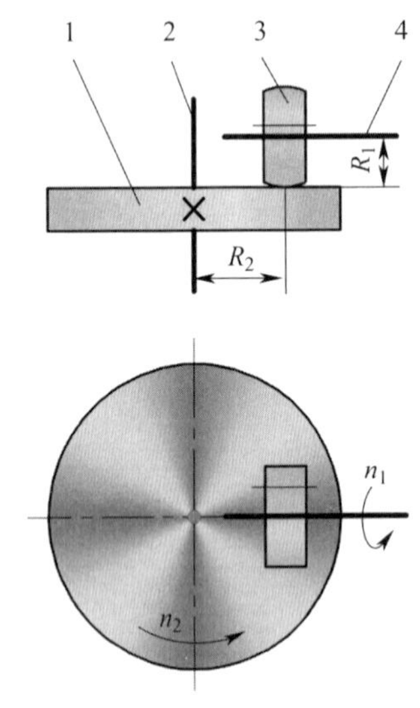

图 4–28　滚子平盘式无级变速机构

1—平盘　2—从动轴　3—球面滚子　4—主动轴

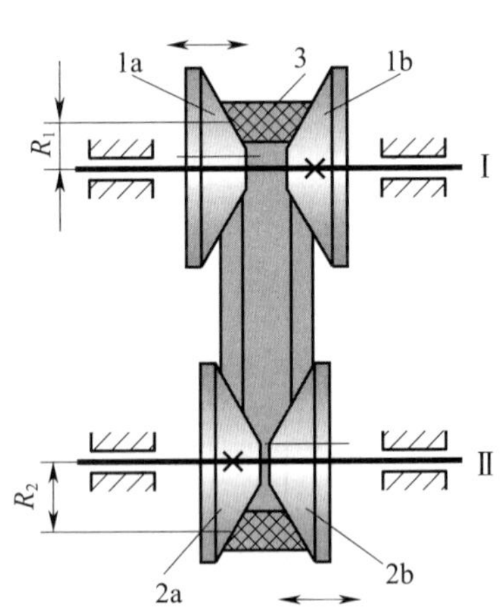

图 4–29　宽 V 带式无级变速机构变速原理

1a、1b、2a、2b—锥轮　3—宽 V 带

二、换向机构

汽车不但能前进而且能倒退，机床主轴、丝杠等既能正转也能反转，这些运动形式的改变通常是由换向机构来完成的。换向机构是在输入轴转向不变的条件下，可使输出轴转向改变的机构，其常见类型有三星轮换向机构和采用离合器的换向机构等。

1. 三星轮换向机构

三星轮换向机构是利用惰轮来实现从动轴回转方向变换的，如图 4–30 所示。转动手柄 6 可使惰轮架 5 绕从动齿轮 4 的轴Ⅱ摆动。处于图 4–30a 的位置时，惰轮 2 参与啮合，从动齿轮 4 与主动齿轮 1 的回转方向相同。处于图 4–30b 位置时，惰轮 2、惰轮 3 参与啮合，从动齿轮 4 与主动齿轮 1 的回转方向相反。卧式车床进给系统就采用了三星轮换向机构进行换向。

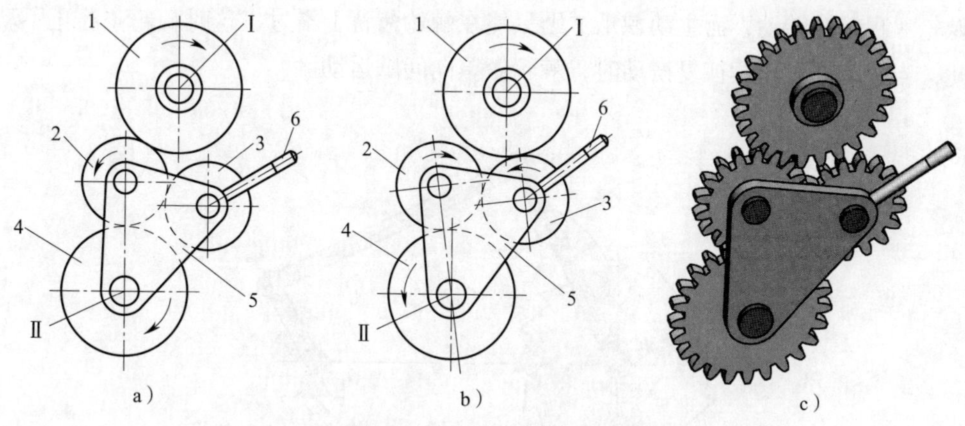

图 4–30　三星轮换向机构

a）主、从动齿轮转向相同　b）主、从动齿轮转向相反　c）实体图

1—主动齿轮　2、3—惰轮　4—从动齿轮　5—惰轮架　6—手柄

2. 采用离合器的换向机构

图 4–31 所示为采用摩擦式离合器的换向机构，轴 I 为主动轴，轴 II 为从动轴。接通左边的离合器使轴 II 的转向与轴 I 相反，接通右边的离合器使轴 II 的转向与轴 I 相同。

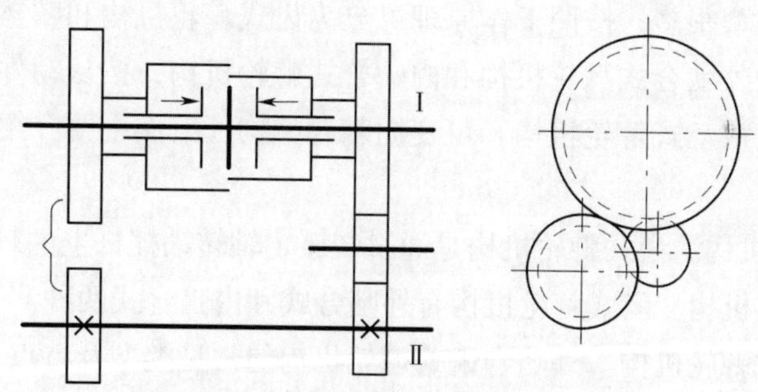

图 4–31　采用摩擦式离合器的换向机构

三、间歇运动机构

在某些机器中，当主动件做连续运动时，常常需要从动件做周期性的运动或间歇运动，实现这种运动的机构称为间歇运动机构。常用的间歇运动机构有棘轮机构和槽轮机构等。

1. 棘轮机构

棘轮机构是由棘轮和棘爪组成的一种单向间歇运动机构。

（1）棘轮机构的组成和工作原理

如图 4–32 所示为齿式棘轮机构，由棘轮、主动棘爪和止回棘爪等组成。当主动摇杆 1 逆时针摆动时，主动棘爪 2 便插入棘轮 4 的齿槽中，驱动棘轮 4 转过一定角度，此时止回棘爪 6 在棘轮齿背上滑过；当主动摇杆 1 顺时针方向摆动时，止回棘爪 6 阻

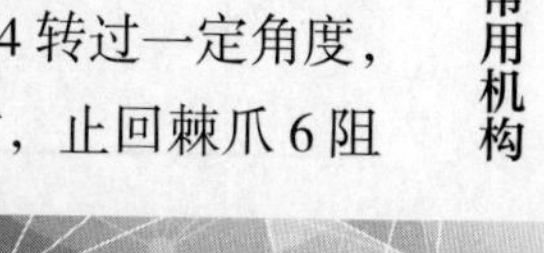

止棘轮 4 顺时针转动，而主动棘爪 2 则只能在棘轮齿背上滑过，这时棘轮 4 静止不动。因此，当主动件做连续往复摆动时，棘轮做单向间歇运动。

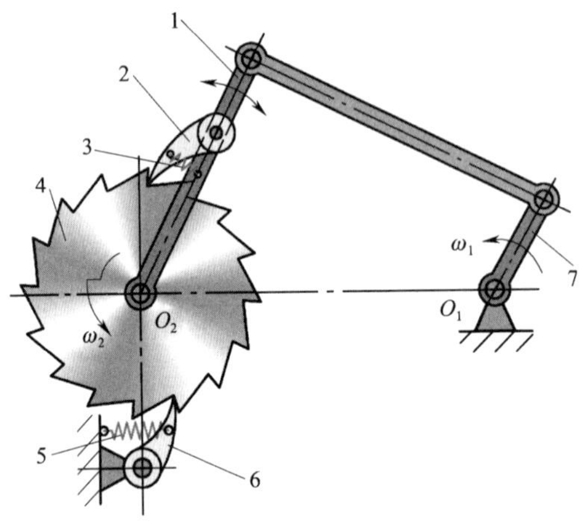

图 4–32　齿式棘轮机构

1—主动摇杆　2—主动棘爪　3、5—弹簧　4—棘轮
6—止回棘爪　7—曲柄

（2）常见棘轮机构

棘轮机构的类型很多，按照工作原理可分为齿式棘轮机构和摩擦式棘轮机构，按照结构特点可分为外啮合式棘轮机构和内啮合式棘轮机构，按从动件运动形式可分为单动式棘轮机构、双动式棘轮机构和可变向棘轮机构。下面主要介绍几种常见的棘轮机构。

1）齿式棘轮机构。齿式棘轮机构是通过装于定轴转动摇杆上的棘爪推动棘轮做一定角度间歇转动的机构。齿式棘轮机构有外啮合式和内啮合式两种。

①外啮合齿式棘轮机构。外啮合齿式棘轮机构的常见类型及特点见表 4–5。

表 4–5　外啮合齿式棘轮机构的常见类型及特点

类型	图示	特点
单动式棘轮机构	1—摇杆　2—主动棘爪　3—棘轮　4—止回棘爪	具有一个主动棘爪，只有当摇杆朝着某一方向摆动时才能推动棘轮转动；而反向摆动则无法推动棘轮转动

续表

类型	图示	特点
双动式棘轮机构	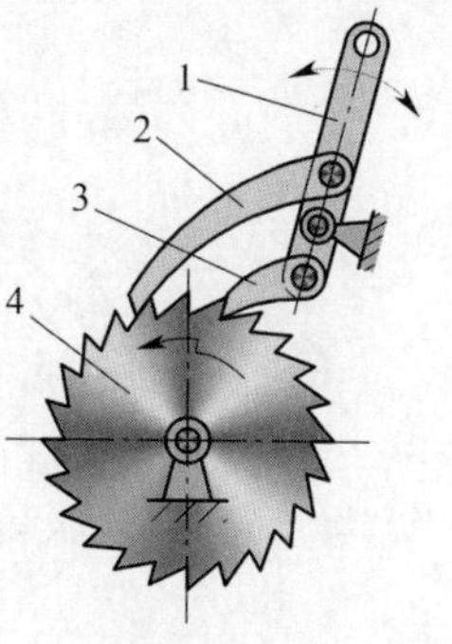 1—摇杆　2—大主动棘爪　3—小主动棘爪　4—棘轮	具有两个主动棘爪，当主动件做往复摆动时，两个棘爪交替带动棘轮朝着同一方向做间歇运动
可变向棘轮机构	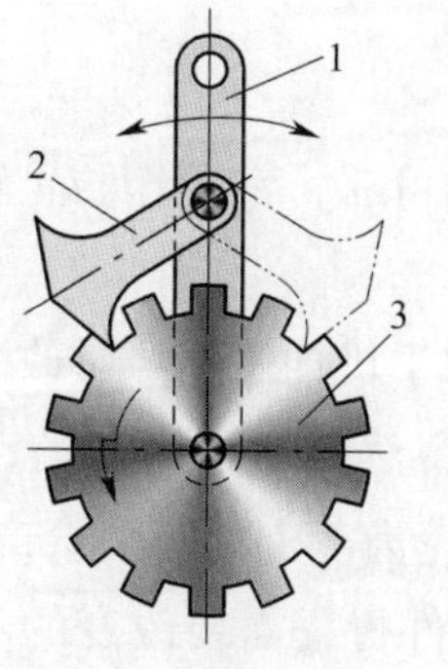 1—摇杆　2—棘爪　3—棘轮	棘爪可以绕销轴翻转，棘爪爪端外形两边对称，棘轮的齿形制成矩形。使用时，如果将棘爪翻转，则棘轮反向转动。这种棘轮机构可以方便地实现两个方向的间歇运动

②内啮合齿式棘轮机构。如图4–33所示为内啮合齿式棘轮机构，棘轮的轮齿加工在棘轮的内壁上，棘爪安装在内部的主动轮上，当主动轮逆时针转动时，棘爪推动棘轮转动；当主动轮顺时针转动时，棘爪在棘轮上滑过，不能推动棘轮转动。

2）摩擦式棘轮机构。在摩擦式棘轮机构中，用偏心扇形楔块代替了齿式棘轮机构中的棘爪，用无齿摩擦轮代替了棘轮。摩擦式棘轮机构又分为外摩擦式棘轮机构和内摩擦式棘轮机构。

①外摩擦式棘轮机构。如图4–34所示为外摩擦式棘轮机构，棘轮5上无棘齿，它靠主动棘爪1和棘轮5之间的摩擦力传递动力，该机构可将摇杆的往复摆动转换为棘轮5的单向间歇运动。

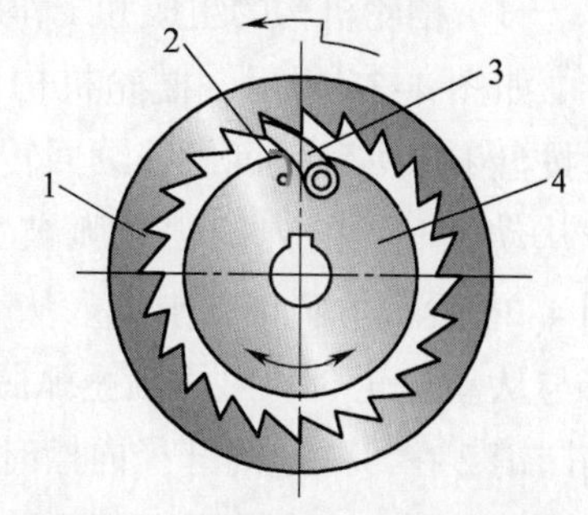

图4–33　内啮合齿式棘轮机构

1—棘轮　2—弹簧　3—棘爪　4—主动轮

②内摩擦式棘轮机构。如图4–35所示为内摩擦式棘轮机构，当摆轴1带动棘爪2逆时针方向转动时，由于摩擦力的作用使棘爪2楔紧在摆轴1与

棘轮 3 之间的狭隙处，从而带动棘轮 3 一起逆时针方向转动；当摆轴 1 带动棘爪 2 顺时针方向转动时，棘爪 2 松开，棘轮 3 静止不动。

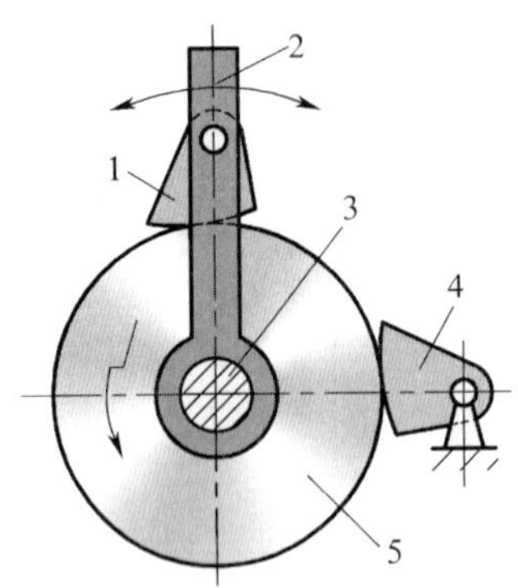

图 4–34　外摩擦式棘轮机构

1—主动棘爪　2—摇杆　3—轴　4—止回棘爪　5—棘轮

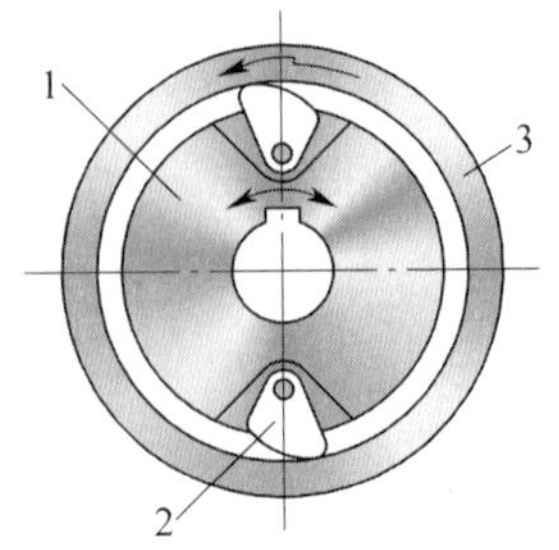

图 4–35　内摩擦式棘轮机构

1—摆轴　2—棘爪　3—棘轮

（3）棘轮机构的特点

1）棘轮机构结构简单、制造容易、运动可靠，常用作防止转动件反转的附加保险机构。

2）棘轮的转角和动停时间比可调，常用于机构工况经常改变的场合。

3）由于齿式棘轮机构是在主动棘爪的突然撞击下启动的，在接触瞬间，理论上是刚性冲击，平衡性较差。此外，棘爪在棘轮齿背上滑行时会产生噪声并使齿尖磨损。故棘轮机构只能用于主动件速度不大、从动件行程需要改变的步进运动场合，如机床的自动进给机构、送料机构、自动计数机构、制动机构、超越机构等。

4）当需要无级调节棘轮的转角时，则应采用摩擦式棘轮机构。摩擦式棘轮机构的优点是转角大小的变化不受轮齿限制，在一定范围内可任意调节转角，传动平稳、无噪声，动程可无级调节。但因这种机构靠摩擦力传动，会出现打滑现象，虽然可起到安全保护作用，但是传动精度不高，常用作超越离合器。摩擦式棘轮机构适用于低速轻载的场合。

2. 槽轮机构

（1）槽轮机构的组成和工作原理

如图 4–36 所示，槽轮机构由主动拨盘 1、从动槽轮 3、圆销 2 和机架组成。主动拨盘 1 以等角速度做连续回转，当其上的圆销 2 未进入从动槽轮 3 的径向槽时，由于从动槽轮 3 的内凹锁止弧被主动拨盘 1 的外凸锁止弧卡住，故从动槽轮 3 不动。图 4–36 所示为圆销 2 刚进入从动槽轮径向槽时的位置，此时主动拨盘上的锁止弧正好与从动槽轮 3 的内凹锁止弧脱离接合。此后，从动槽轮 3 受圆销 2 的驱使而转动。当圆销 2 在另一边离开径向槽时，内凹锁止弧又被卡住，从动槽轮 3 又静止不动。直至圆销 2 再次进入从动槽轮 3 的另一个径向槽时，又重复上述运动。所以，从动槽轮 3 做时动时停的间歇运动。

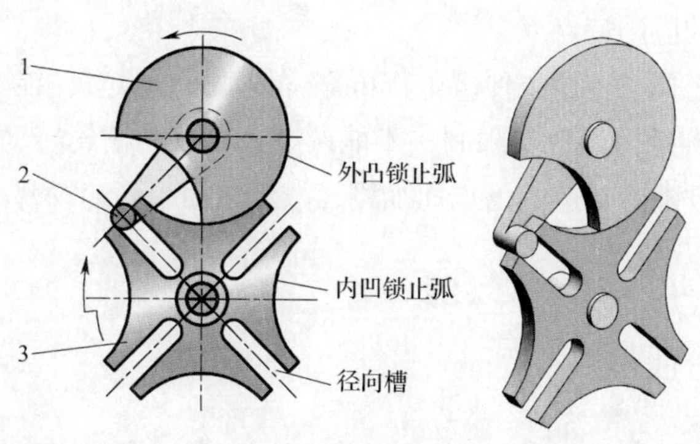

图 4–36 槽轮机构

1—主动拨盘 2—圆销 3—从动槽轮

（2）槽轮机构的常见类型及运动特点

槽轮机构的常见类型及运动特点见表 4–6。

表 4–6 槽轮机构的常见类型及运动特点

类型	图示	运动特点
单圆销外槽轮机构		主动拨盘每旋转一周，圆销拨动槽轮运动一次，且从动槽轮与主动拨盘的转向相反。从动槽轮静止不动的时间很长
双圆销外槽轮机构		主动拨盘每旋转一周，从动槽轮运动两次，减少了静止不动的时间。从动槽轮与主动拨盘的转向相反。增加圆销个数，可使槽轮运动次数增多，但圆销数量不宜太多
内啮合槽轮机构		主动拨盘旋转一周，从动槽轮间歇地转过一个槽口，从动槽轮与主动拨盘的转向相同。内啮合槽轮机构结构紧凑，传动较平稳，槽轮停歇时间较短

（3）槽轮机构的应用特点

槽轮机构结构简单，转位方便，工作可靠，传动平稳性好，能准确控制槽轮转角；但其转角的大小受到径向槽数量限制，不能调节。在从动槽轮转动的始末位置处，机构存在冲击现象，且随着转速的增加而加剧，故不适用于高速场合。

课后练习

1. 简述平面连杆机构的概念和应用特点。

2. 简述铰链四杆机构的组成及类型。

3. 什么是曲柄摇杆机构？试列举出它在生产或日常生活中的应用实例。

4. 什么是曲柄滑块机构？试列举出它在生产或日常生活中的应用实例。

5. 什么是急回特性？

6. 什么是死点位置？应该如何克服？

7. 简述凸轮机构的组成及特点。

8. 按凸轮形状，凸轮可分为哪几类？有何特点及应用？

9. 什么是变速机构？分为哪几种类型？

10. 什么是换向机构？常见类型有哪些？

11. 什么是棘轮机构？常见类型有哪些？

12. 简述槽轮机构的组成、常见类型及应用特点。

常用连接及零部件

学习目标

1. 掌握螺纹连接的类型和应用，了解螺纹连接的预紧与防松。
2. 了解键连接的功用，掌握平键连接、半圆键连接、花键连接的结构及应用。
3. 了解轴的用途、分类、结构及材料，掌握轴上零件的轴向固定和周向固定。
4. 了解滚动轴承的轴向固定及润滑，掌握常见滑动轴承的类型及结构。
5. 了解联轴器、离合器和制动器的功用，掌握常用联轴器、离合器及制动器的结构和工作原理。

第1节　螺 纹 连 接

螺纹连接是指通过螺纹构成的连接，多为可拆卸连接。螺纹连接具有结构简单、连接可靠、装拆方便、工作可靠、成本低、类型多样等特点，在机械制造和工程结构中应用广泛。

一、螺纹的种类

螺纹的种类有很多，按用途可分为普通螺纹、管螺纹和传动螺纹；按旋向可分为右旋螺纹和左旋螺纹；按螺旋线的线数可分为单线螺纹和多线螺纹；按螺旋线形成的表面可分为内螺纹和外螺纹。在通过螺纹轴线的断面上，螺纹的轮廓形状称为螺纹牙型，常见的螺纹牙型有三角形、梯形、锯齿形等。常见螺纹的种类、特征代号和牙型见表5–1。

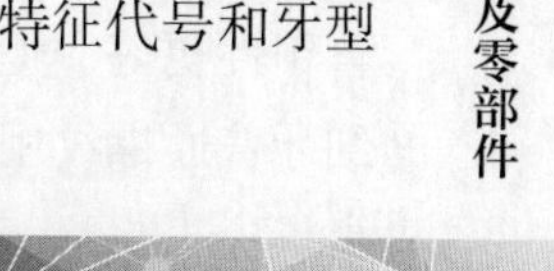

表 5-1　常见螺纹的种类、特征代号和牙型

种类			特征代号	牙型及牙型角（或牙侧角）
普通螺纹	粗牙普通螺纹		M	60°
	细牙普通螺纹			
管螺纹	55°非密封管螺纹		G	55°
	55°密封管螺纹	圆柱内螺纹	R_p	
		与圆柱内螺纹配合的圆锥外螺纹	R_1	
		圆锥内螺纹	Rc	
		与圆锥内螺纹配合的圆锥外螺纹	R_2	
传动螺纹	梯形螺纹		Tr	30°
	锯齿形螺纹		B	30° 3°
	矩形螺纹		—	

二、螺纹的结构特点与应用

1. 普通螺纹

普通螺纹应用最广泛，其牙型为三角形，牙型角为 60°，故普通螺纹又称为三角螺纹。同一直径的普通螺纹按螺距大小分为粗牙普通螺纹和细牙普通螺纹两类，普通螺纹一般多用单线螺纹（圆柱体上只有一条螺旋槽的螺纹）。普通螺纹的摩擦力大，强度高，自锁性能好。尤其是细牙普通螺纹，因为其小径大而螺距小，所以强度更高，自锁性更好。但是细牙普通螺纹容易磨损和滑扣，所以一般连接多用粗牙普通螺纹。细牙普通螺纹用于薄壁零件或使用粗牙普通螺纹对强度有较大影响的零件，也常用于受冲击、振动或交变载荷情况下的连接和微调装置中的调整机构。

2. 管螺纹

管螺纹用于管路的连接，由于管壁较薄，为防止过多削弱管壁强度，所以采用特殊的细牙螺纹。管螺纹的种类很多，常用的有55°非密封管螺纹和55°密封管螺纹两类。

（1）55°非密封管螺纹

55°非密封管螺纹的内螺纹和外螺纹都是圆柱螺纹，连接本身不具备密封性，所以称为非密封管螺纹。若要求连接后具有密封性，可采用密封圈密封。55°非密封管螺纹多用于水、油、气以及电气管路系统的连接。

（2）55°密封管螺纹

55°密封管螺纹包括圆锥内螺纹与圆锥外螺纹连接、圆柱内螺纹与圆锥外螺纹连接两种形式。这两种连接方式本身都具有一定的密封能力，所以称为密封管螺纹。必要时，可以在螺旋副内添加密封物（如缠绕生料带或涂抹铅油后缠绕麻丝等），以保证连接的密封性。55°密封管螺纹适用于管子、管接头、旋塞、阀门和其他管路附件的螺纹连接。

3. 传动螺纹

传动螺纹有梯形螺纹、锯齿形螺纹和矩形螺纹。

（1）梯形螺纹

梯形螺纹的牙型为等腰梯形，牙型角为30°，是传动螺纹的主要形式，广泛应用于传递动力或运动的螺旋机构中。梯形螺纹牙根强度高、螺旋副对中性好、加工工艺性好，但与矩形螺纹相比传动效率略低。

（2）锯齿形螺纹

锯齿形螺纹工作面的牙侧角为3°，非工作面的牙侧角为30°。锯齿形螺纹综合了矩形螺纹传动效率高和梯形螺纹牙根强度高的特点。其外螺纹的牙根具有相当大的圆角，以减小应力集中。螺旋副的大径处无间隙，便于对中。锯齿形螺纹广泛应用于单向受力的传动机构。

（3）矩形螺纹

矩形螺纹牙型为正方形，牙厚等于螺距的1/2。矩形螺纹没有标准化，公制矩形螺纹的直径与螺距可按梯形螺纹的直径与螺距选择。矩形螺纹传动效率高，但对中精度低、牙根强度低、精确制造较为困难，螺旋副磨损后的间隙难以补偿或修复。矩形螺纹主要用于传力机构中，如螺旋千斤顶、管钳、顶拔器等。

三、螺纹紧固件

螺纹紧固件大都已经标准化，常用的有螺栓、双头螺柱、螺钉、螺母、垫圈和防松零件等，其结构和标记示例见表5-2。

表 5-2 常用螺纹紧固件的结构和标记示例

名称	结构	规格尺寸	标记示例
六角头螺栓	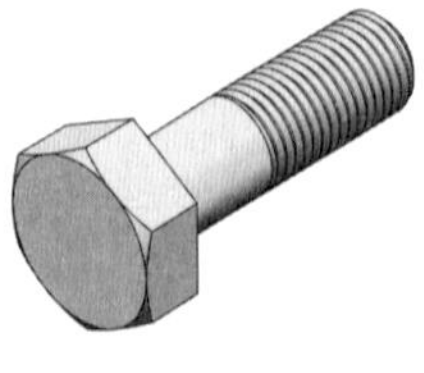	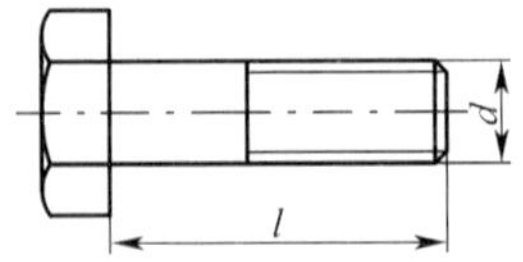	螺栓 GB/T 5780 M12×50 含义：C 级六角头螺栓，规格尺寸为螺纹大径 d=12 mm、公称长度 l=50 mm
双头螺柱	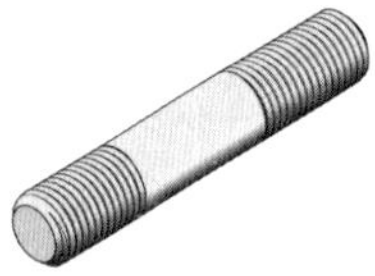	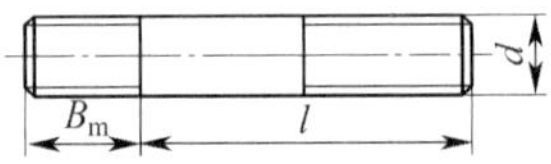	螺柱 GB/T 899 M12×50 含义：两端皆为粗牙普通螺纹的双头螺柱，规格尺寸为螺纹大径 d=12 mm、公称长度 l=50 mm、旋入机体一端的长度 B_m=1.5 d
开槽圆柱头螺钉	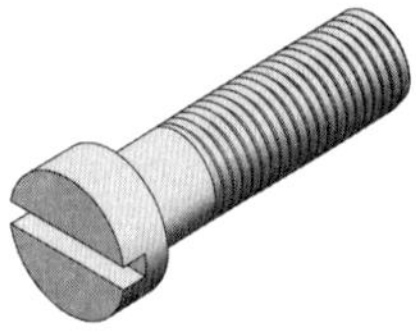	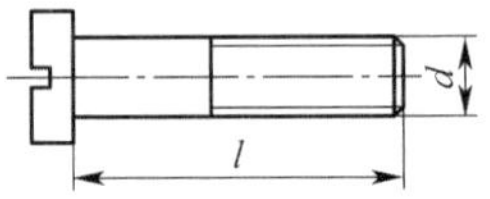	螺钉 GB/T 65 M6×30 含义：开槽圆柱头螺钉，规格尺寸为螺纹大径 d=6 mm、公称长度 l=30 mm
十字槽沉头螺钉	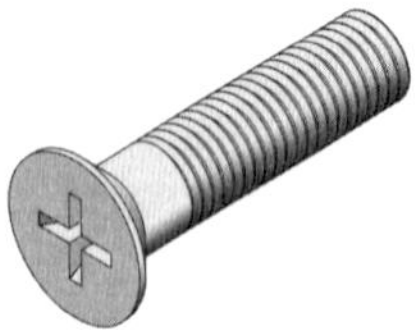	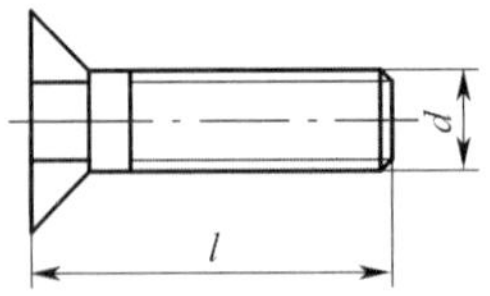	螺钉 GB/T 819.1 M6×20 含义：十字槽沉头螺钉，规格尺寸为螺纹大径 d=6 mm、公称长度 l=20 mm
内六角圆柱头螺钉	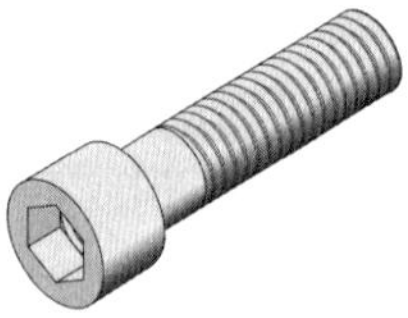	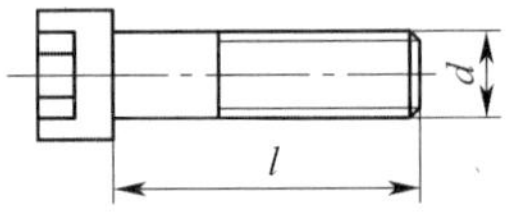	螺钉 GB/T 70.1 M10×35 含义：内六角圆柱头螺钉，规格尺寸为螺纹大径 d=10 mm、公称长度 l=35 mm
开槽锥端紧定螺钉		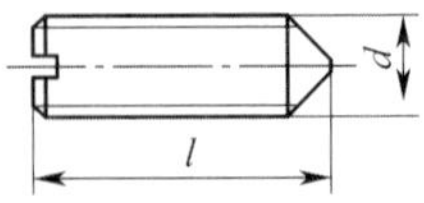	螺钉 GB/T 71 M6×16 含义：开槽锥端紧定螺钉，规格尺寸为螺纹大径 d=6 mm、公称长度 l=15 mm
六角螺母	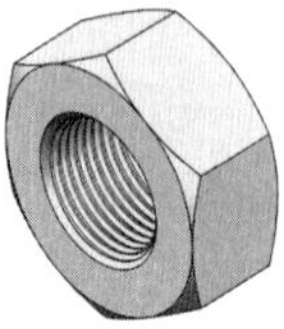	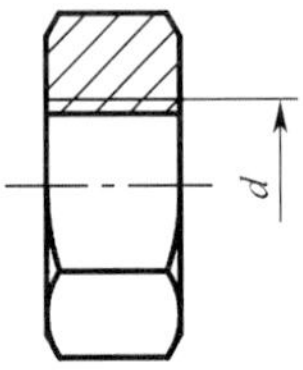	螺母 GB/T 6170 M12 含义：1 型六角螺母，规格尺寸为螺纹大径 d=12 mm

续表

名称	结构	规格尺寸	标记示例
六角开槽螺母			螺母　GB/T 6179　M16 含义：C 级 1 型六角开槽螺母，规格尺寸为螺纹大径 d=16 mm
平垫圈			垫圈　GB/T 95　10 含义：平垫圈 C 级，规格尺寸为与其配套使用的螺栓或螺母的规格尺寸，螺纹大径 d=10 mm（左图中的 d_1 和 d_2 可从国家标准中查得）
弹簧垫圈			垫圈　GB/T 93　10 含义：标准型弹簧垫圈，规格尺寸为与其配套使用的螺栓或螺母的规格尺寸，螺纹大径 d=10 mm（左图中的 d_1 和 d_2 可从国家标准中查得）

螺纹紧固件的简化标记一般由“名称　标准号　螺纹规格或公称尺寸 × 公称长度（必要时）”组成。根据螺纹紧固件的标记可以查阅相关国家标准获得其类别、尺寸、公差、材料及表面处理要求等技术参数。

四、螺纹连接的类型和应用

螺纹连接在生产实践中应用很广，常见的螺纹连接有螺栓连接、双头螺柱连接、螺钉连接和紧定螺钉连接四种类型，其结构、特点和应用见表 5–3。

表 5–3　螺纹连接的结构、特点和应用

类型	图示	结构及特点	应用
螺栓连接		螺栓穿过两被连接件上的通孔并加螺母紧固。结构简单，装拆方便，成本低，应用广泛	用于两被连接件上均为通孔且有足够装配空间的场合

续表

类型	图示	结构及特点	应用
双头螺柱连接		双头螺柱的两端均有螺纹，螺柱的旋入端靠螺纹配合的过盈及螺纹尾部的台阶（或螺尾最后几圈较浅的螺纹）拧紧在被连接件之一的螺纹孔中，装上另一个被连接件后，加垫圈并用螺母紧固。拆卸时，只需拧下螺母，故被连接件上的螺纹不易损坏	用于受结构限制或被连接件之一为不通孔并需经常拆卸的场合
螺钉连接		螺钉（也可以是螺栓）穿过一个被连接件上的通孔而直接拧入另一个被连接件的螺纹孔内并紧固。若经常拆卸，被连接件上的螺纹易损坏	用于被连接件之一较厚，不便加工通孔，且不必经常拆卸的连接
紧定螺钉连接		紧定螺钉拧入一个被连接件上的螺纹孔并用其端部顶紧另一个被连接件	用于固定两被连接件的相互位置，并可传递不大的力或扭矩

五、螺纹连接的预紧与防松

1. 螺纹连接的预紧

螺纹连接在装配时一般都需要拧紧螺栓、螺母或螺钉等，即对螺纹连接进行预紧。预紧的目的一方面是防止螺纹连接松动，另一方面是增大被连接件接合面之间的摩擦力，从而提高传递载荷的能力。但预紧力不能过大，否则会损伤螺杆。控制螺纹连接预紧力的方法见表 5-4。

表 5-4 控制螺纹连接预紧力的方法

方法	特点及应用
感觉法	靠操作者在拧紧时的感觉和经验。该方法简单，经济实用，常用于普通的螺纹连接
力矩法	用测力矩扳手或定力矩扳手控制预紧力，费用较低，误差较小，应用广泛
测量螺栓伸长法	通过测量螺栓的伸长来控制预紧力，其应用条件是螺栓预紧力引起的螺栓伸长必须在弹性范围内。误差非常小，但使用麻烦，费用高，用于特殊需要的场合
螺母转角法	首先把螺母拧紧到“密贴”的位置，再转过一定角度，在汽车工业和钢结构中应用广泛

2. 螺纹连接的防松

螺纹连接的防松即防止螺旋副的相对转动。螺纹连接一般采用牙型为三角形的单线普通螺纹，其螺纹升角 φ 为 1.5° ~ 3.5°，具有自锁性能。同时螺纹零件端面与支承面之间还存在摩擦力，因此在静载荷下螺纹连接不会自行松开。但在受到冲击、振动或交变载荷作用下，摩擦力会瞬时减小或消失，连接有可能松开，因此必须考虑防松措施。

螺纹连接常用的防松措施有摩擦防松、机械防松和破坏螺纹防松三种形式。

（1）摩擦防松

摩擦防松是指使螺旋副中有不随连接载荷而变的压力，始终有摩擦力防止其相对转动，常用的方法有双螺母防松和弹簧垫圈防松等，见表 5–5。

表 5-5 摩擦防松常用的方法

形式	结构	特点及应用
双螺母防松		先用规定拧紧力矩的 80% 拧紧下面的螺母，再用 100% 的拧紧力矩拧紧上面的螺母，使螺栓在旋合段内受拉而螺母受压 结构简单、成本低，但质量增大。多用于低速重载或载荷平稳的场合
弹簧垫圈防松		依靠弹簧垫圈在压平后产生的弹力及其切口尖角嵌入被连接件及紧固件支承面，以起防松作用 结构简单、成本低、使用方便，但由于弹力不均匀，也不十分可靠，多用于不太重要的连接。采用鞍形或波形垫圈可明显提高防松效果

（2）机械防松

机械防松是用金属元件锁住螺旋副，使其不能做相对转动，常用的方法有开口销防松、止动垫圈防松、串联钢丝防松等，见表 5–6。

表 5–6　机械防松常用的方法

形式	结构	特点及应用
开口销防松	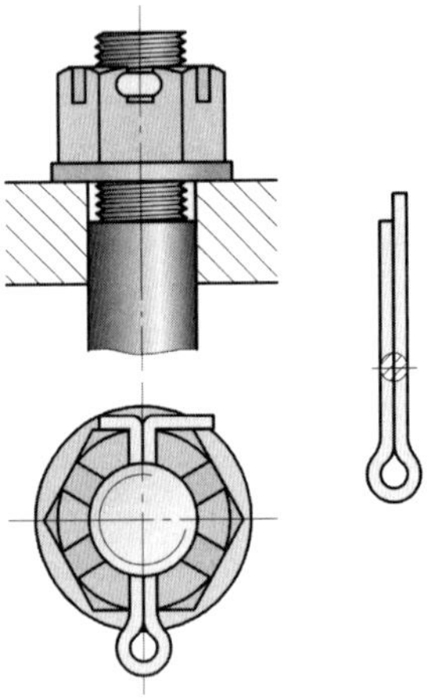	开口销穿过螺母槽并插入螺栓上的径向销孔中，使螺母、螺栓不能相对转动 特点是性能可靠，但不便装配，不适用于双头螺柱的防松。多用于交变载荷、振动场合中重要部位的连接防松，如飞行器、汽车等
止动垫圈防松	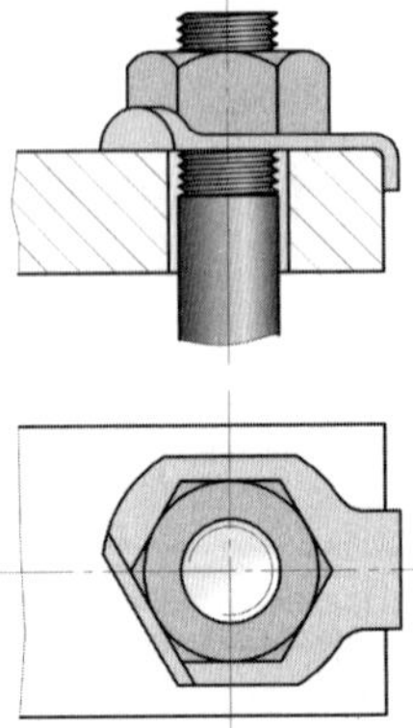	首先将螺栓穿过单耳止动垫圈，拧好六角螺母（未拧紧），将单耳止动垫圈的单耳紧靠被压紧件的边沿弯折，然后拧紧六角螺母，再将单耳止动垫圈另一侧的圆形边缘竖立起来，贴在螺母的侧平面上，以实现防松 特点是防松可靠，但需要被连接件具有一定的安装结构
串联钢丝防松	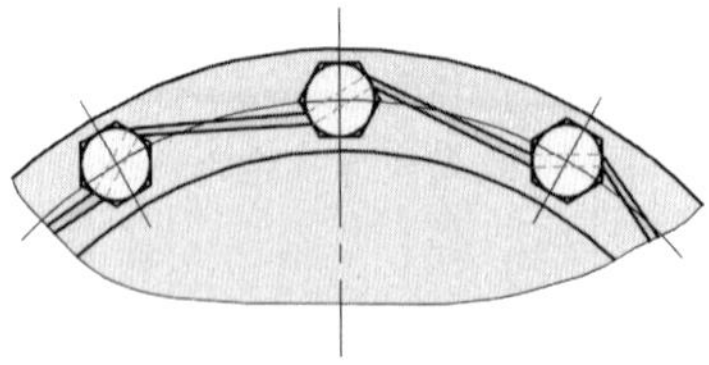 正确 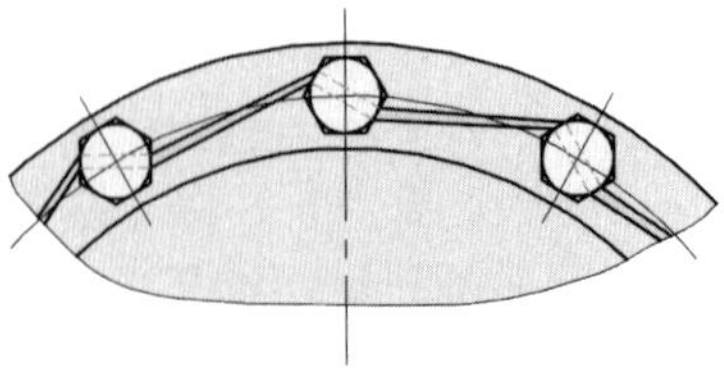 错误	螺栓头部钻有小孔，使用时将钢丝穿入小孔并盘紧，以防止螺栓松脱。但要注意，钢丝盘绕的方向应是使螺栓旋紧的方向，图示为用于右旋螺纹防松 特点是相互制约，防松可靠，也适用于双头螺柱的防松

（3）破坏螺纹防松

破坏螺纹防松是指通过焊接、铆接、冲点或粘接等方法使螺栓和螺母连为一体，常用的方法见表 5–7。

表 5–7　破坏螺纹防松常用的方法

形式	结构	特点及应用
焊接防松	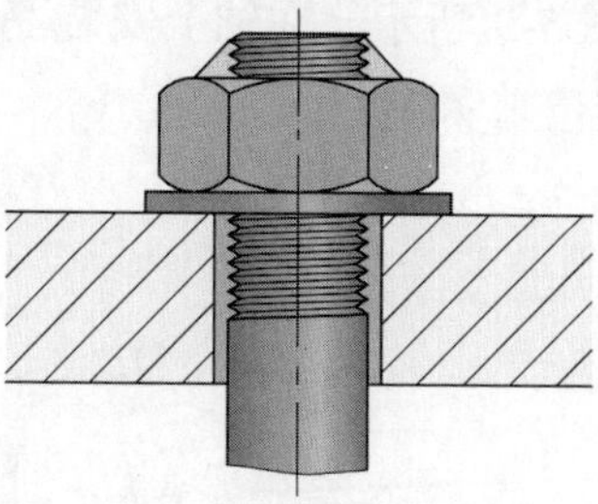	拧紧螺母后，将螺母和螺栓焊接在一起。防松可靠，但拆卸困难，且拆后螺纹连接件不能再使用
铆接防松	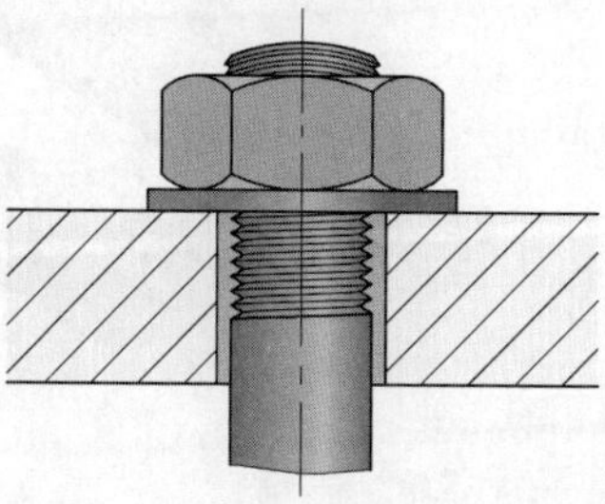	螺栓杆末端外露（1.0 ~ 1.5）P（螺距）的长度，拧紧螺母后将螺栓铆死。用于低强度螺栓、不拆卸的场合
冲点防松	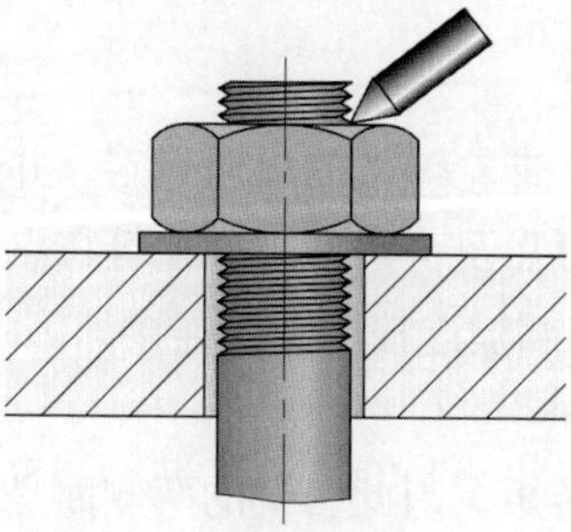	在螺杆靠近螺母处通过冲点将螺杆上的螺纹破坏，以防止螺纹连接松动。可冲单点或多点，防松性能一般，只适用于低强度紧固件
粘接防松	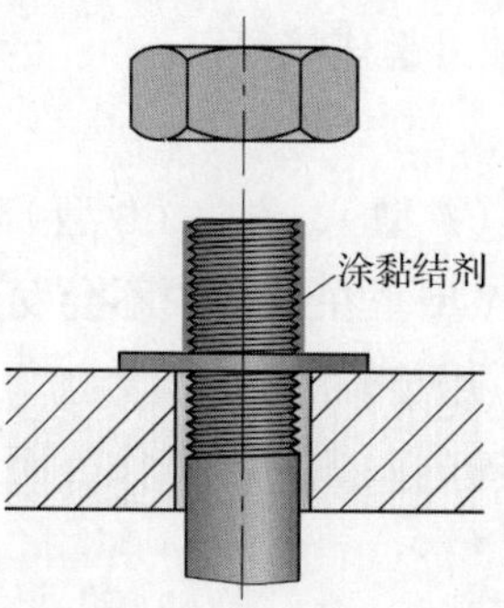 涂黏结剂	在旋合螺纹间涂黏结剂，使螺旋副旋紧后粘接在一起。防松可靠，且有密封作用

第 2 节　键、销及其连接

机器都是由各种零件装配而成的，零件与零件之间存在着各种不同形式的连接。键连接和销连接是两种常用的连接形式，如图 5–1 所示，在轴上安装了 V 带轮，V 带轮的周向固定用键连接，轴向固定通过销和定位套实现。

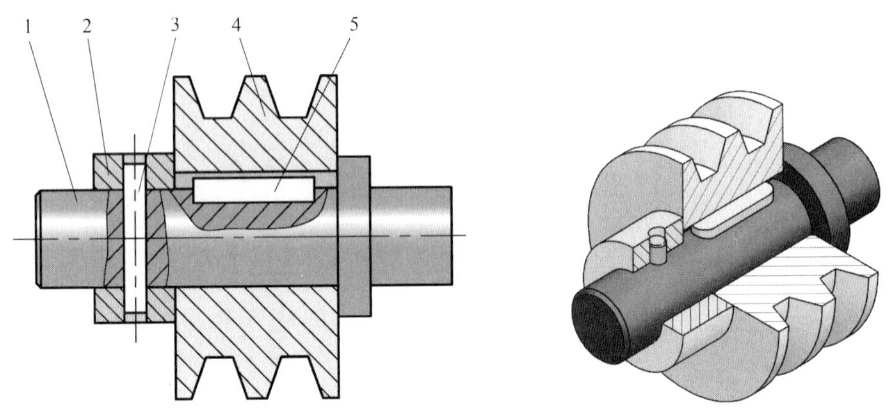

图 5–1　键连接和销连接

1—轴　2—定位套　3—销　4—V 带轮　5—键

一、键连接

键连接可以实现轴与轴上零件（如齿轮、带轮等）的周向固定，并传递运动和转矩。键连接具有结构简单、拆装方便、工作可靠及可实现标准化等特点，故在机械中应用极为广泛。常用的键连接有平键连接、半圆键连接、花键连接等。

1. 平键连接

平键连接的特点是靠平键的两侧面传递转矩，因此，键的两侧面是工作面，对中性好；而键的上表面与轮毂上的键槽底面留有间隙，以便于装配。根据用途不同，平键连接分为普通型平键连接、导向型平键连接和滑键连接等。

（1）普通型平键连接

普通型平键按键的端部形状不同，分为圆头（A 型）、方头（B 型）和单圆头（C 型）三种形式，如图 5–2 所示。圆头普通型平键（A 型）在键槽中不会发生轴向移动，因而应用最广，单圆头普通型平键（C 型）则多应用于轴的端部。

普通型平键连接如图 5–3 所示。普通型平键的两侧面是工作表面，连接时与键槽接触，键的顶端与孔上的键槽底面之间有间隙。

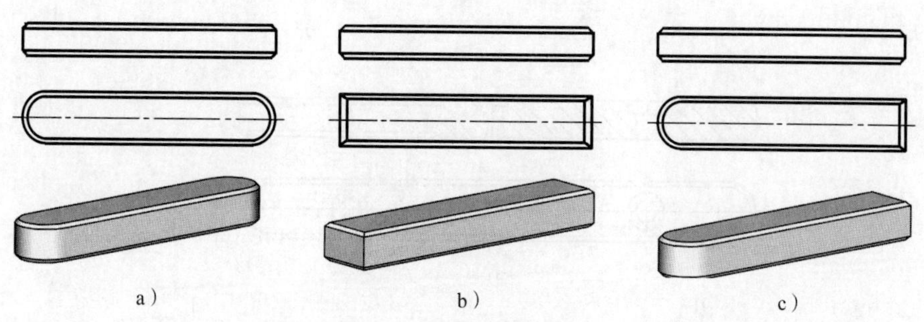

图 5–2　普通型平键

a）圆头（A 型）　b）方头（B 型）　c）单圆头（C 型）

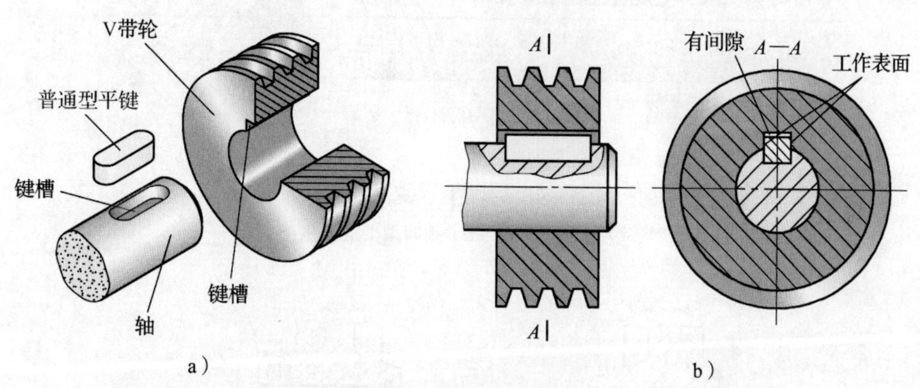

图 5–3　普通型平键连接

a）分解图　b）连接图

普通型平键的材料通常选用 45 钢。当轮毂为有色金属或非金属时，键可用 20 钢或 Q235 钢制造。普通型平键工作时，轴和轴上零件沿轴向不能有相对移动。

（2）导向型平键连接

当被连接的齿轮等零件的轮毂需要在轴上沿轴向移动时，可采用导向型平键和滑键连接。

导向型平键及连接如图 5–4 所示。导向型平键比普通型平键长，为防止松动，通常用螺钉固定在轴上的键槽中，键与轮毂槽采用间隙配合，因此，轴上零件能做轴向滑动。为便于拆卸，键上设有起键螺孔。导向型平键常用于轴上零件移动量不大的场合，如机床变速箱中的滑移齿轮。

（3）滑键连接

滑键连接一般有两种形式，如图 5–5 所示。滑键的侧面为工作面，靠侧面传递动力，对中性好，拆装方便。滑键固定在轮毂上，轮毂带动滑键在轴上的键槽中做轴向滑移。键长不受滑动距离的限制，只需在轴上铣出较长的键槽，而且滑键可长可短。

2. 半圆键连接

半圆键连接如图 5–6 所示，半圆键的工作面是键的两侧面，因此与平键一样，具有较好的对中性。半圆键可在轴上的键槽中绕槽底圆弧摆动，可用于锥形轴与轮毂的连接。它的缺点是键槽对轴的强度削弱较大，只适用于轻载连接。

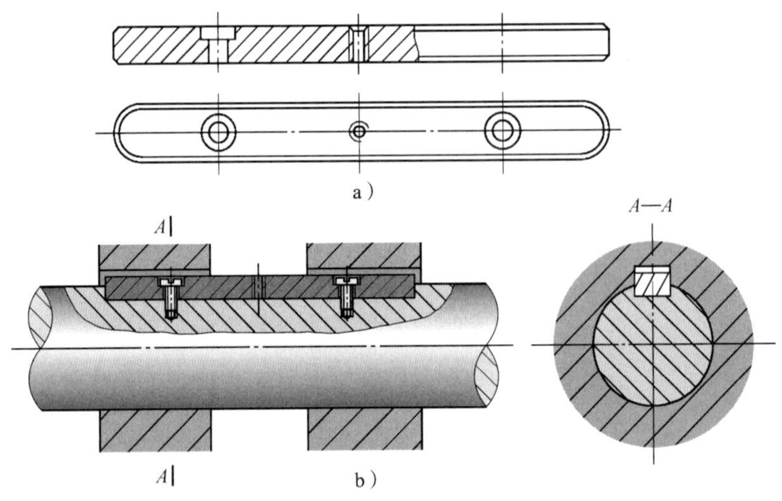

图 5-4　导向型平键及连接

a）导向型平键　b）导向型平键连接

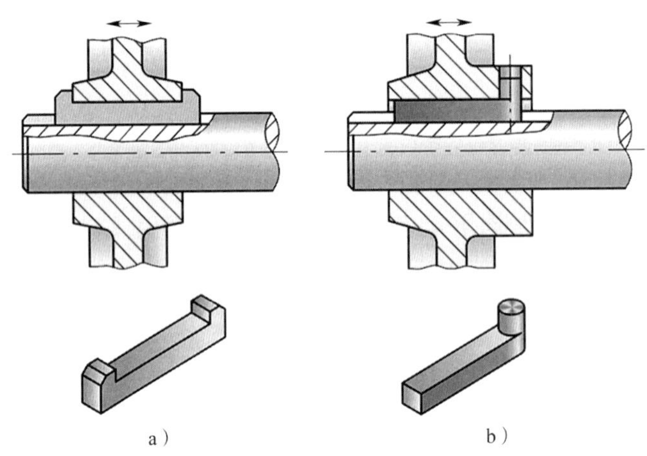

图 5-5　滑键连接

a）钩头滑键连接　b）圆柱头滑键连接

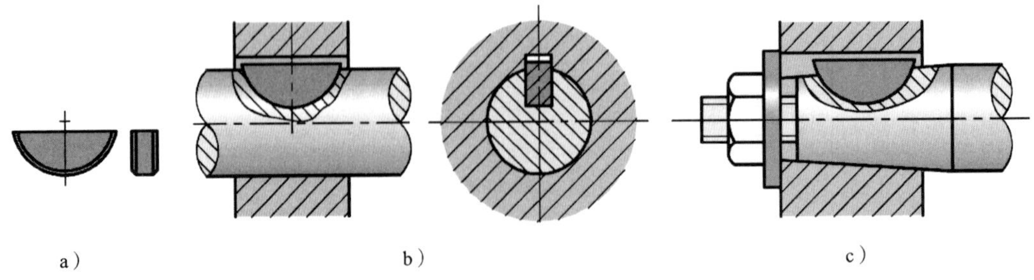

图 5-6　半圆键连接

a）半圆键　b）连接圆柱轴　c）连接圆锥轴

3. 花键连接

如图 5-7 所示，由沿轴和轮毂孔周向均布的多个键齿相互啮合而形成的连接称为花键连接，花键分为外花键和内花键。

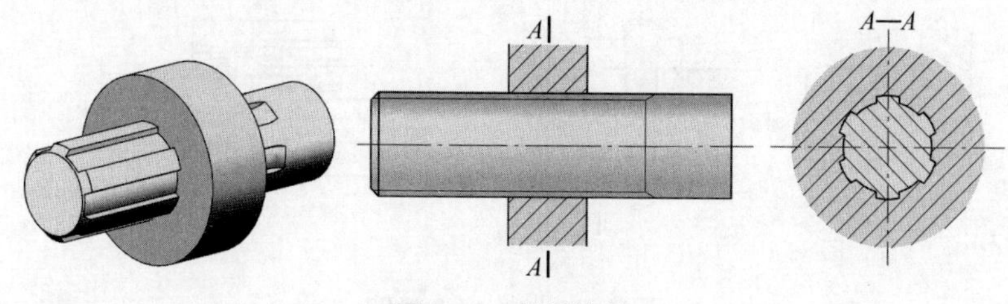

图 5-7　花键连接

花键连接的特点如下：

（1）花键连接由多齿传递载荷，故承载能力高。

（2）花键的齿浅，对轴的强度削弱较小。

（3）对中性及导向性好。

（4）加工需用专用设备，成本高。

花键连接多用于重载和要求对中性好的场合，尤其适用于经常滑动的连接。按齿形不同，花键连接分为矩形花键连接（见图 5-8a）和渐开线花键连接（见图 5-8b）。

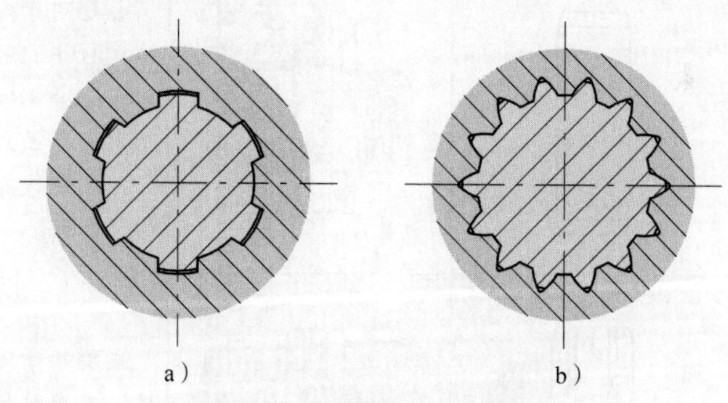

图 5-8　不同齿型的花键连接

a）矩形花键连接　b）渐开线花键连接

矩形花键齿的两侧面为平面，形状简单，加工方便。由于制造时轴和轮毂上的结合面都要经过磨削，因此能消除热处理所产生的变形。它具有定心精度高、定心稳定性好、应力集中较小、承载能力较大等特点，应用较为广泛。

渐开线花键的齿廓为渐开线，其特点是制造精度较高、齿根强度高、应力集中小、承载能力大、定心精度高，因此，常用于载荷较大、定心精度要求较高、尺寸较大的连接。

二、销连接

销连接主要用于定位（作为组合加工和装配时的辅助零件，用于确定零件间的相

对位置，如图 5–9a 所示），也可用于轴与毂的连接或其他零件的连接（见图 5–9b），还可以作为安全装置中的过载保护零件（见图 5–9c）。

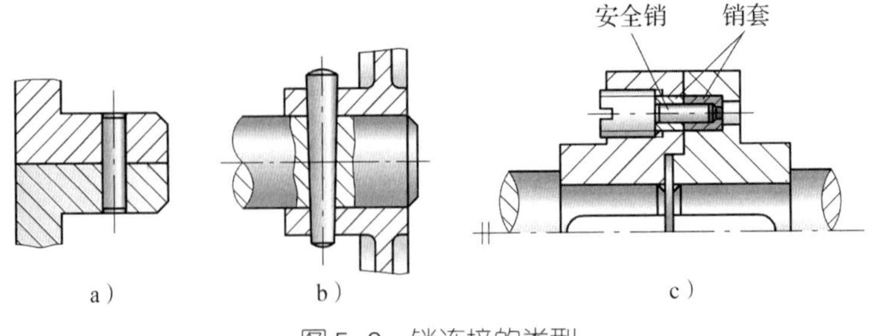

图 5–9　销连接的类型
a）定位　b）连接　c）过载保护

销的形式很多，基本类型有圆柱销和圆锥销两种，它们均有带螺纹和不带螺纹两种形式。销的结构和参数已标准化，常用圆柱销和圆锥销的结构、特点及应用见表 5–8。

表 5–8　常用圆柱销和圆锥销的结构、特点及应用

类型	简图	应用图例	特点及应用
圆柱销（GB/T 119.1—2000、GB/T 119.2—2000）			主要用于定位，也可用于连接。GB/T 119.1—2000 的直径公差有 m6 和 h8 两种，GB/T 119.2—2000 的直径公差为 m6。常用的定位或连接孔的加工方法有配钻、配铰等
内螺纹圆柱销（GB/T 120.1—2000）			主要用于定位，也可用于连接。内螺纹供拆卸用。公差带只有 m6 一种，常用的定位或连接孔的加工方法有配钻、配铰等
圆锥销（GB/T 117—2000）			有 1 : 50 的锥度，与相同锥度的铰制孔相配。圆锥销安装方便，主要用于定位，也可用于固定零件、传递动力，多用于经常拆卸的场合。定位精度比圆柱销高，在受横向力时能自锁

续表

类型	简图	应用图例	特点及应用
内螺纹圆锥销（GB/T 118—2000）			螺孔用于拆卸，可用于不通孔。有 1∶50 的锥度，与相同锥度的铰制孔相配。拆装方便，可多次拆装，定位精度比圆柱销高，能自锁
开尾圆锥销（GB/T 877—1986）			有 1∶50 的锥度，与相同锥度的铰制孔相配。打入销孔后，末端可稍张开，避免松脱，用于有冲击、振动的场合
螺尾锥销（GB/T 881—2000）			螺纹用于拆卸，有 1∶50 的锥度，与相同锥度的铰制孔相配。拆装方便，可多次拆装，定位精度比圆柱销高，能自锁

销起定位作用时一般不承受载荷，并且使用的数目不得少于两个。销的材料常选用 35 钢或 45 钢，并经热处理达到一定硬度。通常对销孔的精度要求较高，一般需要铰制。

第 3 节　轴

轴是机器中最基本、最重要的零件之一。各种做回转运动的零件（如带轮、齿轮等）都必须安装在轴上才能传递运动和（或）动力。轴在生产、生活中随处可见，如减速器中的转轴、自行车中的轮轴、汽车中的传动轴，以及内燃机中的曲轴等。如图 5–10 所示为单级齿轮减速器上的输出轴，其上安装了齿轮、轴承、定位套、键等零件。

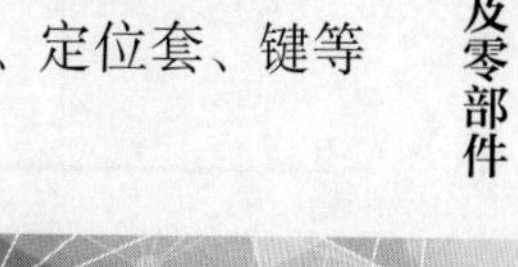

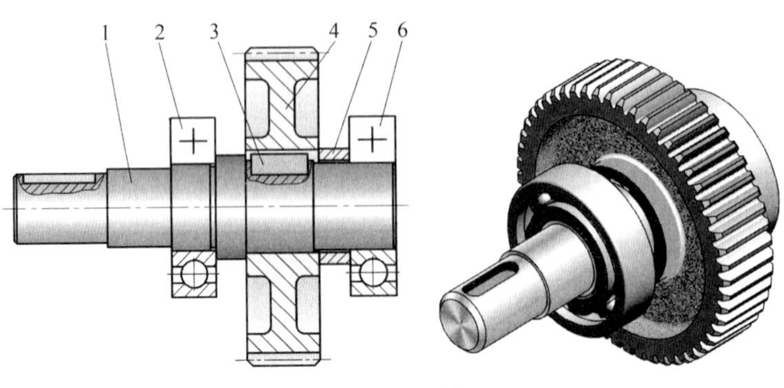

图 5-10　轴

1—输出轴　2、6—滚动轴承　3—键　4—齿轮　5—定位套

一、轴的用途和分类

轴的主要功用是支承回转零件（如齿轮、带轮等），传递运动和（或）动力。根据轴线形状的不同，轴可以分为直轴、曲轴和挠性钢丝软轴（简称挠性轴），其主要类型、特点及应用见表 5-9。

表 5-9　轴的主要类型、特点及应用

类型		外形图	特点	应用
直轴	光轴		形状简单，加工容易，应力集中源较少；轴上零件不易定位	自行车心轴、车床光杠等
	阶梯轴		加工复杂，应力集中源较多，容易实现轴上零件定位	减速器、机床中的轴等
曲轴			常用于将回转运动转变为往复直线运动，或将往复直线运动转变为回转运动	主要用于内燃机、空气压缩机、活塞泵及冲床等
挠性轴			由分层相互交叉缠绕的钢丝和钢带螺旋管、橡胶护套等组成，具有一定挠性并能传递一定扭矩	常用于医疗器械和电动手持小型机具（如混凝土振捣器、铰孔机、刮削机）

二、轴的结构及材料

1. 轴的结构名称

如图 5-11 所示为二级齿轮减速器中输出轴的结构。轴上各段按其作用可分别称为轴头、轴颈、轴身、轴肩和轴环等。轴上被支承的部位称为轴颈；安装轮毂的部位称为轴头；连接轴颈和轴头的部位称为轴身；轴径变化处形成的环形面称为轴肩；轴环是指给轴上零件轴向定位的环状圆柱凸台，其作用和轴肩相同。

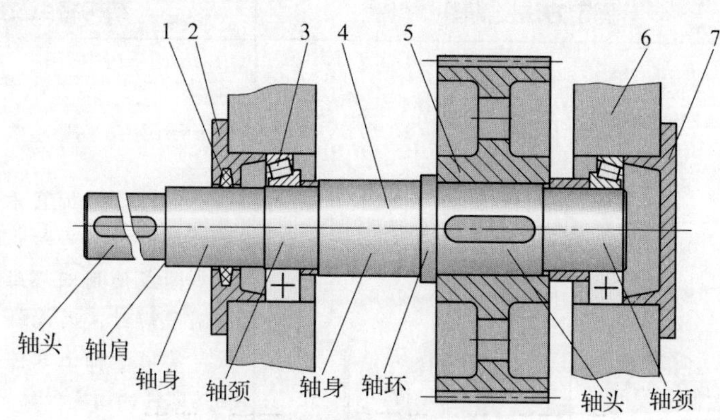

图 5-11　轴的结构

1—密封圈　2—透盖　3—滚动轴承　4—轴
5—齿轮　6—箱体　7—闷盖

2. 轴的常用材料

轴的常用材料主要有碳素结构钢和优质碳素结构钢、合金钢、铸铁等。

（1）碳素结构钢和优质碳素结构钢

轴常用的优质碳素结构钢有 30、35、40、45、50 等，其中 45 钢的应用最广。为改善轴的力学性能，应对其进行正火或调质处理。对于不重要或受力较小的轴，常采用 Q235、Q275 等碳素结构钢。

（2）合金钢

合金钢具有较高的力学性能与较好的热处理性能，但价格较贵，多用于有特殊要求的轴。例如：采用滑动轴承的高速轴，常用 20Cr、20CrMnTi 等低合金结构钢，经渗碳淬火后可提高轴颈的耐磨性。曲轴、镗杆、磨床主轴、精密丝杠等常采用 40CrNi、38CrMoAlA 等合金结构钢，并进行调质处理。

（3）铸铁

用于制造轴的铸铁一般为珠光体可锻铸铁和球墨铸铁，其流动性好，吸振性好，耐磨性高，对应力集中敏感性低，价格低廉；但其强度和韧性低，且铸造质量不易控制。一般常用于形状复杂、尺寸较大的轴。

三、轴上零件的固定

1. 轴上零件的轴向固定

轴上零件轴向固定的目的是保证零件在轴上有确定的轴向位置，防止零件做轴向移动，并能承受轴向力。轴上零件的轴向固定方法及应用见表 5–10。

表 5–10　轴上零件的轴向固定方法及应用

类型	固定方法及简图	结构特点及应用
圆螺母	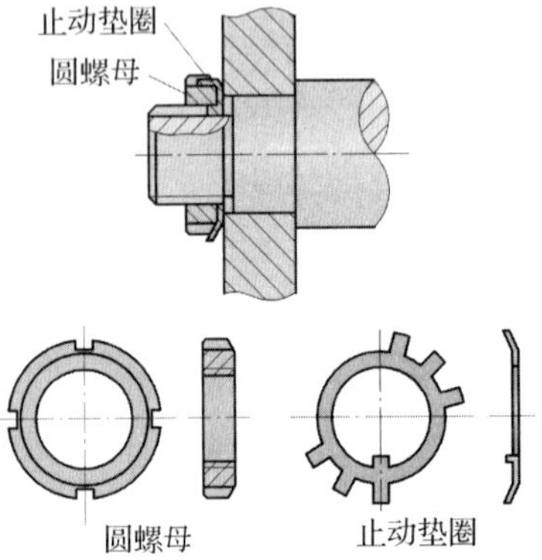 止动垫圈 圆螺母 圆螺母　止动垫圈	固定可靠，拆装方便，可承受较大的轴向力。为防止松脱，可加止动垫圈或使用双螺母。由于在轴上切制了螺纹，因此轴的强度有所降低。常用于轴上零件距离较大处及轴端零件的固定
轴肩与轴环	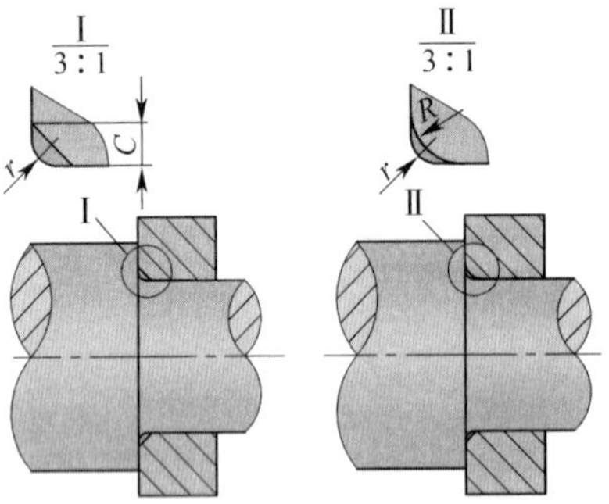 I 3:1　C　r　I II 3:1　R　r　II	应使轴肩、轴环的过渡圆角半径 r 小于轴上零件孔端的圆角半径 R 或倒角 C（$r<R$ 或 $r<C$），这样才能使轴上零件的端面紧靠定位面。特点是结构简单，定位可靠，能承受较大的轴向力，广泛用于各种轴上零件的定位
套筒	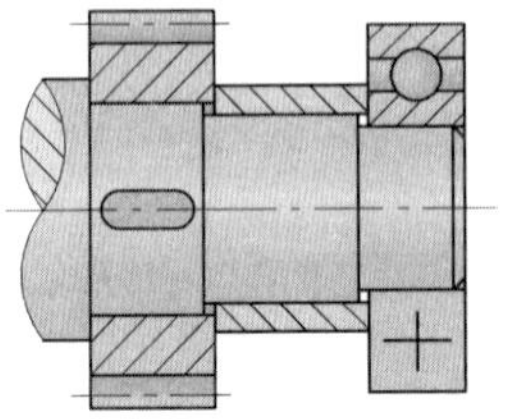	结构简单，定位可靠，适用于轴上零件间距离较短的场合，当轴的转速很高时不宜采用

续表

类型	固定方法及简图	结构特点及应用
轴端挡圈	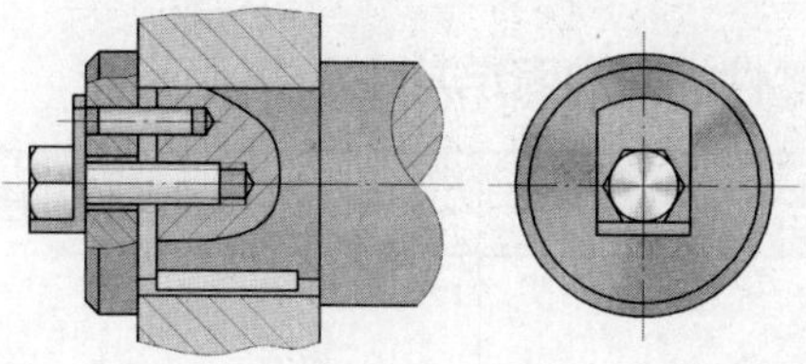	工作可靠，结构简单，可承受剧烈振动和冲击载荷。使用时，应采取止动垫圈、防转螺钉等防松措施。该方法应用广泛，常用于固定轴端零件
弹性挡圈	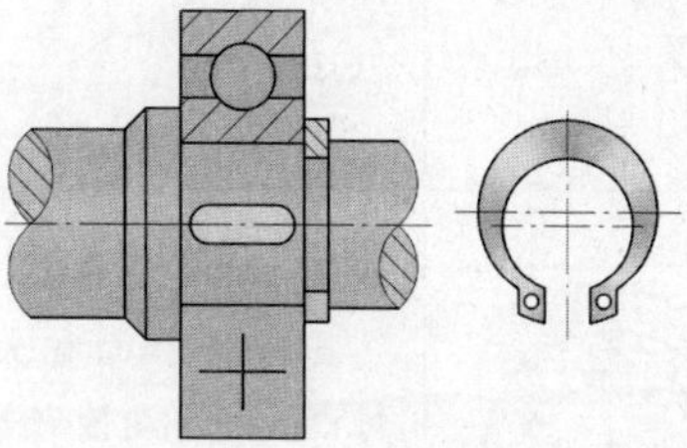	结构简单、紧凑，拆装方便，只能承受很小的轴向力。需要在轴上切槽，因而会引起应力集中，常用于滚动轴承的固定
轴端挡板	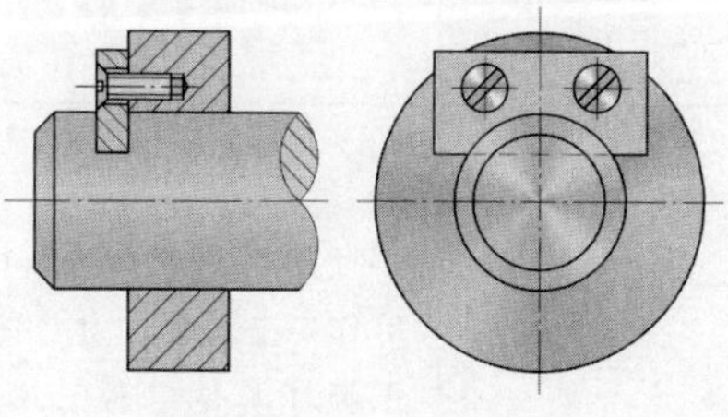	结构简单，常用于心轴上零件的固定和轴端零件的固定
紧定螺钉与挡圈	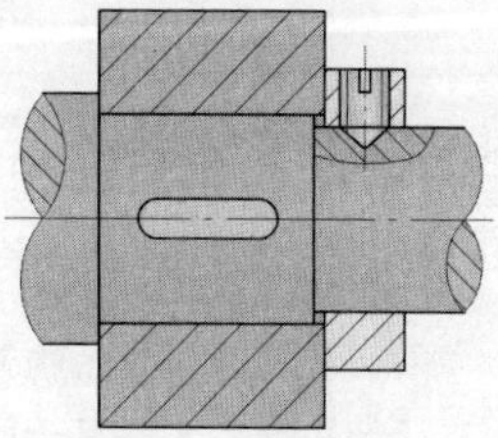	结构简单，能同时起周向固定作用，但承载能力较低，且不适用于高速场合
圆锥面	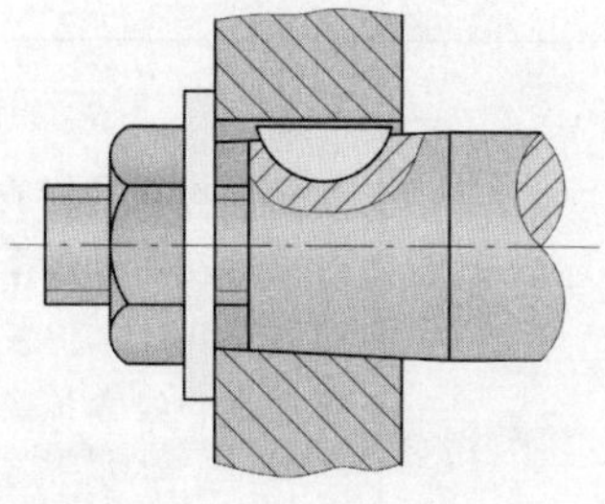	能消除轴与轮毂间的径向间隙，拆装方便，可兼做周向固定。常与轴端挡圈联合使用，实现零件的双向固定。适用于有冲击载荷和对中性要求较高的场合，常用于轴端零件的固定

2. 轴上零件的周向固定

轴上零件周向固定的目的是保证轴能可靠地传递运动和扭矩，防止轴上零件与轴产生相对转动。轴上零件的周向固定方法及应用见表 5-11。

表 5-11　轴上零件的周向固定方法及应用

类型	固定方法及简图	结构特点及应用
平键连接	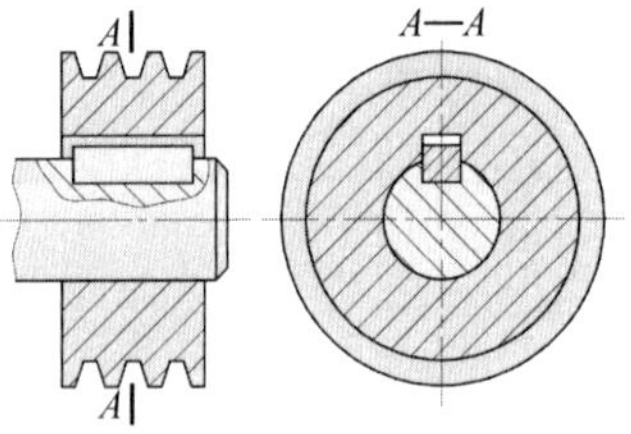 A　A—A　A	加工容易，拆装方便，但不能进行轴向固定
花键连接	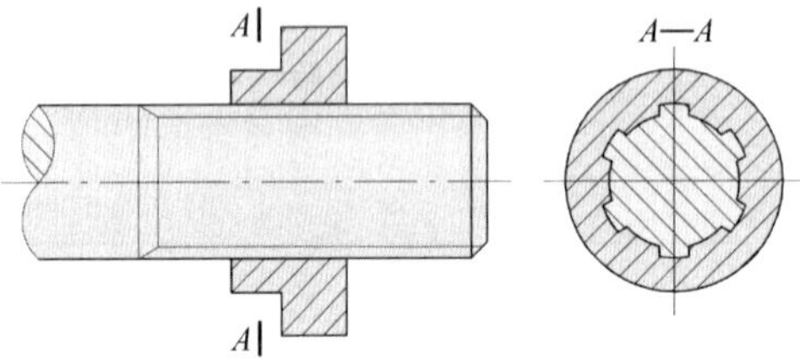 A　A—A　A	具有接触面积大、承载能力强、对中性和导向性好等特点，适用于载荷较大、定心要求高的静连接、动连接。加工工艺较复杂，成本较高
销连接	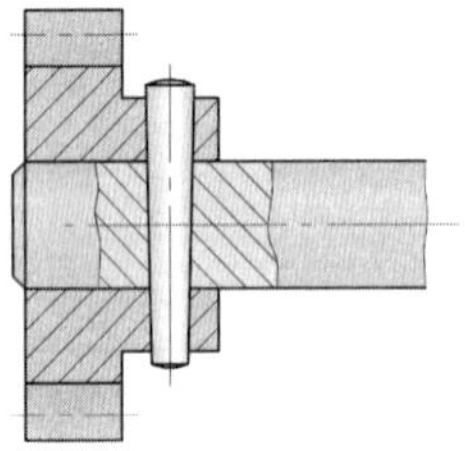	可同时进行轴向和周向固定，常用作安全装置，过载时可被剪断，防止损坏其他零件。不能承受较大载荷，销孔对轴的强度有削弱
紧定螺钉连接	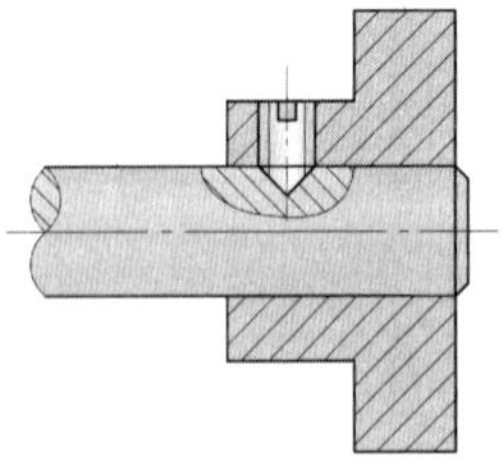	紧定螺钉端部拧入轴上凹坑实现固定。其结构简单，不能承受较大载荷，只适用于辅助连接
过盈配合连接	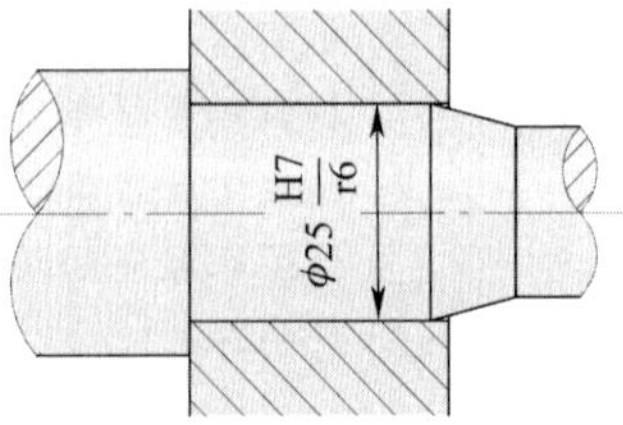 $\phi 25 \frac{H7}{r6}$	能同时进行轴向固定和周向固定，对中精度高，选择不同的配合有不同的连接强度。但装拆不方便，不适用于重载和经常拆装的场合

第4节 轴 承

在机械中，轴承是支承转动的轴及轴上零件的部件，用以保证轴的旋转精度，减少轴与轴座之间的摩擦和磨损，轴承的性能直接影响机器的使用性能。根据摩擦性质不同，轴承分为滚动轴承和滑动轴承两大类。如图 5-12a 所示为滚动轴承，如图 5-12b 所示为滑动轴承。轴承一般成对使用，可支承重载、高速或精密的轴上零件。

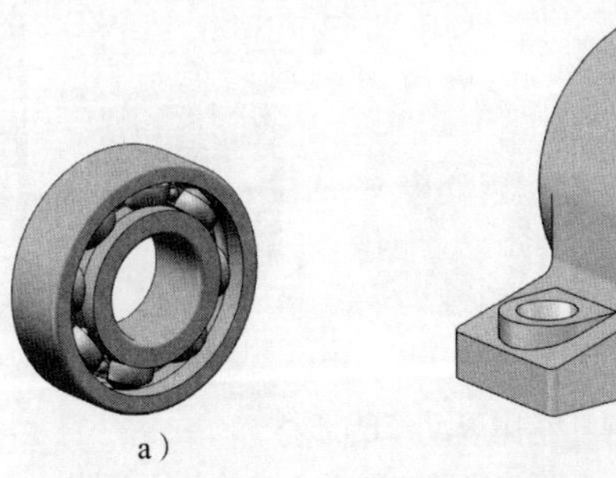

a） b）

图 5-12 轴承

a）滚动轴承 b）滑动轴承

一、滚动轴承

1. 滚动轴承的结构、类型和标记

（1）滚动轴承的结构

滚动轴承是将运转的轴与轴座之间的滑动摩擦变为滚动摩擦，从而减少摩擦损失的一种精密的机械元件，具有摩擦阻力小、启动灵敏、效率高、润滑简便、易于互换、装拆和维护方便、价格较便宜等优点，应用非常广泛。其缺点是抗冲击能力较差，高速时易出现噪声，工作寿命不及液体摩擦的滑动轴承。滚动轴承是标准件，由专业工厂生产。

常用滚动轴承的结构如图 5-13 所示，它一般由内圈（轴圈）、外圈（座圈）、滚动体和保持架组成。一般情况下，内圈装在轴颈上，与轴一起转动；外圈装在机座的轴承孔内固定不动（惰轮、张紧轮、压紧轮等装配的轴承是外圈转，内圈不转）。内圈、外圈上设置有滚道，当内圈（轴圈）、外圈（座圈）相对旋转时，滚动体沿着滚道滚动。常见滚动体的形状如图 5-14 所示。保持架的作用是分隔开两个相邻的滚动体，以减少滚动体之间的碰撞和摩擦。常见保持架的结构形式如图 5-15 所示。

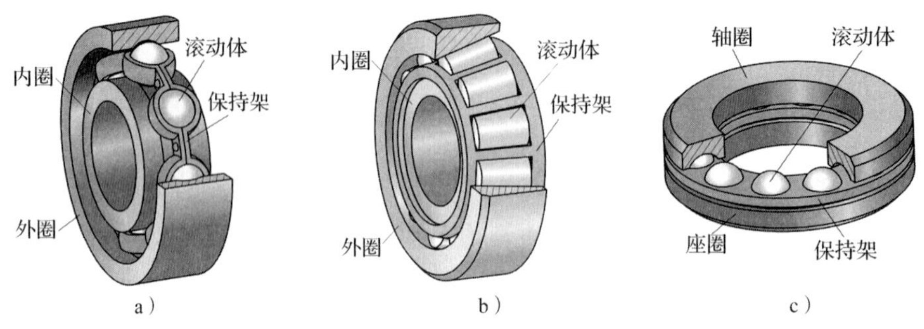

图 5-13　常用滚动轴承的结构

a）深沟球轴承　b）圆锥滚子轴承　c）单向推力球轴承

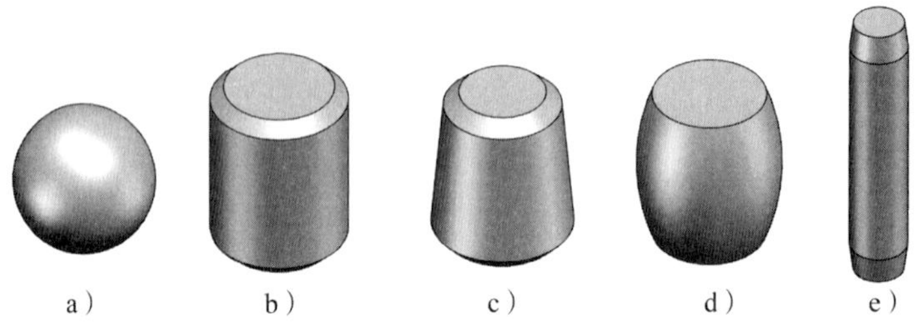

图 5-14　常见滚动体的形状

a）球　b）圆柱滚子　c）圆锥滚子　d）球面滚子　e）滚针

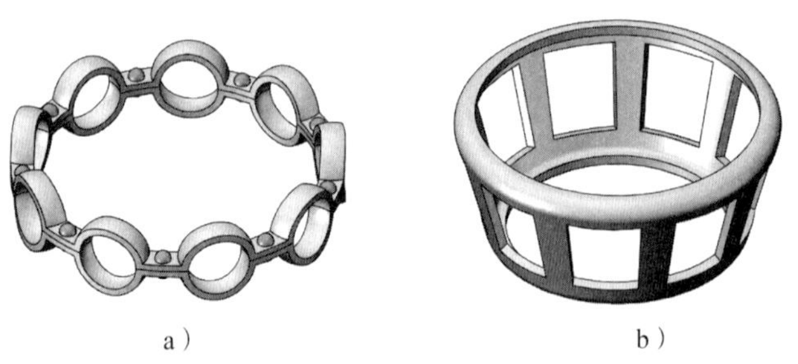

图 5-15　常见保持架的结构形式

a）深沟球轴承用保持架　b）圆锥滚子轴承用保持架

（2）滚动轴承的类型

滚动轴承可分为向心轴承和推力轴承。向心轴承又可分为径向接触轴承和向心角接触轴承。径向接触轴承主要承受径向载荷，有些可承受较小的轴向载荷；向心角接触轴承能同时承受径向载荷和轴向载荷。推力轴承又可分为轴向接触轴承和推力角接触轴承。轴向接触轴承只能承受轴向载荷；推力角接触轴承主要承受轴向载荷，也可承受较小的径向载荷。

滚动轴承的种类非常多，可满足各种不同的工况条件和要求，常用滚动轴承的类型和特性见表 5-12。

表 5-12　常用滚动轴承的类型和特性

序号	轴承名称		实物图	结构简图	承载方向	基本特性
1	深沟球轴承（GB/T 276—2013）		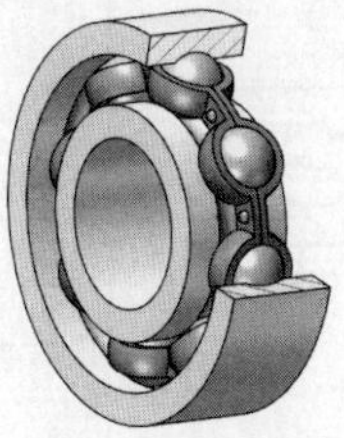	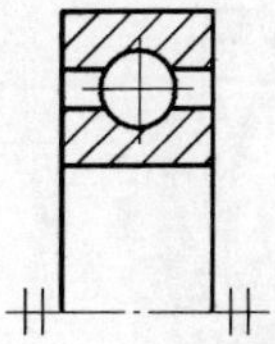		主要承受径向载荷，也可同时承受少量双向轴向载荷。摩擦阻力小，极限转速高，结构简单，价格便宜，应用广泛
2	圆锥滚子轴承（GB/T 297—2015）		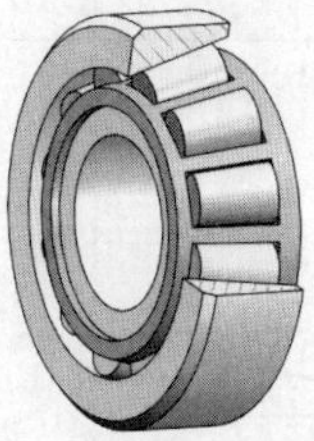	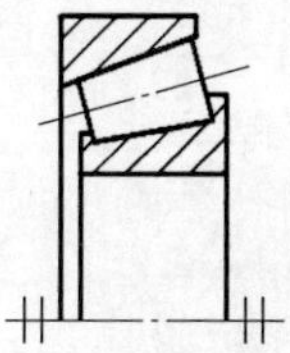	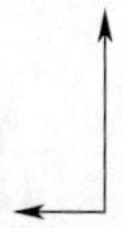	能同时承受较大的径向载荷和轴向载荷。内、外圈可分离，通常成对使用，对称布置安装
3	推力球轴承（GB/T 301—2015）	单向	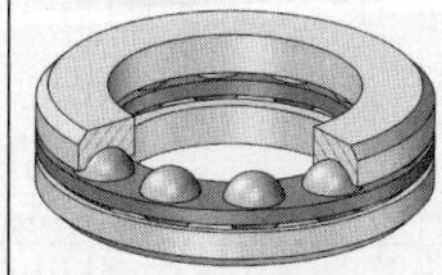	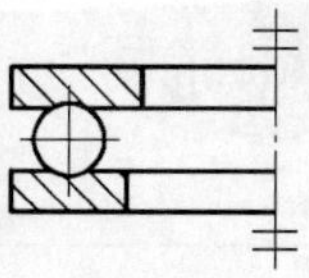		只能承受单向轴向载荷，适用于轴向载荷大、转速不高的场合
		双向	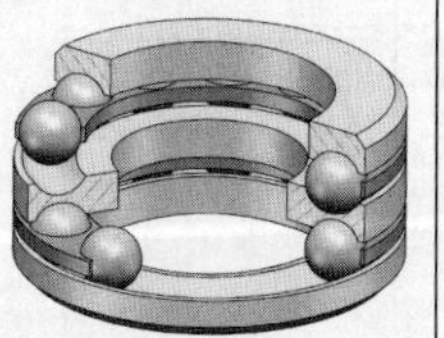	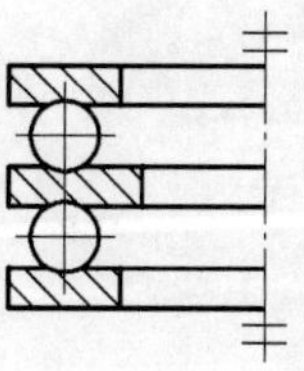		可承受双向轴向载荷，适用于轴向载荷大、转速不高的场合
4	圆柱滚子轴承（GB/T 283—2021）		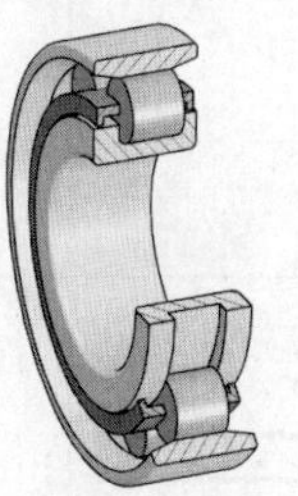	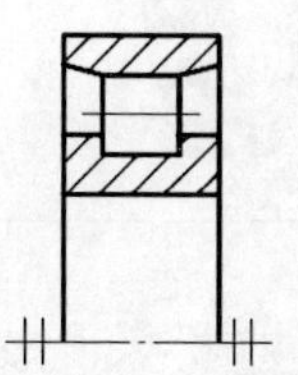		有内圈无挡边、外圈无挡边、内圈单挡边、外圈单挡边等多种形式，图示为外圈无挡边圆柱滚子轴承，它只能承受纯径向载荷。与深沟球轴承相比，承受载荷的能力较大，尤其是承受冲击载荷的能力大，但极限转速较低

续表

序号	轴承名称	实物图	结构简图	承载方向	基本特性
5	调心球轴承（GB/T 281—2013）				主要承受径向载荷，同时可承受少量双向轴向载荷。外圈内滚道为球面，能自动调心，允许有少量的角偏差。适用于弯曲刚度小的轴
6	调心滚子轴承（GB/T 288—2013）				主要承受径向载荷，同时能承受少量双向轴向载荷，其承载能力比调心球轴承大；具有自动调心性能，允许有少量的角偏差。适用于重载和冲击载荷的场合
7	推力调心滚子轴承（GB/T 5859—2008）				可以承受很大的轴向载荷和不大的径向载荷，允许有少量的角偏差。适用于重载和要求调心性能好的场合
8	角接触球轴承（GB/T 292—2007）				能同时承受径向载荷与轴向载荷。适用于转速较高，同时承受径向载荷和轴向载荷的场合
9	推力圆柱滚子轴承（GB/T 4663—2017）				能承受很大的单向轴向载荷，承载能力比推力球轴承大得多，不允许有角偏差

（3）滚动轴承的标记

滚动轴承的标记由三部分组成，即：

轴承名称　轴承代号　标准编号

滚动轴承的标记示例：滚动轴承　6208　GB/T 276—2013

根据 GB/T 276—2013 可知，该滚动轴承为深沟球轴承，6208 是滚动轴承的代号，查阅 GB/T 276—2013 可得该深沟球轴承的有关尺寸，如：轴承的宽度 B=18 mm，内径 d=40 mm，外径 D=80 mm。

2. 滚动轴承的轴向固定

一般情况下，滚动轴承的内圈装在被支承轴的轴颈上，外圈装在轴承座（或机座）孔内。安装滚动轴承时，对其内、外圈都要进行必要的轴向固定，以防运转中产生轴向窜动。

（1）滚动轴承内圈的轴向固定

滚动轴承内圈在轴上通常用轴肩或套筒定位，定位端面与轴线要保持较高的垂直度。滚动轴承内圈的轴向固定应根据所受轴向载荷的情况，适当选用轴端挡圈、圆螺母或轴用弹性挡圈等固定形式。常用滚动轴承内圈的轴向固定形式见表 5-13。

表 5-13　常用滚动轴承内圈的轴向固定形式

形式	利用轴肩的单向固定	利用轴肩和弹性挡圈的双向固定
图例	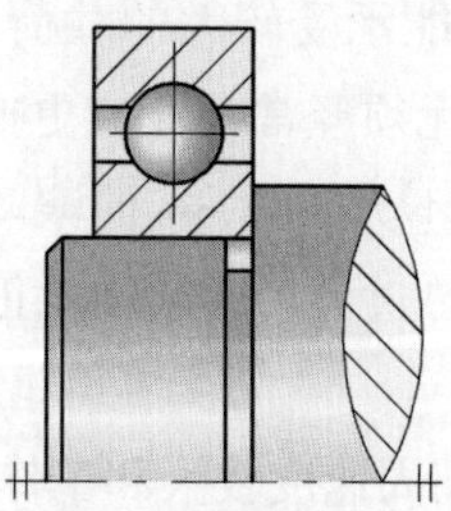	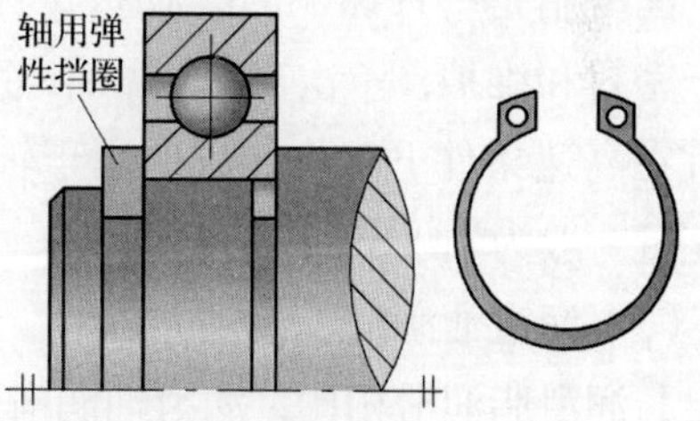 轴用弹性挡圈
形式	利用轴肩和轴端挡圈的双向固定	利用轴肩和圆螺母的双向固定
图例	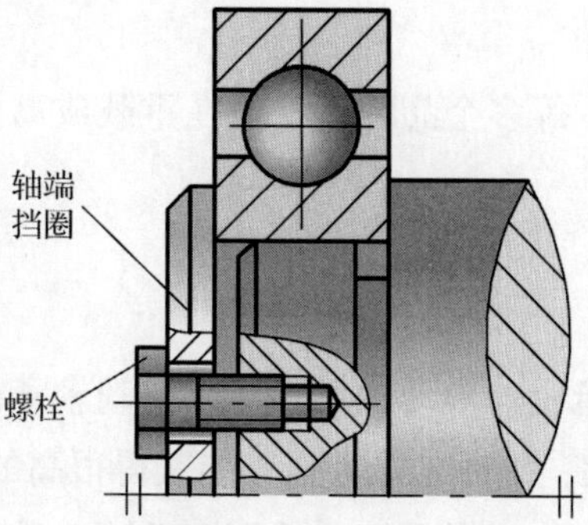 轴端挡圈 螺栓	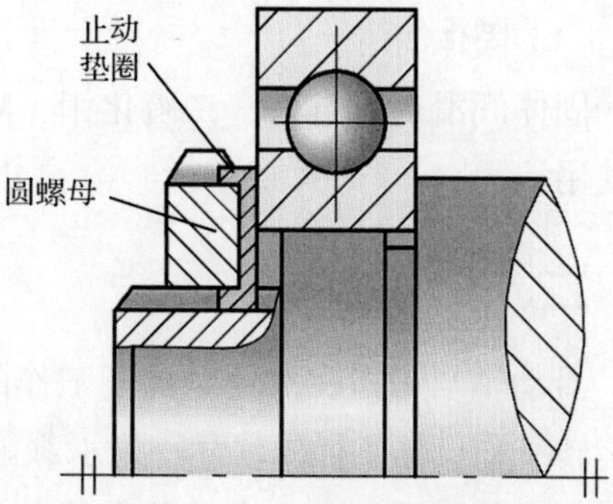 止动垫圈 圆螺母

（2）滚动轴承外圈的轴向固定

滚动轴承外圈在机座孔中一般用座孔的台阶定位，定位端面与轴线也需保持较高的垂直度。滚动轴承外圈的轴向固定可采用轴承盖或孔用弹性挡圈等。常用滚动轴承外圈的轴向固定形式见表 5-14。

表 5-14 常用滚动轴承外圈的轴向固定形式

形式	利用轴承盖的单向固定	利用轴承盖和座孔台阶的双向固定	利用弹性挡圈和座孔台阶的双向固定
图示	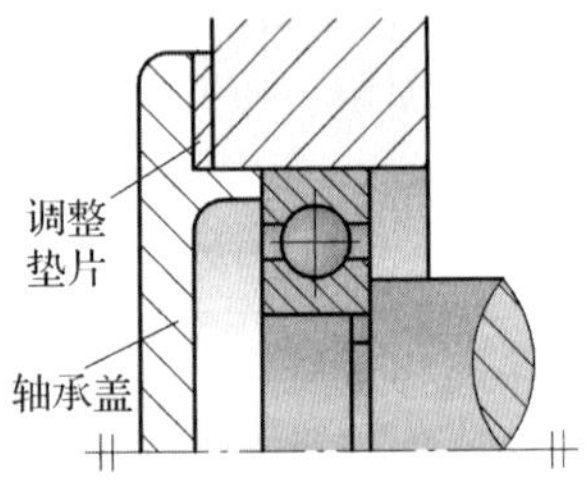 调整垫片 轴承盖	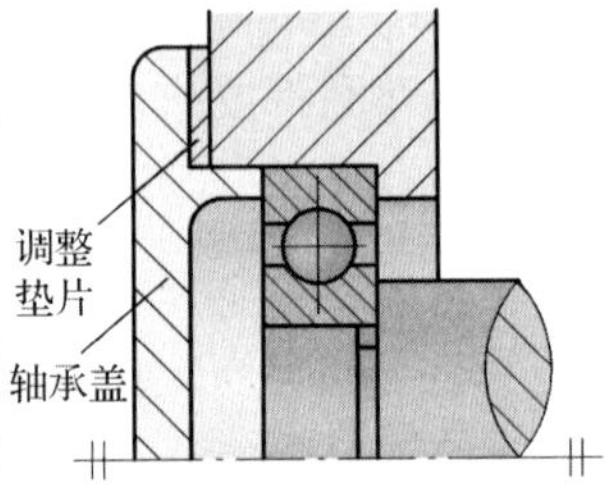 调整垫片 轴承盖	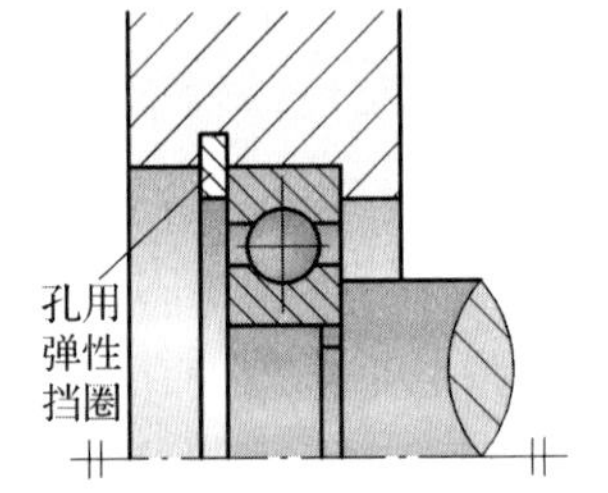 孔用弹性挡圈

3. 滚动轴承的润滑

滚动轴承润滑的目的在于减小摩擦阻力、降低磨损、缓冲吸振、冷却和防锈。滚动轴承的润滑有润滑脂润滑、润滑油润滑和固体润滑三种方式。

（1）润滑脂润滑

润滑脂是一种黏稠的凝胶状材料，强度高，能承受较大的载荷，而且不易流失，便于密封和维护，一次充脂可以维持较长时间，无须经常补充或更换。由于润滑脂不适宜在高速条件下工作，故适用于轴颈圆周速度不大于 5 m/s 的滚动轴承。润滑脂的填充量一般为轴承空间的 1/3 ～ 2/3，以防摩擦发热过大，影响轴承正常工作。

（2）润滑油润滑

与润滑脂润滑相比，润滑油润滑适用于轴颈圆周速度较大和工作温度较高的场合。选用润滑油的关键是根据工作温度、载荷大小、运动速度和结构特点选择合适的润滑油黏度。原则上，温度高、载荷大的场合，润滑油的黏度应选大些；反之，润滑油的黏度应选小些。润滑油润滑的方式有浸油润滑、滴油润滑和喷雾润滑等。

（3）固体润滑

固体润滑剂有石墨、二硫化钼（MoS_2）等多个品种，一般在重载或高温工作条件下使用。

二、滑动轴承

滑动轴承是指在滑动摩擦下工作的轴承，与滚动轴承相比，滑动轴承的主要优点是运转平稳可靠，径向尺寸小，承载能力大，抗冲击能力强，能获得很高的旋转精度，可实现液体润滑，并能在较恶劣的条件下工作。滑动轴承适用于低速、重载或转速特别高、对轴的支承精度要求较高以及径向尺寸受限制的场合。

1. 常用滑动轴承的结构

滑动轴承按承载方向分为径向滑动轴承和止推滑动轴承。常用的滑动轴承主要是径向滑动轴承。径向滑动轴承是指承受径向载荷的滑动轴承，主要有整体式径向滑动轴承、对开式径向滑动轴承和调心式径向滑动轴承等。

（1）整体式径向滑动轴承

整体式径向滑动轴承的结构形式如图 5–16 所示，它由轴承座、整体轴瓦等组成。

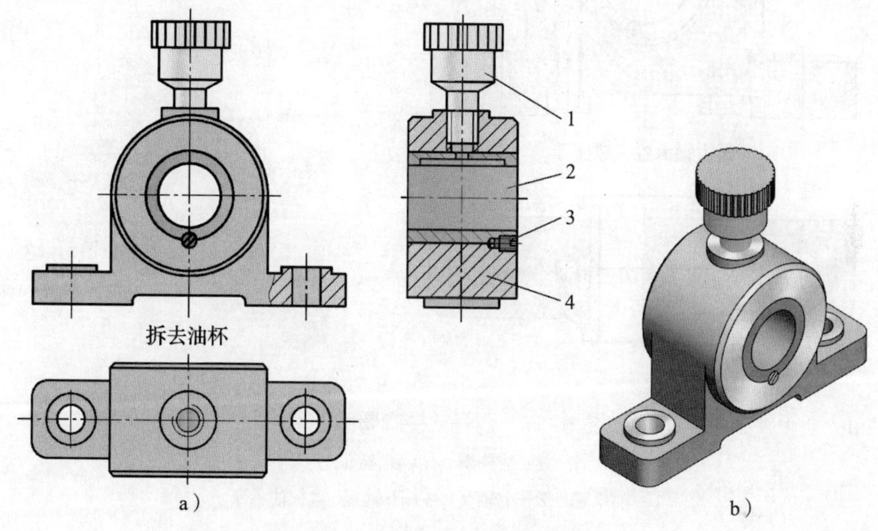

图 5–16　整体式径向滑动轴承

a）结构图　b）实体图

1—油杯　2—整体轴瓦　3—紧定螺钉　4—轴承座

轴承座上面设有安装润滑油杯的螺纹孔，在轴瓦上开有油孔，并在轴瓦的内表面上开有油槽。

整体式径向滑动轴承的优点是结构简单，成本低廉。它的缺点是轴瓦磨损后，轴承间隙过大时无法调整；另外，只能从轴径端部装拆，对于重型机械的轴或具有中间轴颈的轴，装拆很不方便。因此，它多用于低速、轻载或间歇性工作的机器中。

（2）对开式径向滑动轴承

对开式径向滑动轴承如图 5–17 所示，由轴承座、轴承盖、对开式轴瓦和连接螺栓等组成。轴承盖和轴承座的剖分面常做成阶梯形，以便于对中定位。轴承盖上有螺纹孔，用于安装油杯或油管。对开式轴瓦由上、下两部分组成，在上轴瓦上开设油孔和油槽，润滑油通过油孔和油槽流入轴承间隙。

对开式径向滑动轴承装拆方便，磨损后轴承的径向间隙可以通过减小接合面处的垫片厚度来调整，因此应用较广。

（3）调心式径向滑动轴承

若轴承的宽度较大（宽度∶直径 >1.5）时，常把轴瓦的支承面做成球面，与轴承盖及轴承座的球形内表面配合，如图 5-18 所示。轴瓦可以自动调位，以适应轴受力弯曲时轴线产生的倾斜，避免轴与轴承两端局部接触而产生磨损。但球面不易加工。

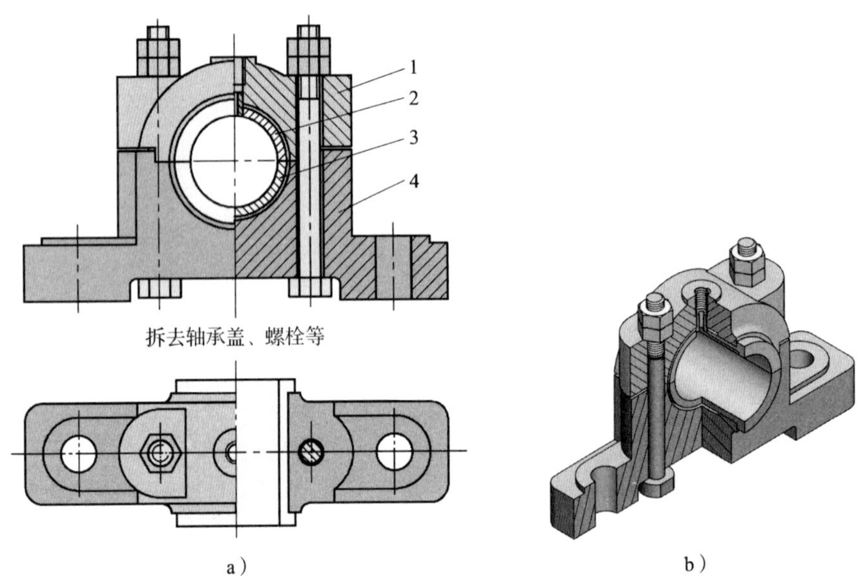

图 5-17　对开式径向滑动轴承

a）结构图　b）实体图

1—轴承盖　2—上轴瓦　3—下轴瓦　4—轴承座

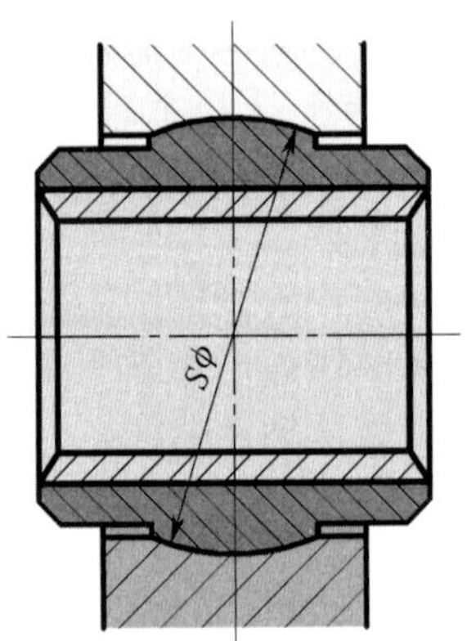

图 5-18　调心式径向滑动轴承

2. 轴瓦的结构和材料

（1）轴瓦的结构

径向滑动轴承的轴瓦有整体式和对开式两种。整体式轴瓦（又称轴套）用于整体式滑动轴承，对开式轴瓦用于对开式滑动轴承。

1）整体式轴瓦

整体式轴瓦的结构如图 5-19 所示，有整体轴瓦和卷制轴瓦等结构。图 5-19b 所示轴瓦制有油孔与油沟，以便于给轴承注入润滑油。卷制轴瓦是用轴承材料或敷有轴承材料的钢带卷制而成的薄壁轴套。

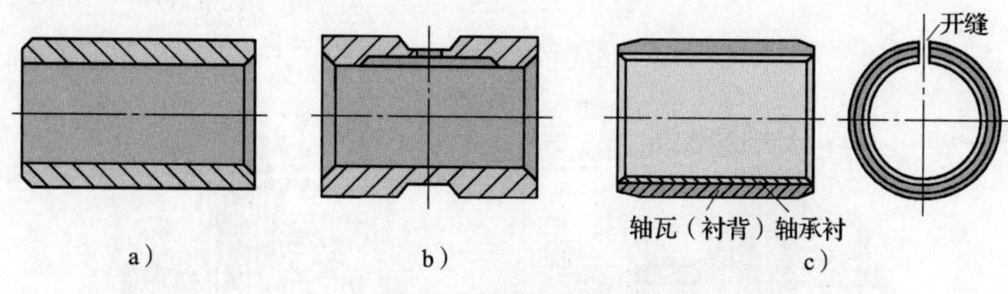

图 5–19　整体式轴瓦

a）、b）整体轴瓦　c）卷制轴瓦

2）对开式轴瓦

对开式轴瓦的结构如图 5–20 所示，主要由上、下轴瓦组成，剖分面上开有轴向油槽，轴瓦由单层材料或多层材料制成。双层轴瓦由轴承衬背和减摩层组成，轴承衬背具有一定的强度和刚度，减摩层具有较好的减摩性和耐磨性。

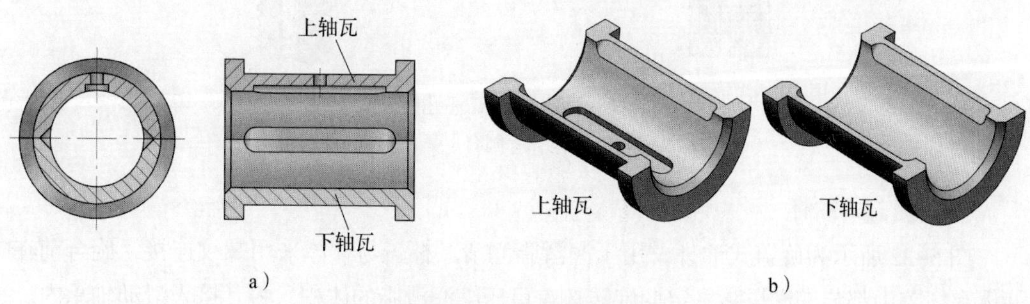

图 5–20　对开式轴瓦

a）结构图　b）实体图

（2）轴瓦的材料

轴瓦的材料应根据轴承的工作情况进行选择。由于轴瓦在使用时会产生摩擦、磨损、发热等问题，因此，要求轴瓦的材料具有良好的减摩性、耐磨性和抗胶合性，以及足够的强度、易跑合、易加工等性能。常用的轴瓦材料有轴承合金、铜合金、铸铁及非金属材料、粉末冶金材料等。

3. 滑动轴承的润滑

滑动轴承润滑的目的是减小工作表面间的摩擦和磨损，同时起冷却、散热、防锈蚀及减振等作用。滑动轴承常用的润滑方式有油润滑和脂润滑两种。常用润滑装置有针阀式注油杯、旋盖式油杯、芯捻式油杯、油环润滑装置、压力润滑装置等。

（1）针阀式注油杯

图 5–21 所示为针阀式注油杯，用于润滑油润滑。杯体 4 中的润滑油经油孔 a 进入阀套 3 与阀杆 5 之间的空腔。手柄 1 置于竖直位置时，阀杆 5 处于上位，油孔 b 打开，

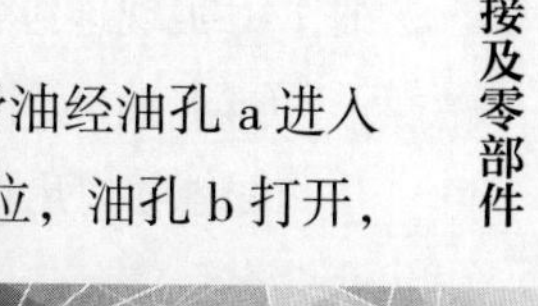

给滑动轴承供油；手柄 1 置于水平位置时，阀杆 5 处于下位，在弹簧力的作用下将油孔 b 堵住，油杯停止供油。转动调节螺母 2 可调节注油量的大小。

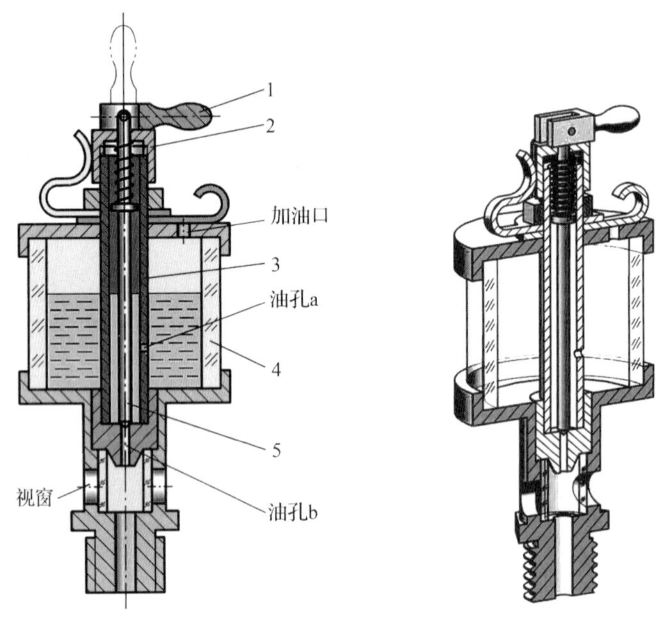

图 5-21　针阀式注油杯

1—手柄　2—调节螺母　3—阀套　4—杯体　5—阀杆

（2）旋盖式油杯

图 5-22 所示为旋盖式油杯，用于润滑脂润滑。杯盖与杯体采用螺纹连接，旋合前在杯体和杯盖中都装满润滑脂，定期旋转杯盖可压缩润滑脂的体积，将其挤入滑动轴承内。

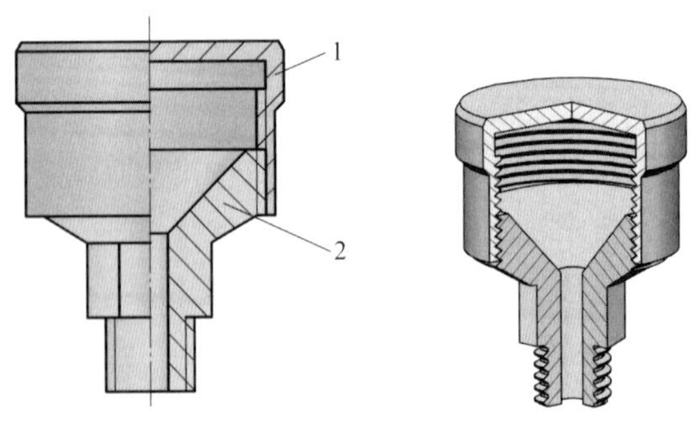

图 5-22　旋盖式油杯

1—杯盖　2—杯体

（3）芯捻式油杯

图 5-23 所示为芯捻式油杯，用于润滑油润滑。杯体中储存润滑油，靠芯捻的毛细作用实现连续润滑。这种润滑方式注油量较小，适用于轻载及轴颈转速不高的场合。

（4）油环润滑装置

图 5-24 所示为油环润滑装置，油环 1 套在轴颈 2 上并浸入油池，轴旋转时，靠定

位套 3 及油环 1 和轴颈 2 间的摩擦力带动油环 1 转动，将润滑油带至轴颈 2 处进行润滑。这种润滑方式结构简单，但因为是靠摩擦力带动油环 1 甩油，所以轴的转速需适当才能充足供油。

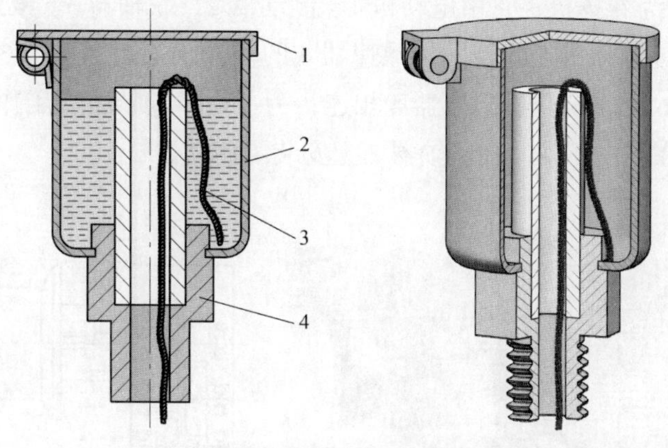

图 5-23　芯捻式油杯

1—杯盖　2—杯体　3—芯捻　4—接头

（5）压力润滑装置

压力润滑是以一定的压力把润滑油供入摩擦表面的润滑方式，图 5-25 所示为压力润滑装置，它利用油泵将润滑油送入轴承进行润滑。这种润滑方式工作可靠，但结构复杂，对轴承的密封性要求高，且费用较高，适用于大型、重载、高速、精密的场合和自动化机械设备中。

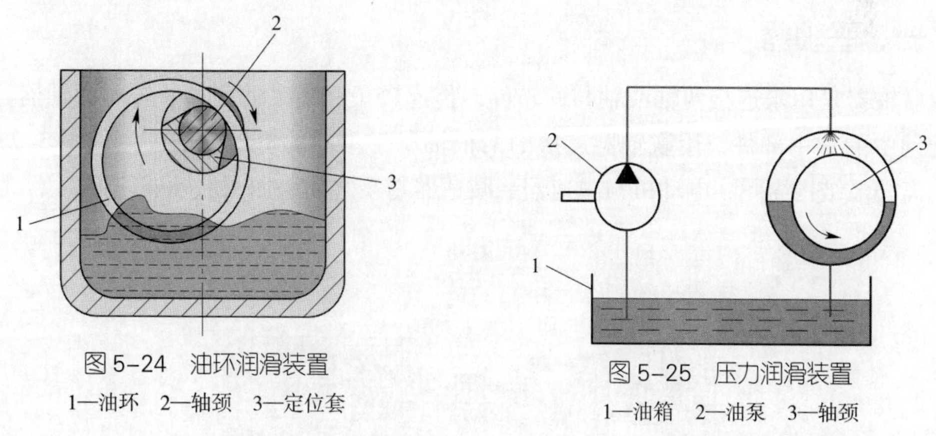

图 5-24　油环润滑装置

1—油环　2—轴颈　3—定位套

图 5-25　压力润滑装置

1—油箱　2—油泵　3—轴颈

第 5 节　联轴器、离合器和制动器

在生产、生活中，许多机器或设备都需要用到联轴器、离合器和制动器。联轴器和离合器用来连接两轴，使之一同回转并传递运动与转矩，有时也用作安全装置。联

轴器在机器停车后用拆卸方法才能把两轴分离或连接。离合器在机械运转过程中，可使两轴随时接合或分离。制动器主要用来降低机械运动速度或使机械停止运转，有时也用作限速装置。

图 5-26 所示为卷扬机，它由电动机 1、制动器 2、联轴器 3、减速器 4、离合器 5 和卷筒 6 等组成。电动机 1 的转轴与减速器 4 的输入轴通过联轴器 3 连接；减速器 4 的输出轴与卷筒 6 的转轴通过离合器 5 相连；为了便于卷扬机在工作时紧急制动，以及能使重物悬吊在空中不动，在联轴器 3 上安装了制动器 2。

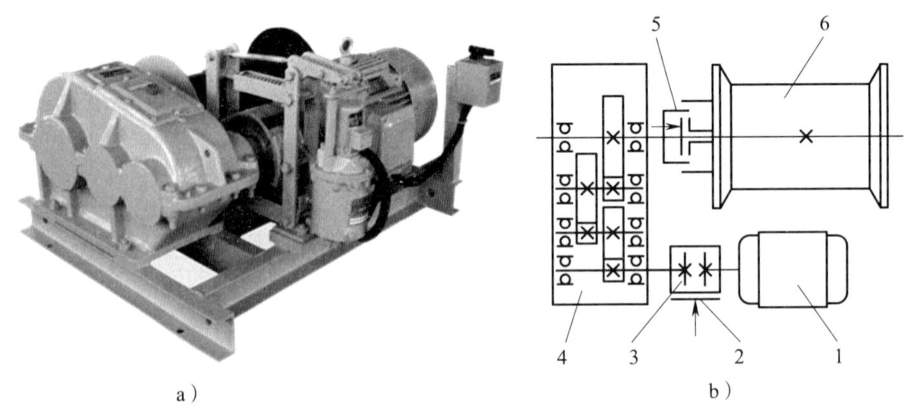

图 5-26　卷扬机

a）实物图　b）结构示意图

1—电动机　2—制动器　3—联轴器　4—减速器　5—离合器　6—卷筒

一、联轴器

联轴器是用来连接两轴或轴与回转件，传递转矩和运动的一种装置。联轴器是机械传动中的常用部件，用联轴器连接的两根轴属于不同的机器或部件，如图 5-27 所示为离心泵结构简图，电动机与减速器、减速器与泵之间采用了联轴器连接。

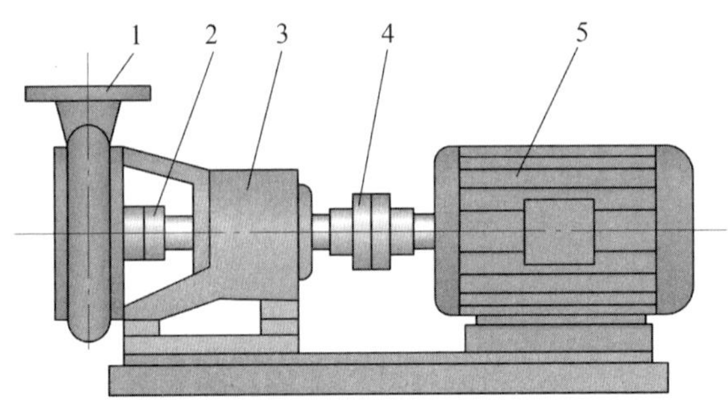

图 5-27　离心泵结构简图

1—离心式水泵　2、4—联轴器　3—减速器　5—电动机

联轴器的类型很多，根据性能可分为刚性联轴器和挠性联轴器两类，其中挠性联轴器又分为无弹性元件挠性联轴器和有弹性元件挠性联轴器。

1. 刚性联轴器

刚性联轴器结构简单，制造容易，维护成本低，但是不具有位移补偿功能，要求两轴严格精确对中，常用的有凸缘联轴器和套筒联轴器等。

（1）凸缘联轴器

凸缘联轴器应用最为广泛，其结构如图 5-28 所示，它由两个半联轴器（凸缘盘）、连接螺栓和键等组成。图 5-28a 所示为凸缘联轴器（基本型），它依靠六角头铰制孔用螺栓与半联轴器上的铰制孔的过渡配合实现两轴对中。图 5-28b 所示为有对中榫凸缘联轴器，靠半联轴器上的凸肩和凹槽实现两轴对中。

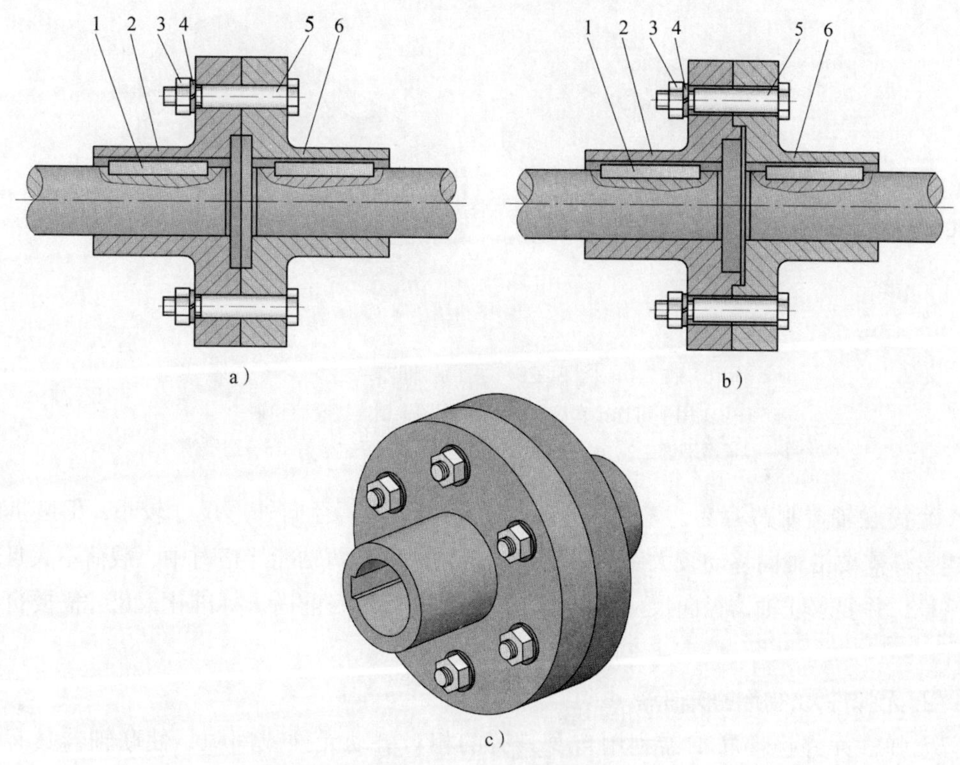

图 5-28　凸缘联轴器

a）凸缘联轴器（基本型）　b）有对中榫凸缘联轴器　c）立体图

1—普通型平键　2、6—半联轴器　3—螺母　4—弹簧垫圈　5—螺栓

凸缘联轴器结构简单，工作可靠，传递转矩大，装拆方便，适用于连接两轴刚度大、对中性好、安装精确且转速较低、载荷平稳的场合。凸缘联轴器已经标准化，其尺寸可按有关国家标准选用。

（2）套筒联轴器

如图 5-29 所示，套筒联轴器由套筒、连接件（键、销）等组成。图 5-29a 所示套筒联轴器用普通型平键将套筒和轴连为一体，可传递较大的转矩，紧定螺钉用作套筒的轴向固定。图 5-29b 所示套筒联轴器用圆锥销将套筒和轴连为一体，其结构简单，主要用于传递转矩较小的场合。

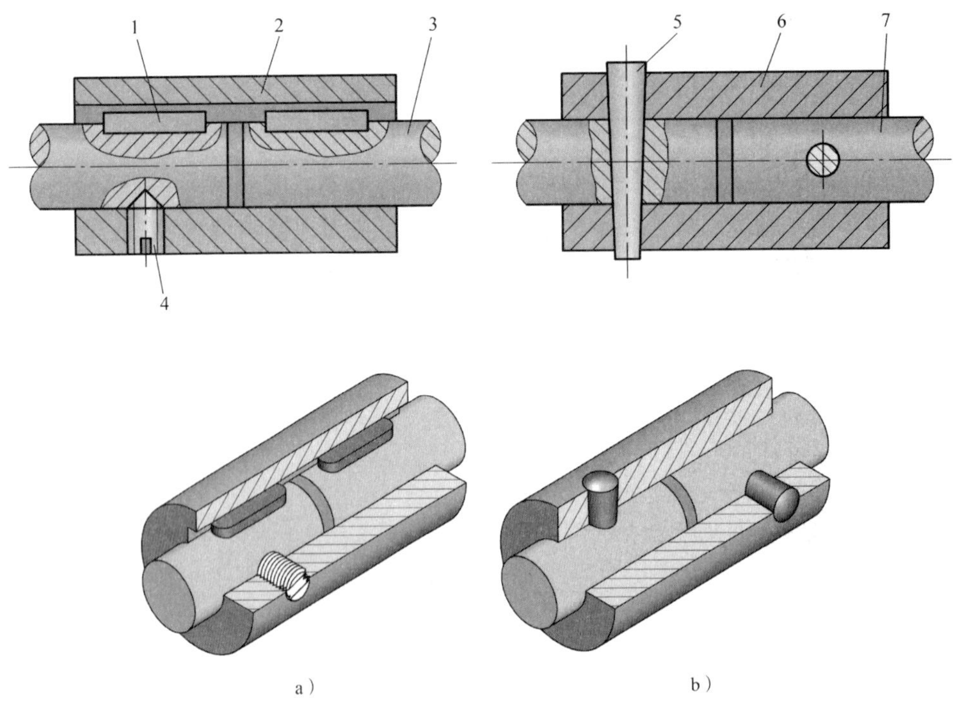

图 5-29　套筒联轴器

a）用平键连接套筒和轴　b）用圆锥销连接套筒和轴

1—普通型平键　2、6—套筒　3、7—轴　4—紧定螺钉　5—圆锥销

套筒联轴器制造容易，零件数量较少，结构紧凑，径向外形尺寸较小，但装拆时被连接件需要沿轴向移动较大距离。套筒联轴器适用于两轴能严格对中、载荷不大且较为平稳，并要求联轴器径向尺寸小的场合。此种联轴器目前尚未标准化，尺寸需要自行设计。

2. 无弹性元件挠性联轴器

无弹性元件挠性联轴器利用自身具有的相对可动元件或间隙，使联轴器具有一定的位置补偿能力，因此允许相连两轴间存在一定的相对位移。这类联轴器适用于调整和运转时很难达到两轴完全对中的情况，常用的有十字滑块联轴器、齿式联轴器等。

（1）十字滑块联轴器

图 5-30 所示为十字滑块联轴器，中间的金属盘滑块可以在两侧的半联轴器的径向槽中滑动，以补偿两相连轴的相对位移。这种联轴器的主要优点是允许两轴有较大的位移。由于滑块偏心运动产生离心力，这种联轴器只适用于低速运转、轴的刚度较大、无剧烈冲击的场合。

（2）齿式联轴器

如图 5-31 所示，齿式联轴器主要由两个带外齿的轴套和两个带内齿的套筒组成，两个轴套分别用普通型平键与两轴连接，两个套筒用螺栓连为一体，利用内、

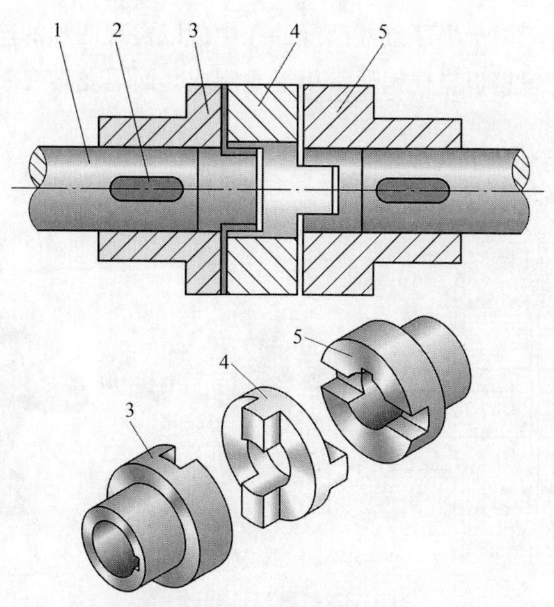

图 5-30 十字滑块联轴器

1—轴 2—普通型平键 3、5—半联轴器 4—金属盘滑块

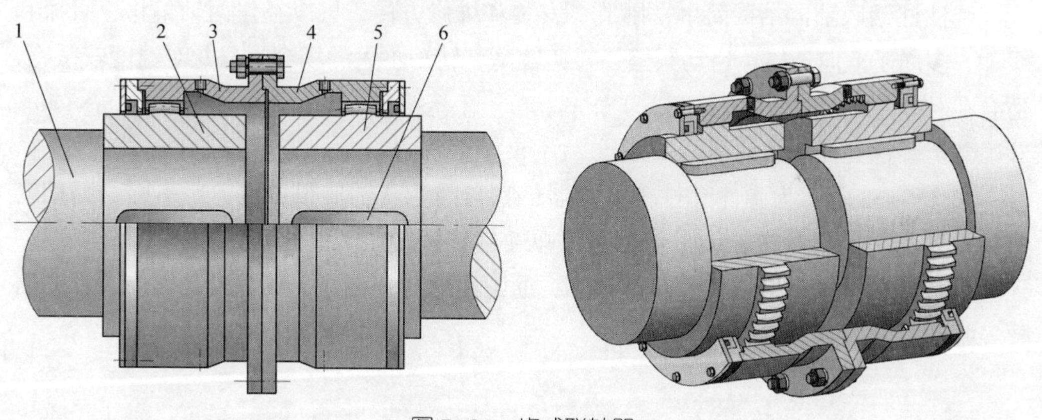

图 5-31 齿式联轴器

1—轴 2、5—轴套 3、4—套筒 6—普通型平键

外轮齿的啮合传递转矩。外齿分为直齿和鼓形齿（齿形为球面）两种。由于鼓形齿比直齿更能够改善轮齿沿齿宽方向的接触状态，因此比直齿联轴器具有更大的补偿和承载能力，应用更广泛。鼓形齿联轴器适用于传递大转矩、有较大相对位移、安装精度要求不高的两轴的连接，在重型机器和起重设备中的应用较广。由于齿式联轴器在工作时相啮合的齿面间不断做轴向的相对滑动，因此必须保证良好的润滑。

3. 有弹性元件挠性联轴器

常用的有弹性元件挠性联轴器有弹性柱销联轴器和弹性套柱销联轴器等。

（1）弹性柱销联轴器

弹性柱销联轴器也称为尼龙柱销联轴器，如图 5-32 所示，它利用若干个由非金属材料制成的柱销置于两个半联轴器凸缘的孔中，以实现两轴的连接。为了防止柱销滑出，在柱销两端配置挡板。柱销通常用尼龙制成，而尼龙具有一定的弹性和较好的耐磨性。

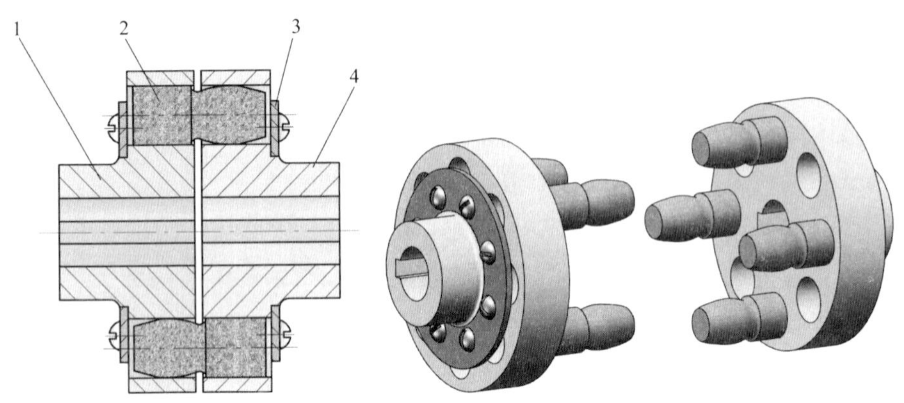

图 5-32　弹性柱销联轴器

1、4—半联轴器　2—弹性柱销　3—挡板

弹性柱销联轴器结构简单，制造、安装和维修方便，可以补偿两轴偏移、吸振和缓冲，多用于双向运转、启动频繁、转速较高、转矩不大的场合。尼龙对温度较敏感，适合在 -20 ～ 60 ℃的环境温度下工作。

（2）弹性套柱销联轴器

如图 5-33 所示为弹性套柱销联轴器，它与凸缘联轴器很相似，所不同的是用套有弹性套的柱销代替螺栓，工作时通过弹性套传递转矩。弹性套不仅可以补偿偏移，还可以缓冲和吸振，但弹性套容易损坏，通常用于转速较高、频繁启动和旋转方向需要经常改变的场合。

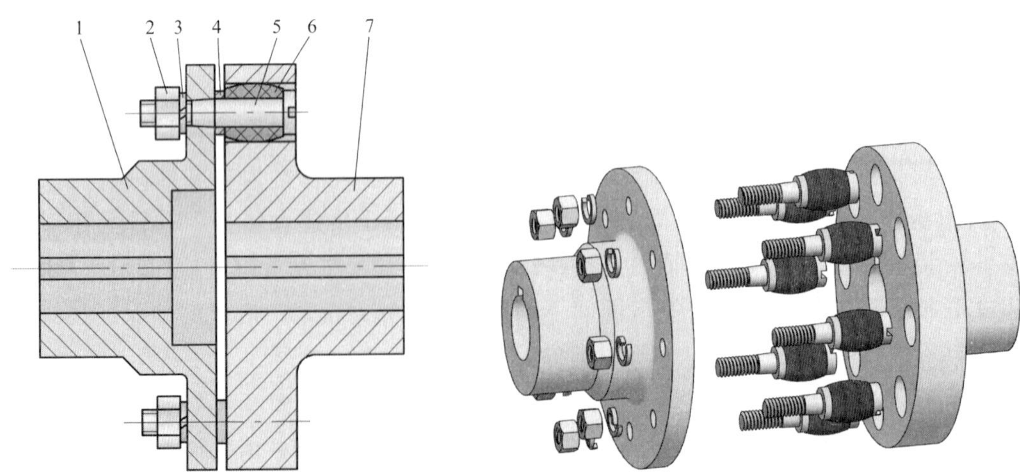

图 5-33　弹性套柱销联轴器

1、7—半联轴器　2—螺母　3—弹簧垫圈　4—挡圈　5—柱销　6—弹性套

二、离合器

离合器是一种可以通过各种操纵方式，实现从动轴与主动轴在运转过程中进行接合或分离的装置。离合器的种类很多，按接合元件传动的工作原理，可分为摩擦式离合器和牙嵌离合器；按控制方式可分为操纵离合器和自控离合器。操纵离合器需要借助人力或动力进行操纵，又分为电磁离合器、气压离合器、液压离合器和机械离合器；自控离合器不需要外来操纵即可在一定条件下自动实现离合器的分离或接合，又分为安全离合器、离心离合器和超越离合器。下面介绍几种常见的离合器。

1. 牙嵌离合器

牙嵌离合器由两个端面带牙的半离合器组成，如图 5-34 所示。左半离合器 2 用普通型平键 9 和紧定螺钉 8 固定在主动轴 1 上，右半离合器 3 则用导向型平键 4（或花键）与从动轴 5 构成可滑动的连接。通过操纵机构可使右半离合器 3 沿导向型平键 4 做轴向移动，以实现两半离合器的接合和分离。为了保证两轴的对中，在主动轴 1 上的左半离合器 2 中装有一个对中环 7，从动轴 5 的轴端始终置于对中环 7 的内孔中。当离合器接合时，从动轴 5 与对中环 7 同步旋转；当离合器分离时，对中环 7 继续旋转而从动轴 5 不转。常用牙嵌离合器的牙型有三角形、梯形和矩形等，如图 5-35 所示。

牙嵌离合器结构简单，外廓尺寸小，能保证两轴同步运转，但只能在停车或低速转动时才能进行接合，故常用于低速和不需要在运转中进行接合的机械中。

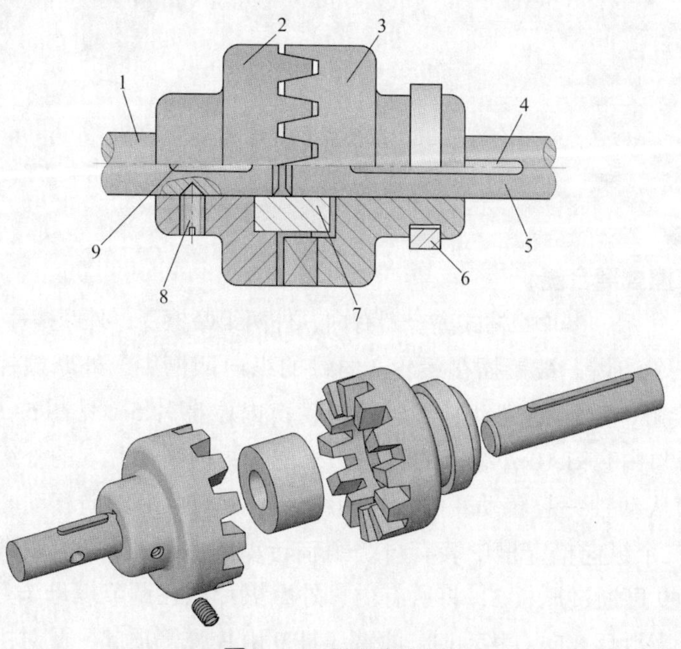

图 5-34　牙嵌离合器

1—主动轴　2—左半离合器　3—右半离合器　4—导向型平键　5—从动轴
6—滑环　7—对中环　8—紧定螺钉　9—普通型平键

a）

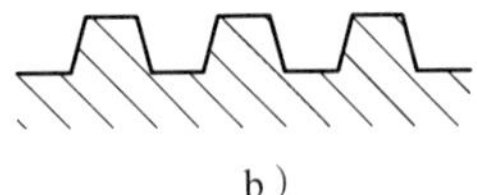
b）

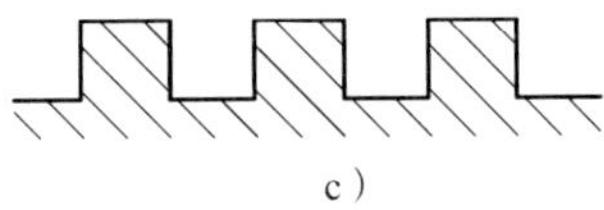
c）

图 5-35　常用牙嵌离合器的牙型
a）三角形　b）梯形　c）矩形

2. 单圆盘摩擦式离合器

摩擦式离合器是利用主、从动半离合器摩擦片接触面间的摩擦力来传递转矩的，是能在高速下离合的机械离合器。摩擦式离合器的形式很多，如图 5-36 所示为单圆盘摩擦式离合器，主动摩擦盘 2 与主动轴 1 用普通型平键 8 连接，从动摩擦盘 3 与从动轴 4 通过导向型平键 5 连接。工作时，利用操纵装置对从动摩擦盘 3 上的滑环 7 施加一个轴向压力，使从动摩擦盘 3 向左移动，与主动摩擦盘 2 接触并压紧，从而在两圆盘的接合面间产生摩擦力以传递转矩。单圆盘摩擦式离合器结构简单、散热性好，但传递的转矩较小。

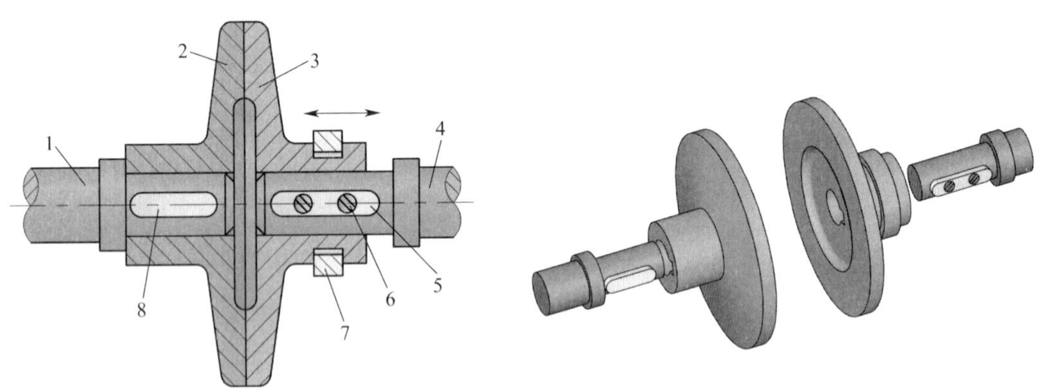

图 5-36　单圆盘摩擦式离合器
1—主动轴　2—主动摩擦盘　3—从动摩擦盘　4—从动轴　5—导向型平键
6—螺钉　7—滑环　8—普通型平键

3. 多片摩擦式离合器

如图 5-37 所示，多片摩擦式离合器有内、外两组摩擦片，外摩擦片 4（见图 5-37c）的外缘上有三个凸齿，被镶插在毂轮 2 内缘的纵向凹槽中，外摩擦片 4 的内孔壁不与任何零件接触，故可随主动轴 1 一起转动；内摩擦片 5（见图 5-37d）的内孔壁上有三个凸齿与内套筒 10 外缘上的纵向凹槽配合，内摩擦片 5 的外缘不与任何零件接触，故可随从动轴一起转动。内、外两组摩擦片均可沿轴向移动。另外，在内套筒 10 上开有三个纵向槽，槽中装有可绕销轴转动的曲臂压杆 9，当滑环 8 向左移动时，曲臂压杆 9 可通过压板 3，将所有内、外摩擦片压在调节螺母 7 上，使离合器处于接合状态。当滑环 8 向右移动时，曲臂压杆 9 由片弹簧顶起，此时主动轴 1 与从动轴 11 的传动被分离。多片摩擦式离合器可以通过增加摩擦片的数目提高传递转矩的能力。

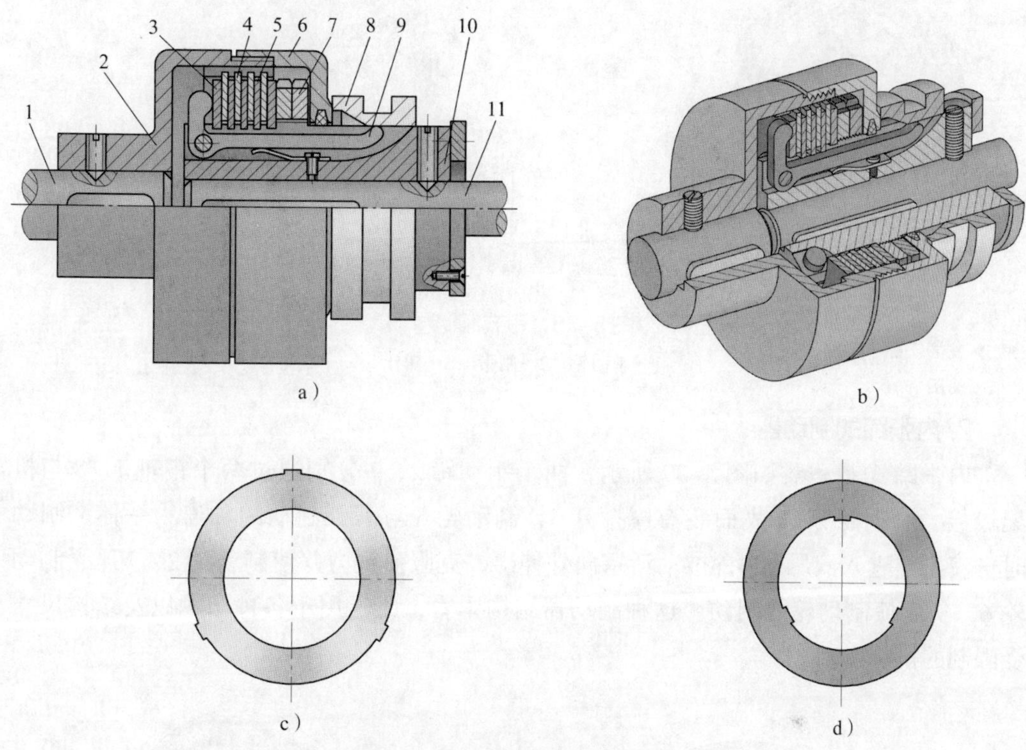

图 5-37　多片摩擦式离合器

a）视图　b）立体图　c）外摩擦片　d）内摩擦片

1—主动轴　2—毂轮　3—压板　4—外摩擦片　5—内摩擦片　6—外壳

7—调节螺母　8—滑环　9—曲臂压杆　10—内套筒　11—从动轴

多片摩擦式离合器能传递较大的转矩而又不会使其径向尺寸过大，故在机床、汽车等机械中得到广泛应用。

三、制动器

制动器是用于机械减速或使其停止的装置，有时也用来调节或限制机械的运动速度，它是保证机械正常安全工作的重要部件。常用的制动器是利用摩擦力制动的摩擦制动器，主要有带式制动器、内张蹄式制动器和外抱块式制动器等。

1. 带式制动器

如图 5-38 所示，带式制动器由闸带、制动轮和杠杆等组成，当力 F 作用时，利用杠杆机构收紧闸带而抱住制动轮，靠闸带与制动轮间的摩擦力达到制动的目的。带式制动器结构简单，径向尺寸小，但制动力不大。为了增加摩擦效果，闸带材料一般为钢带上覆以石棉或夹铁砂帆布。带式制动器常用于中、小载荷的起重运输机械、车辆及人力操纵的机械中。

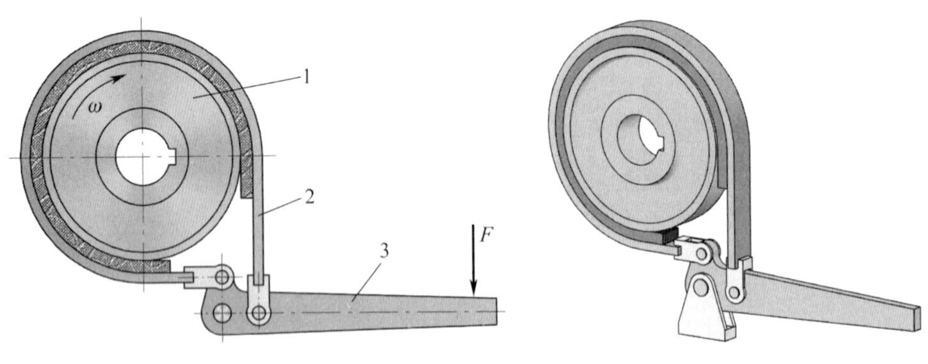

图 5-38　带式制动器
1—制动轮　2—闸带　3—杠杆

2. 内张蹄式制动器

内张蹄式制动器如图 5-39 所示，两个制动蹄 2、7 分别通过两个销轴 1、8 与机架铰接，制动蹄 2、7 表面装有摩擦片 3，制动轮 6 与需要制动的轴连为一体。制动时，液压油进入液压缸 4，推动活塞向外伸出，克服弹簧力并使制动蹄 2、7 压紧制动轮 6，从而使制动轮 6 制动。这种制动器结构紧凑，广泛用于各种车辆以及结构尺寸受限制的机械中。

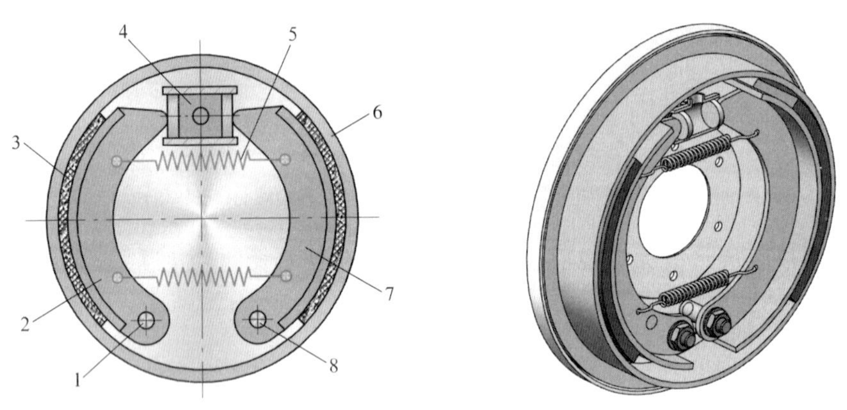

图 5-39　内张蹄式制动器
1、8—销轴　2、7—制动蹄　3—摩擦片　4—液压缸　5—弹簧　6—制动轮

3. 外抱块式制动器

外抱块式制动器如图 5-40 所示，弹簧 3 通过制动臂 5 使闸瓦块 2 压紧在制动轮 1 上，使制动器处于闭合（制动）状态。当松闸器 6 通入电流时，利用电磁作用把顶柱顶起，通过推杆 4 带动制动臂 5 向外张开，使闸瓦块 2 与制动轮 1 松脱。闸瓦块 2 的材料可采用铸铁，也可在铸铁上覆以皮革或石棉。这种制动器制动和开启迅速、尺寸小、质量轻，但制动时冲击大，不适用于制动力矩大和需要频繁启动的场合。

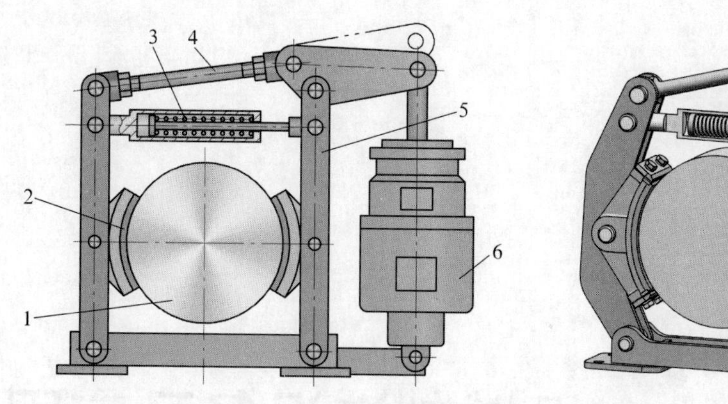

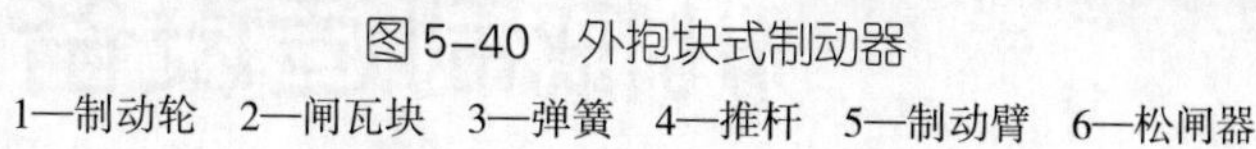

图 5-40　外抱块式制动器

1—制动轮　2—闸瓦块　3—弹簧　4—推杆　5—制动臂　6—松闸器

课后练习

1. 螺纹按用途可分为哪几种类型?
2. 常用螺纹紧固件有哪些?
3. 螺纹连接常用的防松方法有哪些?
4. 常用的键连接有哪些?分别是如何传递转矩的?
5. 花键连接有何特点?
6. 销连接的作用有哪些?
7. 简述轴的用途和分类。
8. 轴上零件的周向固定方法有哪些?
9. 根据摩擦性质不同，轴承可分为哪几类?
10. 滚动轴承的润滑方式有哪些?
11. 滑动轴承的常见润滑装置有哪些?
12. 联轴器根据性能可分为哪几类?
13. 常见的离合器有哪些?
14. 简述制动器的作用。

第6章 机械制造设备及应用

学习目标

1. 了解铸造、锻造、焊接的特点及应用。
2. 了解孔加工和螺纹加工的加工方法及加工特点。
3. 了解车床、铣床、磨床、刨床、镗床的结构、工作原理、加工范围及工艺特点。
4. 了解数控机床的组成及工作过程，了解数控机床的特点、类型及用途。

第1节 热 加 工

一、铸造

1. 铸造及分类

将熔融金属浇入铸型，待其凝固后获得具有一定形状、尺寸和性能的金属零件毛坯的成形方法称为铸造，如图 6–1a 所示。铸造所得到的金属零件或零件毛坯称为铸件，如图 6–1b 所示。

铸造的方法很多，按生产方法不同可分为砂型铸造和特种铸造。特种铸造又可分为熔模铸造、金属型铸造、压力铸造和离心铸造等。

2. 铸造的特点及应用

（1）可以生产出形状复杂，特别是具有复杂内腔的零件毛坯，如各种箱体、床身、机架等。

（2）产品的适应性广，工艺灵活性大，工业上常用的金属材料均可用来进行铸造，

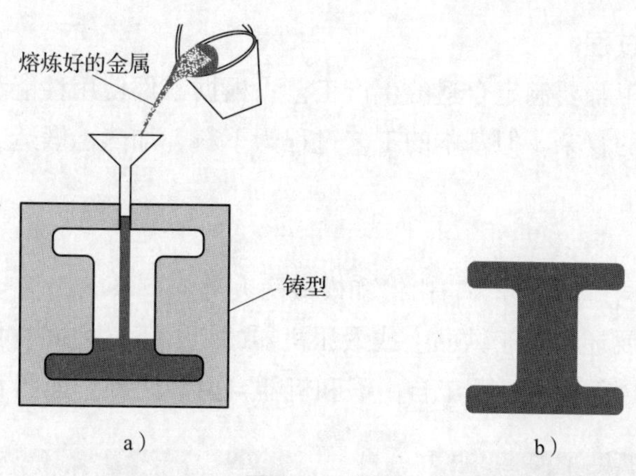

图 6-1　铸造

a）铸造过程示意图　b）铸件

铸件的质量可由几克到几百吨。

（3）原材料大都来源广泛、价格低廉，并可直接利用废旧机件，故铸件成本较低。

（4）铸造组织疏松、晶粒粗大、内部易产生缩孔等缺陷，导致铸件的力学性能特别是冲击韧度低，铸件质量不够稳定。

铸造被广泛应用于机械零件的毛坯制造，多用于制造承受应力不大的零件。

3. 砂型铸造的工艺过程

用砂型生产铸件的铸造方法称为砂型铸造。砂型铸造是应用最为广泛的一种铸造方法，适用于各种批量的生产。

砂型铸造的工艺过程如图 6-2 所示，主要有制造模样与芯盒、制备型（芯）砂、造型、造芯、合箱、金属熔炼、浇注、冷却、落砂、清理等工艺过程。

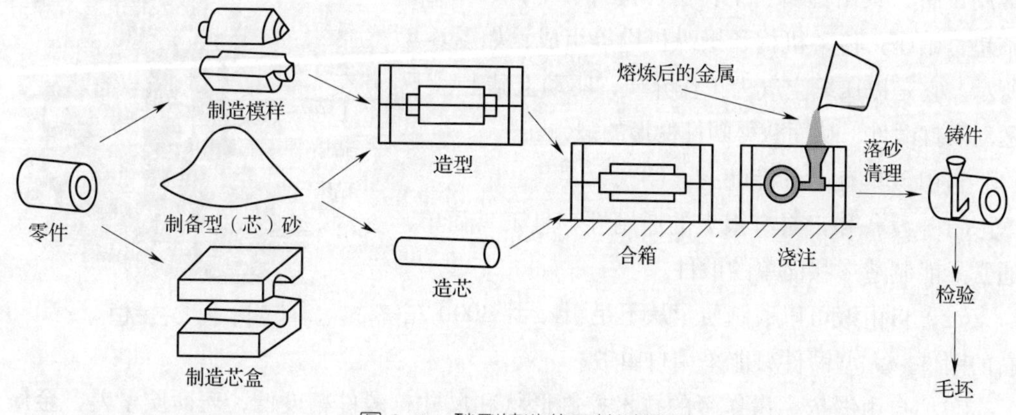

图 6-2　砂型铸造的工艺过程

二、锻造

锻造是在加压设备及工（模）具的作用下，使金属坯料或铸锭产生局部或全部的塑性变形，以获得一定几何形状、尺寸和质量的锻件的加工方法。金属材料经过锻造变形而得到的工件或毛坯称为锻件。

1. 锻造的工艺过程

各种锻件的加工都要制定合适的生产工艺。根据零件使用性能和生产需求，工艺过程有的简单，有的复杂。但基本的工艺过程为下料、加热、锻造、冷却、质量检验和热处理。

2. 自由锻

按成形方式不同，锻造分为自由锻和模锻两大类。

将加热后的金属坯料置于铁砧上或锻压机器的上、下砧之间直接进行锻造的加工方法称为自由锻。自由锻分为手工自由锻和机器自由锻两种，如图 6–3 所示。

a）

b）

图 6–3 自由锻

a）手工自由锻 b）机器自由锻

机器自由锻常用设备有空气锤、蒸汽–空气锤和水压机等，其中空气锤是生产小型锻件及胎膜锻造的常用设备，其由锤身、工作缸、锤杆、上砧、下砧、砧垫、砧座、传动机构和操纵机构等组成，如图 6–4 所示。它是以压缩空气为工作介质，驱动上砧上、下运动击打锻件，从而获得塑性变形的锻件。

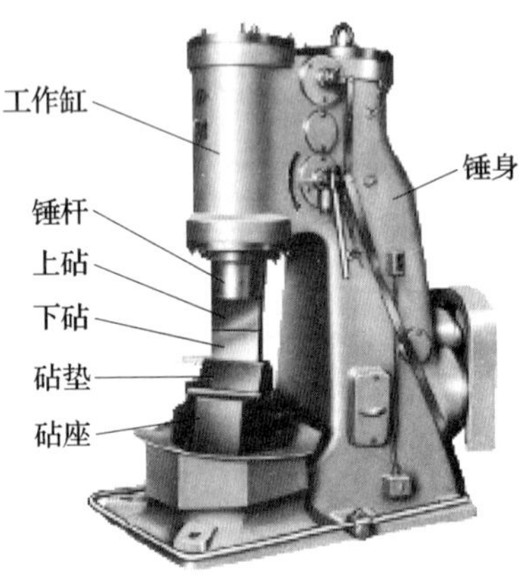

图 6–4 空气锤

自由锻具有以下特点：

（1）设备和工具有很大的通用性，且工具简单，通常只能制造形状简单的锻件。

（2）自由锻可以锻制质量从不足 1 kg 到 300 t 左右的锻件。大型锻件只能采用自由锻。

（3）自由锻依靠操作者的技术控制形状和尺寸，锻件精度低，表面质量差，金属消耗多。

自由锻主要用于品种多、产量不大的单件或小批量生产，也可用于模锻前的制坯。

3. 模锻

将加热后的坯料放在锻模的模腔内，经过锻造，使其在模腔所限制的空间内产生塑性变形，从而获得锻件的锻造方法称为模锻。

与自由锻相比，模锻的特点有：

（1）锻件的形状可以比较复杂。锻件内部的锻造流线按锻件轮廓分布，从而提高了工件的力学性能和使用寿命。

（2）锻件表面光洁，尺寸精度高，可节约材料和切削加工工时。

（3）生产率较高，操作简单，易于实现机械化。

（4）锻模所需设备吨位大，设备费用高；加工工艺复杂，制造周期长，费用高。模锻只适用于中、小型锻件的成批或大量生产。

三、焊接

焊接是通过加热或加压，或两者并用，并且用或不用填充材料，使工件达到结合的一种方法。其最本质的特点就是通过焊接使焊件达到结合，从而将原来分开的物体成为永久性连接的整体。

1. 焊接的分类

常用的焊接方法有熔焊、压焊和钎焊三类，见表6–1。

表6–1　常用的焊接方法

焊接方法	概念	举例
熔焊	在焊接过程中，将焊件接头加热至熔化状态，不加压力完成焊接的方法	气焊、焊条电弧焊、电渣焊、气体保护电弧焊等
压焊	在焊接过程中，必须对焊件施加压力（加热或不加热）以完成焊接的方法	锻焊、电阻焊、摩擦焊、气压焊、冷压焊、爆炸焊等
钎焊	采用比母材熔点低的钎料，将焊件和钎料加热到高于钎料熔点、低于母材熔点的温度，利用液态钎料润湿母材，填充接头间隙，并与母材相互扩散实现连接焊件的方法	烙铁钎焊、火焰钎焊等

2. 焊接的特点及应用

与螺栓连接、铆接相比，焊接的优点主要是节省金属材料，结构质量轻；工序简单，生产周期短；焊接接头具有良好的力学性能和密封性；能够制造双金属结构，使材料的性能得到充分利用。焊接的缺点主要是焊接结构不可拆卸，给维修带来不便；焊接结构中会存在焊接应力和变形；焊接接头的组织性能往往不均匀，会产生焊接缺陷。

焊接广泛应用于船舶、车辆、桥梁、航空航天、锅炉及其他压力容器等领域。

第2节　钳　加　工

一、錾削、锯削与锉削

1. 錾削

用锤子打击錾子对金属工件进行切削加工的方法称为錾削，如图 6–5 所示。錾削是一种粗加工，目前主要用于不便于机床加工或机床加工不经济的场合，如去除毛坯上的毛刺、分割材料、錾削沟槽及油槽等。

2. 锯削

用手锯对材料或工件进行切断或切槽的加工方法称为锯削，如图 6–6 所示。锯削是一种粗加工方式，平面度一般可控制在 0.5 mm 之内。它具有操作方便、简单、灵活、不受设备和场地限制等特点，应用广泛。

图 6–5　錾削

图 6–6　锯削

3. 锉削

用锉刀对工件表面进行切削加工，使工件达到所要求的尺寸、形状和表面粗糙度值的操作方法称为锉削，如图 6–7 所示。锉削一般是在錾削、锯削之后对工件进行的精度较高的加工，其尺寸精度可达 0.01 mm，表面粗糙度 Ra 值可达 0.8 μm。锉削的应用范围较广，可以去除工件上的毛刺，锉削工件的内、外表面以及各种沟槽和形状复杂的表面，还可以制作样板以及对零件的局部进行修整等。

图 6–7　锉削

二、孔加工

孔加工的主要设备为钻床。通常钻头旋

转为主运动，钻头轴向移动为进给运动。钻床结构简单，加工精度相对较低，可钻通孔、不通孔；如更换特殊刀具，还可进行扩孔、锪孔、铰孔或攻螺纹等加工。

钻床分为台式钻床、立式钻床和摇臂钻床等，其中台式钻床（简称台钻）最常用，如图 6-8 所示。钻头的旋转运动由电动机带动，钻头的升降通过旋转进给手柄完成。

1. 钻孔

用麻花钻在实体材料上加工孔的方法称为钻孔（也称钻削），如图 6-9 所示。钻孔的精度较低，一般加工后的尺寸精度为 IT10 ~ IT11 级，表面粗糙度 Ra 值为 12.5 ~ 50 μm，常用于钻削要求不高的孔或螺纹孔的底孔。

图6-8　台钻

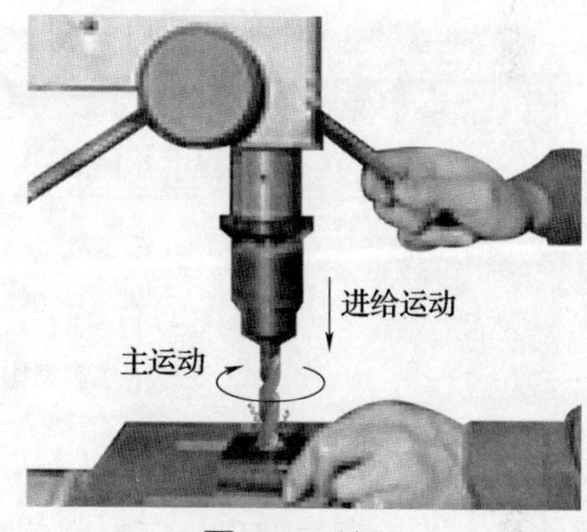

图6-9　钻孔

麻花钻是孔加工的主要刀具，一般用高速工具钢制成。它分直柄和莫氏锥柄两种，为便于装夹，通常钻削 ϕ13 mm 以下的孔时，选用直柄麻花钻；钻削 ϕ13 mm 以上的孔时，选用莫氏锥柄麻花钻。麻花钻的结构如图 6-10 所示。

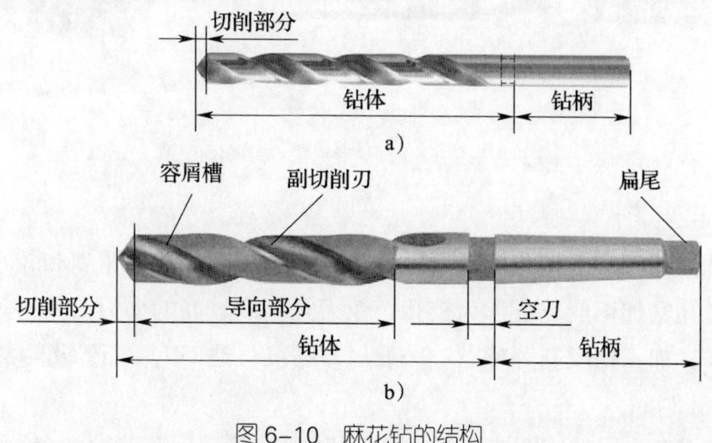

图6-10　麻花钻的结构

a）直柄麻花钻　b）莫氏锥柄麻花钻

2. 扩孔

用扩孔刀具对工件上原有的孔进行扩大加工的方法称为扩孔。当孔径较大时，为了防止钻孔产生过多的热量造成工件变形或切削力过大，或更好地控制孔径尺寸，往往先钻出比图样要求小的孔，然后再把孔径扩大至要求。扩孔精度可达 IT9 ~ IT10，表面粗糙度 *Ra* 值可达 3.2 ~ 12.5 μm。标准扩孔钻的结构及扩孔原理如图 6–11 所示，扩孔钻有 3 ~ 4 个刃带，无横刃，加工时导向效果好，背吃刀量小，轴向抗力小，切削条件优于钻孔。

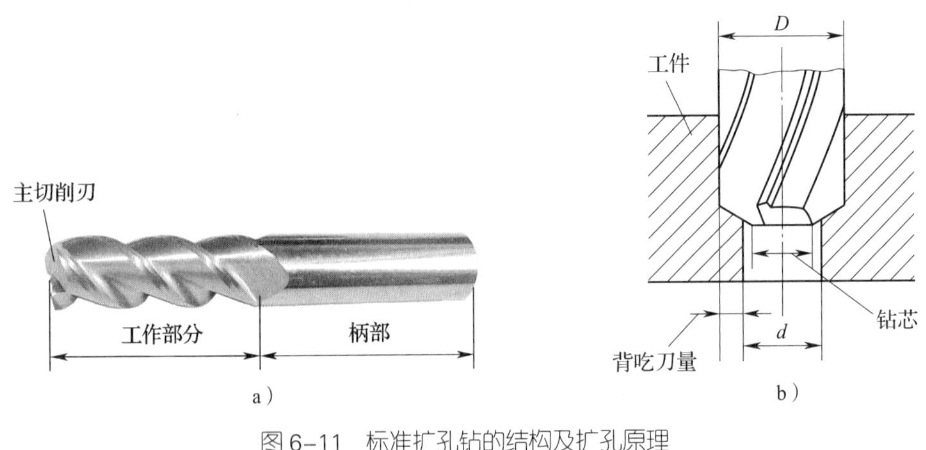

图 6–11　标准扩孔钻的结构及扩孔原理

a）结构　b）扩孔原理

3. 锪孔

用锪钻在孔口表面锪出一定形状的加工方法称为锪孔。锪孔时使用的刀具称为锪钻，一般用高速钢制造。锪钻按孔口的形状一般分为锥形锪钻、圆柱形锪钻和端面锪钻（见图 6–12），可分别锪钻锥形沉孔、圆柱形沉孔和凸台端面等。

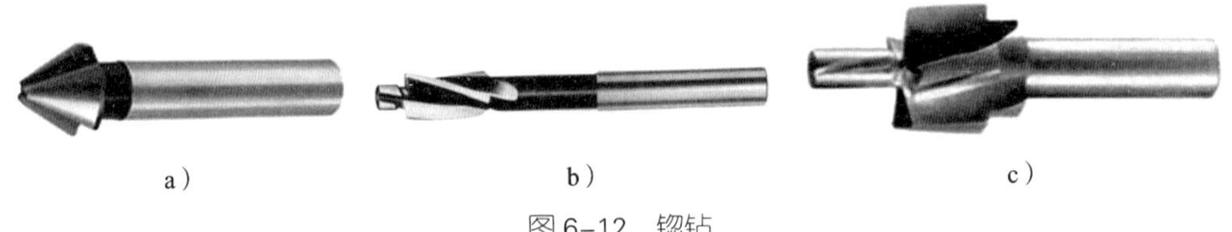

图 6–12　锪钻

a）锥形锪钻　b）圆柱形锪钻　c）端面锪钻

4. 铰孔

用铰刀从工件孔壁上切除微量金属层，以获得较高的尺寸精度和较小的表面粗糙度值，这种对孔精加工的方法称为铰孔。铰刀是精度较高的多刃刀具，具有切削余量小、导向性好、加工精度高等特点。一般尺寸精度可达 IT7 ~ IT9 级，表面粗糙度 *Ra* 值可达 0.8 ~ 3.2 μm。

常用的铰刀有手用整体圆柱铰刀、机用整体圆柱铰刀等，如图 6–13 所示。

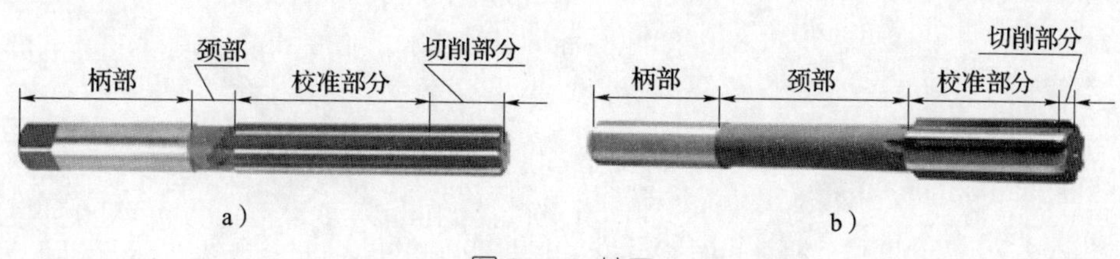

图 6-13　铰刀

a）手用整体圆柱铰刀　b）机用整体圆柱铰刀

三、螺纹加工

1. 攻螺纹

用丝锥在孔中加工出内螺纹的方法称为攻螺纹。攻螺纹使用的工具包括丝锥和铰杠。

丝锥分手用丝锥和机用丝锥两类。手用丝锥常用合金工具钢 9SiCr 制造，机用丝锥常用高速钢 W18Cr4V 制造。常用丝锥的种类、特点及应用见表 6-2。

表 6-2　常用丝锥的种类、特点及应用

种类	图示	特点及应用
手用丝锥	头攻标识符　头攻切削部分 a）头攻 二攻标识符　二攻切削部分 b）二攻 末攻无标识符　末攻切削部分 c）末攻	为了减小切削力和延长丝锥寿命，一般将整个切削工作量分配给几支丝锥来承担，头攻切削部分最长，二攻和末攻切削部分依次缩短。使用时必须按头攻、二攻、末攻顺序进行
机用丝锥	a）普通机用丝锥 b）螺旋槽机用丝锥	机用丝锥一般为单支，其切削部分较短，夹持部分与工作部分的同轴度较好，多用于小直径和细牙丝锥。螺旋槽丝锥的特点是便于排屑

铰杠是手工攻螺纹时用来夹持丝锥的工具。常用铰杠分普通铰杠和丁字铰杠两种，其结构如图 6-14 所示。

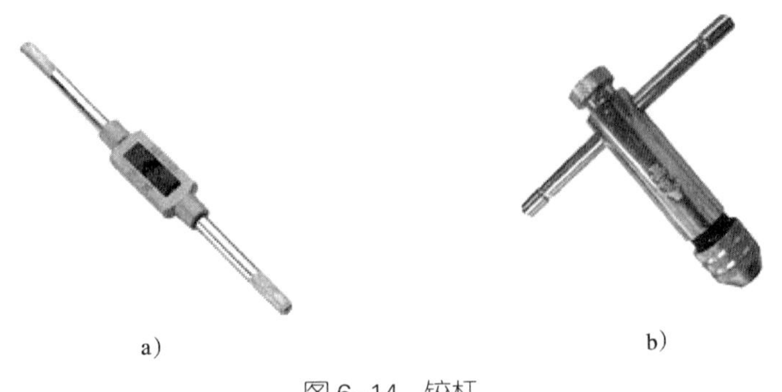

图6-14　铰杠

a）普通铰杠　b）丁字铰杠

2. 套螺纹

用板牙在圆杆上加工出外螺纹的方法称为套螺纹。套螺纹使用的工具包括板牙和板牙架，其结构如图6-15所示。板牙用合金工具钢或高速钢制成，在板牙两端面处有带锥角的切削部分，中间一段为具有完整牙型的校准部分，因此正、反均可使用。另外在板牙圆周上开一V形槽，其作用是当板牙磨损、螺纹直径变大后，可沿该V形槽磨开，借助板牙架上的两调整螺钉进行螺纹直径的微量调节，以延长板牙的使用寿命。

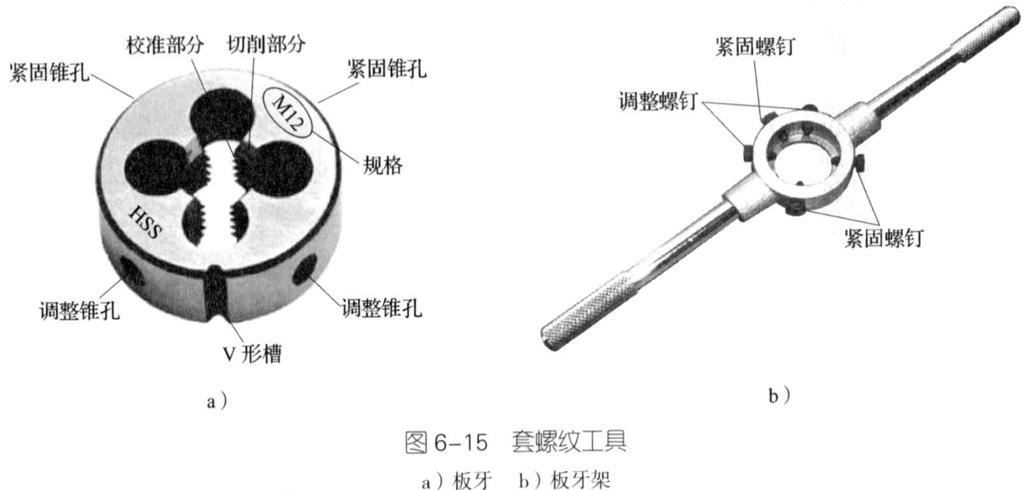

图6-15　套螺纹工具

a）板牙　b）板牙架

第3节　车床及应用

车削是在车床上利用工件的旋转运动和刀具的进给运动，改变工件形状和尺寸，将其加工成零件的一种切削加工方法。

车床的种类很多，主要有仪表车床、单轴自动车床、多轴自动和半自动车床、回轮（轮塔）车床、立式车床、落地及卧式车床、仿形及多刀车床以及数控车床等。其中，以卧式车床应用最为广泛。

一、卧式车床的结构

CA6140 型卧式车床外形如图 6-16 所示，其主要部件及功能见表 6-3。

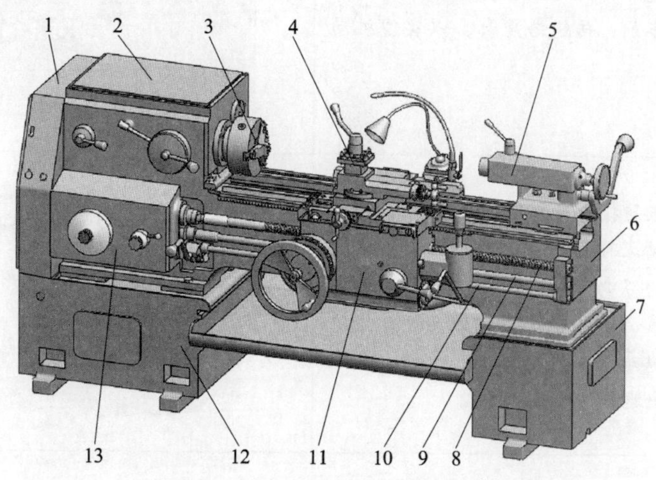

图 6-16　CA6140 型卧式车床

1—交换齿轮箱　2—主轴箱　3—卡盘　4—刀架　5—尾座　6—床身
7、12—床脚　8—丝杠　9—光杠　10—操纵杆　11—溜板箱　13—进给箱

表 6-3　CA6140 型卧式车床的主要部件及功能

名称	作用	图示
主轴箱及卡盘	箱内装有齿轮变速机构和主轴等，箱外有手柄。变换手柄的位置，可使主轴得到多种转速 主轴通过卡盘等夹具装夹工件，并带动工件旋转，以实现车削的主运动	
交换齿轮箱	交换齿轮箱用于把主轴箱的转动传递给进给箱。更换箱内齿轮，配合进给箱内的变速机构，可以得到车削各种螺距螺纹（或蜗杆）的进给运动，并满足车削时对纵向、横向不同进给量的需求	

续表

名称	作用	图示
进给箱	把交换齿轮箱传递过来的运动，经过变速后传递给丝杠，以实现各种螺纹的车削；传递给光杠，以实现机动进给	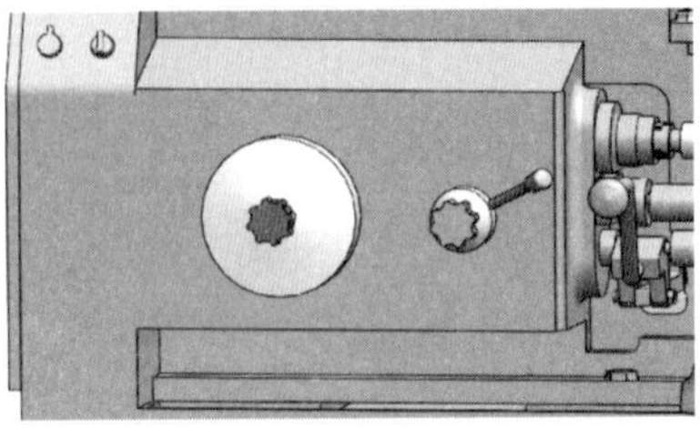
溜板箱	溜板箱接受光杠或丝杠传递的运动，以驱动床鞍和中、小滑板及刀架实现车刀的纵向、横向进给运动。溜板箱上还装有一些手柄及按钮，可以方便地操纵车床来选择机动、手动、车螺纹及快速移动等运动方式	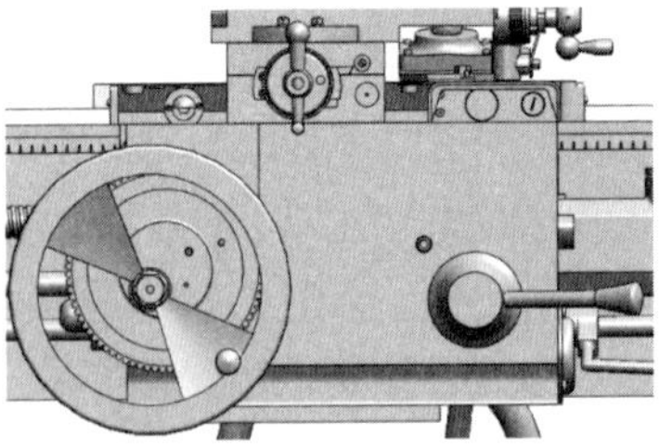
床身	床身是一个大型基础部件，有精度要求很高的导轨，用于支撑和连接车床的各个部件，并保证各部件在工作时有准确的相对位置	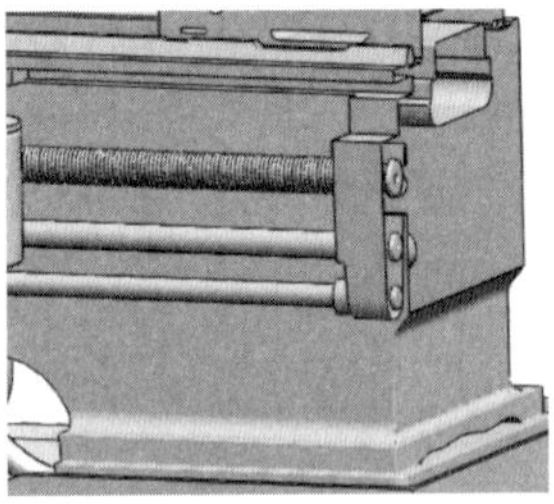
刀架部分	刀架部分由两层滑板（中、小滑板）、床鞍与刀架共同组成，用于装夹车刀并带动车刀做纵向、横向或斜向等运动	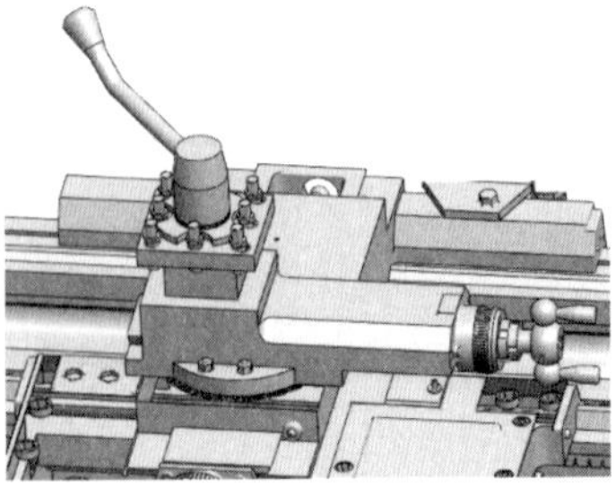
尾座	尾座安装在床身导轨上，并可沿导轨纵向移动，以调整其工作位置。尾座主要用来装夹后顶尖，以支撑较长的工件，也可装夹钻头、铰刀等切削刀具进行孔加工	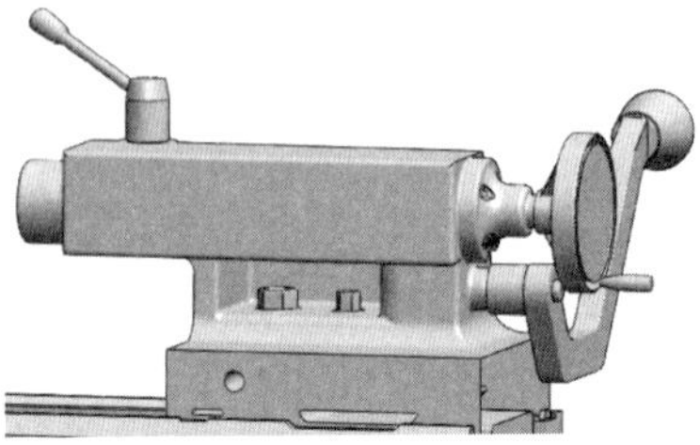

续表

名称	作用	图示
床脚	床脚与床身下部两端连为一体，用以支撑床身及安装在床身上的各个部件。同时通过地脚螺栓和调整垫块使整台车床固定在工作场地上，并使床身调整到水平状态	
照明、冷却装置	照明灯使用安全电压，为操作者提供充足的光线，保证操作环境明亮，便于观察和测量 冷却装置主要通过冷却泵将水箱中的切削液加压后喷射到切削区域，降低切削温度，冲走切屑，润滑加工表面，以提高刀具使用寿命和工件的表面加工质量	

二、车削运动

车床的运动按功用来分，可分为表面成形运动和辅助运动。

1. 表面成形运动

表面成形运动是车床为了形成工件表面，刀具和工件的相对运动。它可以由刀具或工件单独完成，也可以由刀具和工件共同完成。车床的表面成形运动分为主运动和进给运动，如图 6–17 所示。

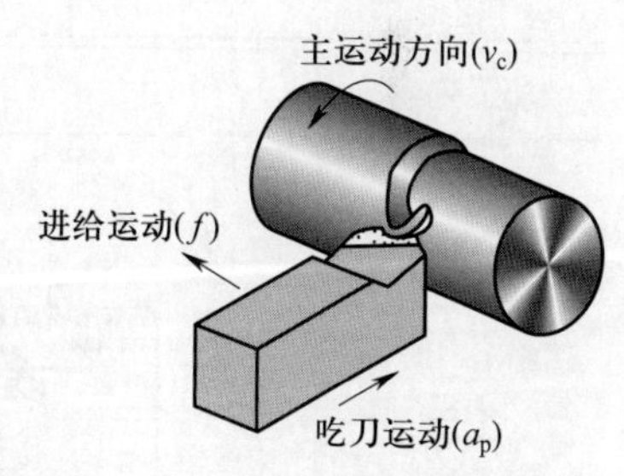

图 6–17　车床的表面成形运动

车床的主运动就是工件的旋转运动，主运动是实现切削最基本的运动，它的运动速度较高，消耗功率较大。电动机的回转运动经 V 带传动机构传递到主轴箱，在主轴箱内经变速、变向机构再传到主轴，使主轴获得 24 级正向转速（转速范围 10 ～ 1 400 r/min）和 12 级反向转速（转速范围 14 ～ 1 580 r/min）。

车床的进给运动就是刀具的移动。刀具做平行于车床导轨的纵向进给运动（如车削外圆柱表面），或做垂直于车床导轨的横向进给运动（如车削端面），刀具也可做与车床导轨成一定角度的斜向运动（如车削圆锥表面），或做曲线运动（如车削成形曲面）。进给运动的速度较低，所消耗的功率也较少。主轴的回转运动从主轴箱经交换齿轮箱、进给箱传递给光杠或丝杠，使它们回转，再由溜板箱将光杠或丝杠的回转运动转变为滑板、刀架的直线运动，使刀具作纵向或横向的进给运动。CA6140 车床的纵向进给速度共 64 级（进给量范围 0.08 ～ 1.59 mm/r），横向进给速度共 64 级（进给量范围 0.04 ～ 0.79 mm/r）。

2. 辅助运动

为实现机床的辅助工作而必需的运动称为辅助运动。辅助运动包括刀具的趋近、退回，工件的夹紧等。在卧式车床上这些运动通常由操作者用手工操作来完成。

为了减轻操作者的劳动强度和节省移动刀架所耗费的时间，CA6140 型车床还具有单独电动机驱动的刀架，以便实现纵向及横向的快速移动。

三、车床的加工范围

车床的加工范围很广（见表 6–4）。如果在车床上装上一些附件和夹具，还可进行镗削和磨削等。

表 6–4　车削的加工范围

加工内容	钻中心孔	钻孔
图示	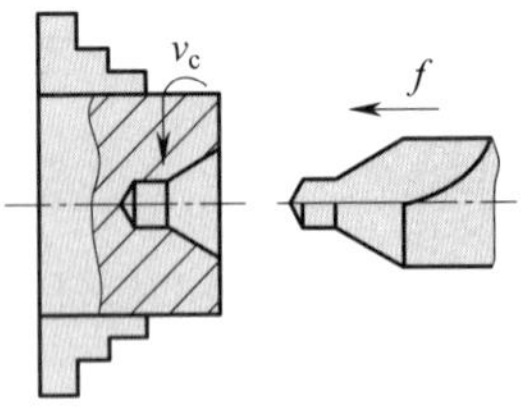 v_c f	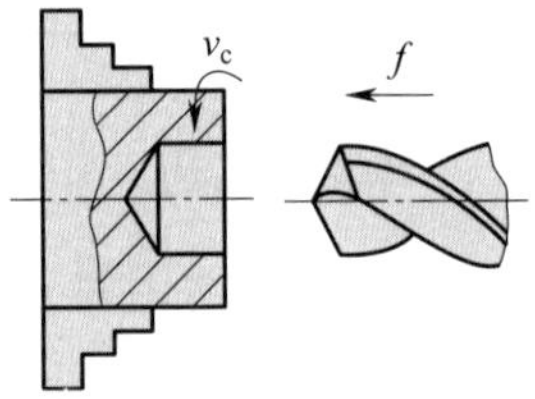 v_c f
加工内容	铰孔	攻螺纹
图示	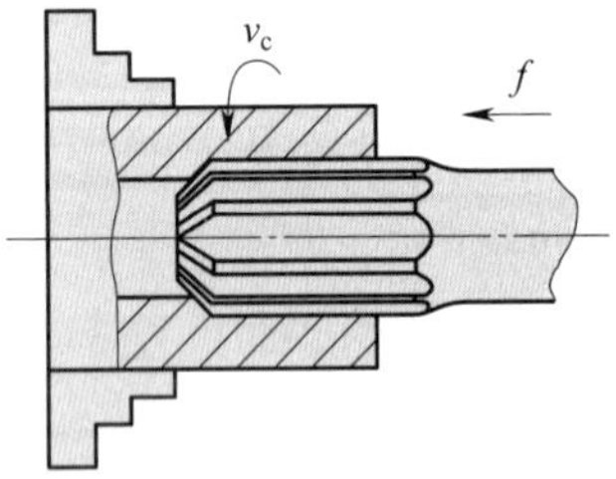 v_c f	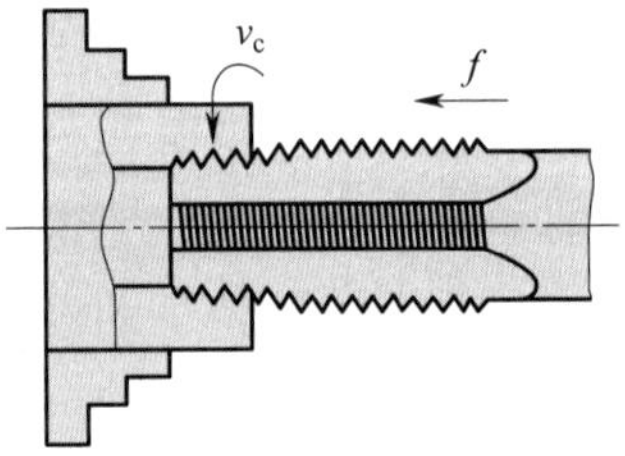 v_c f
加工内容	车外圆	车内孔
图示	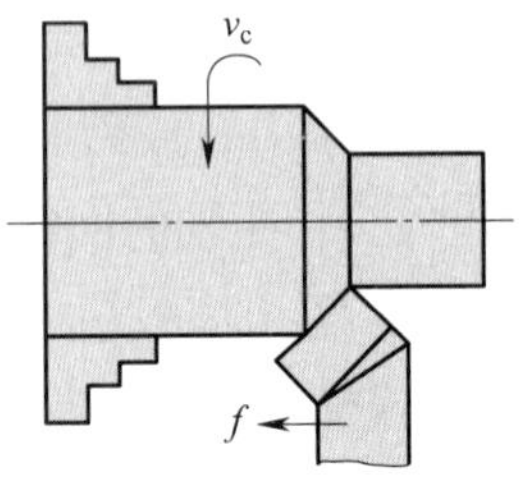 v_c f	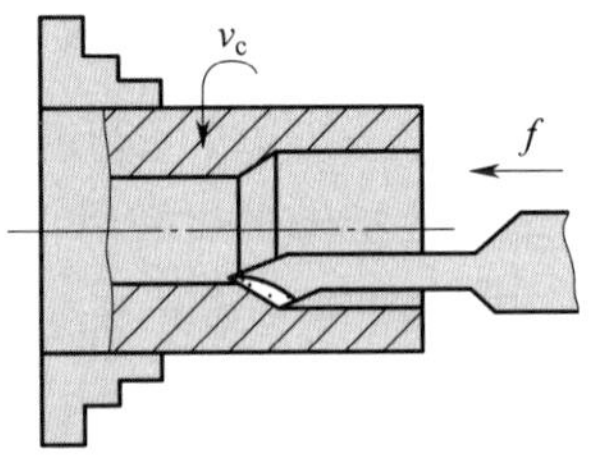 v_c f

续表

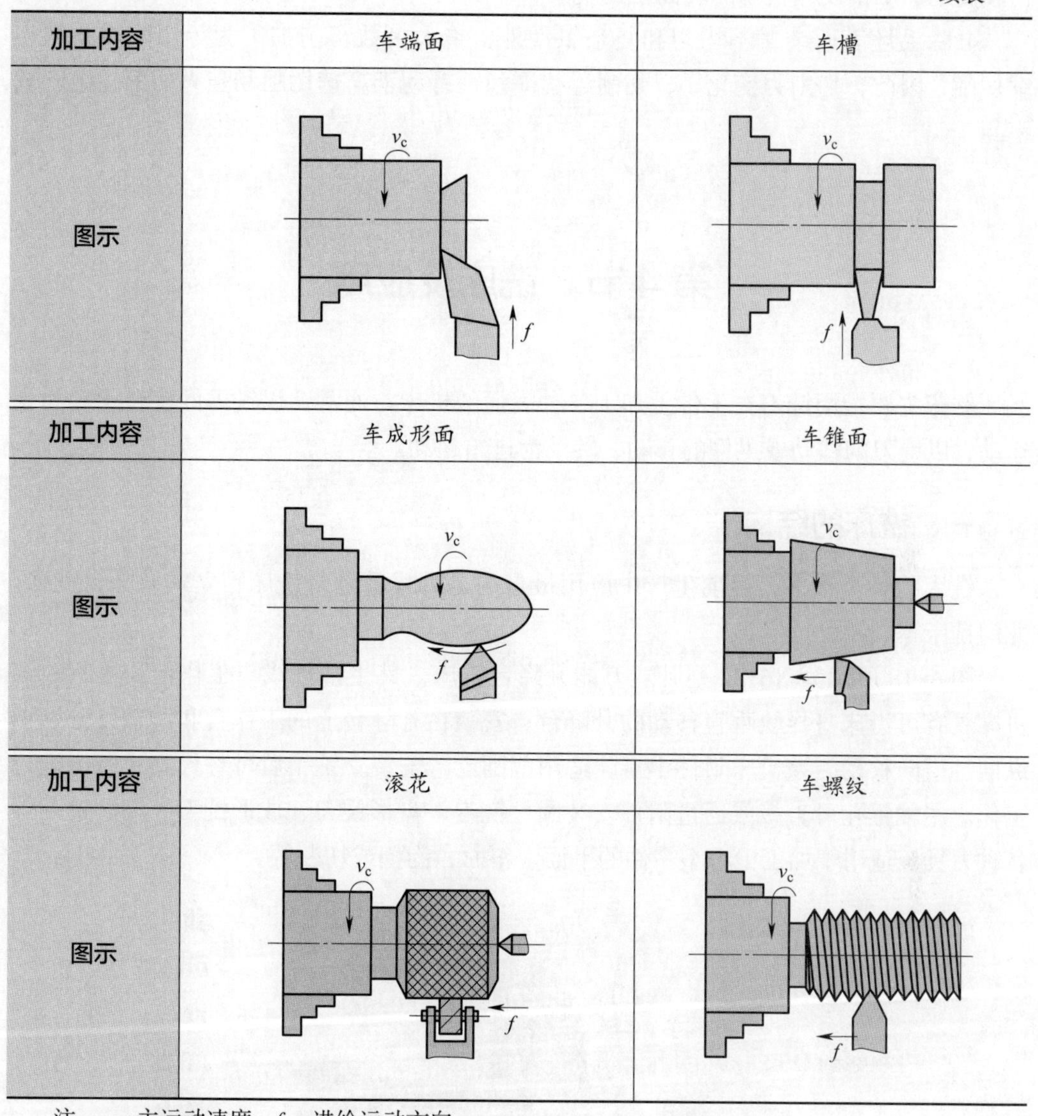

加工内容	车端面	车槽
图示		
加工内容	车成形面	车锥面
图示		
加工内容	滚花	车螺纹
图示		

注：v_c—主运动速度，f—进给运动方向。

四、车削加工的特点

与钻削、铣削、磨削等加工方法相比较，车削加工具有以下特点。

1. 车削适合于加工各种内、外回转表面。车削加工的加工精度范围为 IT13（粗车）~ IT6（精车），表面粗糙度 Ra 值为 12.5 ~ 1.6 μm。

2. 车刀结构简单，制造容易，刃磨及装拆方便。便于根据加工要求对刀具材料、几何参数进行合理选择。

3. 车削对工件的结构、材料、生产批量等有较强的适应性，因此应用广泛。除可车削各种钢材、铸铁、有色金属外，还可以车削玻璃钢、夹布胶木、尼龙等非金属材料。对于一些不适合磨削的有色金属材料可以采用金刚石车刀进行精细车削，也能获得较高的加工精度和很小的表面粗糙度值。

4. 除毛坯表面余量不均匀和复杂工件外，绝大多数车削加工为等切削截面的连续切削，因此，切削力变化小，切削过程平稳，有利于高速切削和强力切削，生产效率高。

第 4 节　铣床及应用

铣床主要指用铣刀在工件上加工各种表面的机床。通常，以铣刀的旋转运动为主运动，以铣刀的移动或工件的移动、转动为进给运动。

一、铣床的结构

铣床的种类很多，目前生产中应用最多的是卧式升降台铣床、立式升降台铣床、龙门铣床等。

图 6–18 所示为 X6132 型卧式万能升降台铣床，其主轴轴线与工作台面平行。该机床具有可沿床身导轨垂直移动的升降台，安装在升降台上的工作台和滑鞍可分别做纵向、横向移动。该机床附件丰富，适用范围广，安装立铣头后可替代立式铣床进行工作。主轴锥孔可直接或通过附件安装圆柱铣刀、盘形铣刀、成形铣刀、端面铣刀等各种刀具，适用于加工中小型零件的平面、斜面、沟槽或切断等。

图 6–18　X6132 型卧式万能升降台铣床

图 6–19 所示为 X5032 型立式升降台铣床，其主轴轴线与工作台面垂直。该机床具有可沿床身导轨垂直移动的升降台，安装在升降台上的工作台和滑鞍可分别做纵向、

横向移动。该机床刚度好，进给变速范围广，能承受重负荷切削。主轴锥孔可直接或通过附件安装端铣刀、立铣刀、键槽铣刀、成形铣刀等各种刀具，适用于加工较复杂中小型零件的平面、键槽、螺旋槽、孔等。

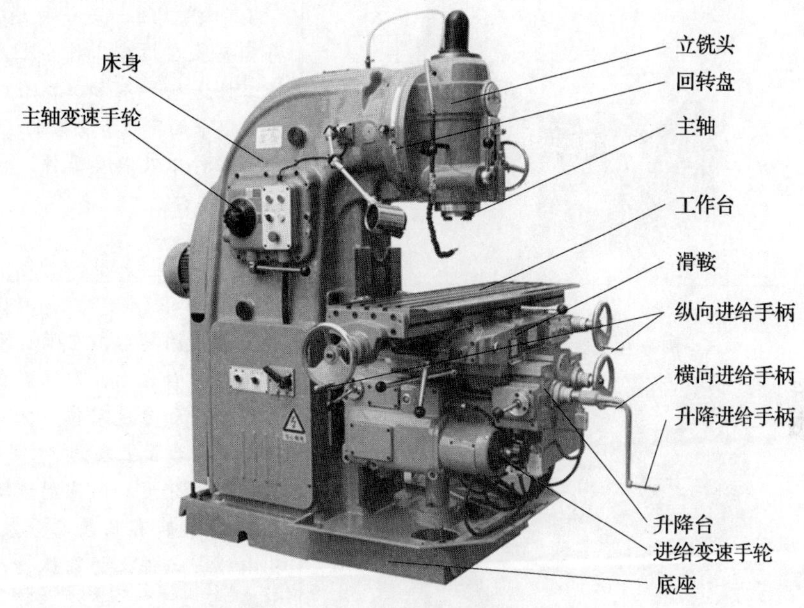

图 6–19　X5032 型立式升降台铣床

二、铣床的附件及配件

铣床上常用的附件及配件有万能铣头、机用虎钳、回转工作台、万能分度头、铣刀杆、端铣刀盘、铣夹头、锥套等，其结构和用途见表 6–5。

表 6–5　铣床上常用的附件及配件的结构和用途

名称	结构	用途
万能铣头		安装于卧式铣床主轴端，由铣床主轴驱动立铣头主轴回转，使卧式铣床起立式铣床的功用，从而扩大了卧式铣床的工艺范围

续表

名称	结构	用途
机用虎钳		又称平口钳，是一种通用夹具，将其安装在机床工作台上，用来夹持工件进行切削加工。平口钳适合装夹以平面定位和夹紧的板类零件、矩形零件以及轴类零件，常用于安装小型工件
回转工作台		又称为圆转台，它带有可转动的回转工作台台面，用以装夹工件并实现回转和分度定位。主要用于在其圆工作台面上装夹中、小型工件，进行圆周分度和做圆周进给铣削回转曲面，如有角度、分度要求的孔或槽、工件上的圆弧槽、圆弧外形等
万能分度头		利用分度刻度环、游标、定位销和分度盘以及交换齿轮，将装夹在顶尖间或卡盘上的工件进行圆周等分、角度分度、直线移距分度。辅助机床利用各种不同形状的刀具进行各种多边形、花键、齿轮等的加工工作，并可通过配换齿轮与工作台纵向丝杠连接加工螺纹、等速凸轮等，从而扩大了铣床的加工范围
铣刀杆		安装于卧式铣床主轴端，用来安装圆柱铣刀、三面刃铣刀等盘形铣刀

续表

名称	结构	用途
端铣刀盘		安装于卧式铣床或立式铣床主轴端，用来安装端铣刀头
铣夹头		安装于卧式铣床或立式铣床主轴端，用来安装直柄立铣刀、直柄键槽铣刀等
锥套		安装于卧式铣床或立式铣床主轴端，用于安装锥柄立铣刀、锥柄键槽铣刀等

三、铣床的加工范围与铣削特点

1. 铣床的加工范围

在铣床上使用各种不同的铣刀可以完成平面（平行面、垂直面、斜面）、台阶、槽（直角槽、V形槽、T形槽、燕尾槽等）、特形面和切断等加工，配合分度头等铣床附件，还可以完成花键轴、齿轮、螺旋槽等加工。在铣床上还可以进行钻孔、铰孔和铣孔等工作。铣床的主要加工范围见表6–6。

表 6-6　铣床的主要加工范围

铣削内容	周铣平面	端铣平面	铣直角沟槽
图示	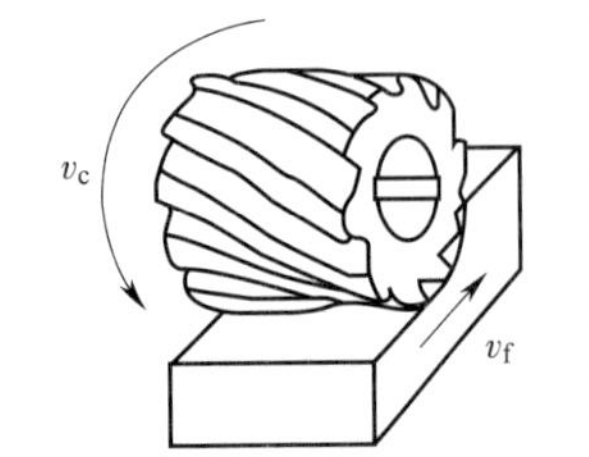 v_c v_f	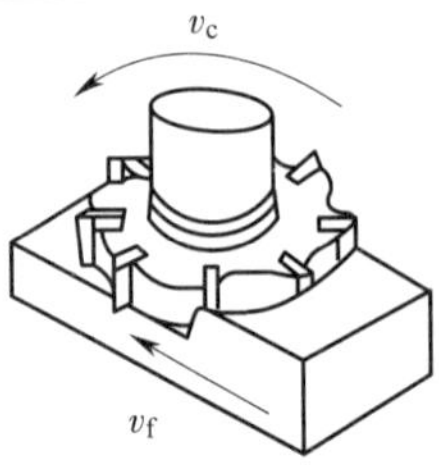 v_c v_f	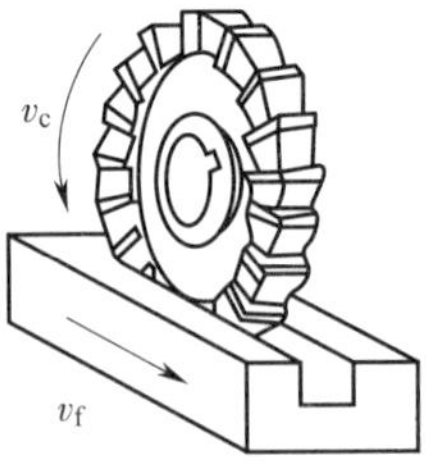 v_c v_f
铣削内容	铣键槽	铣直角沟槽	切断
图示	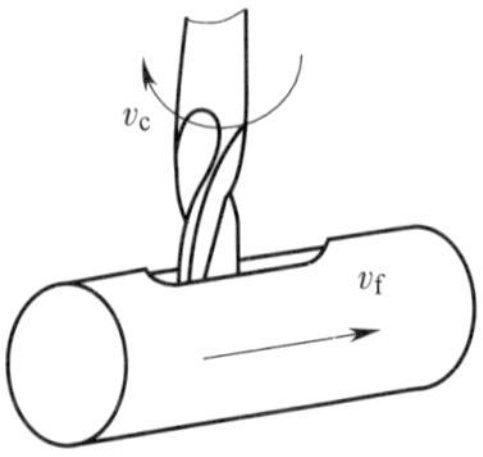 v_c v_f	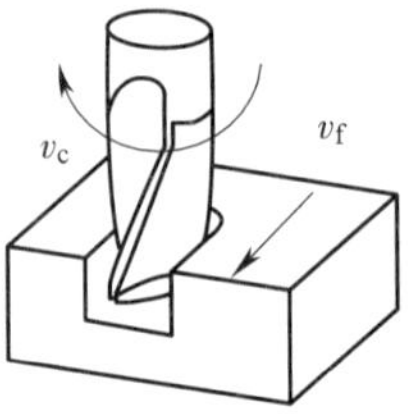 v_c v_f	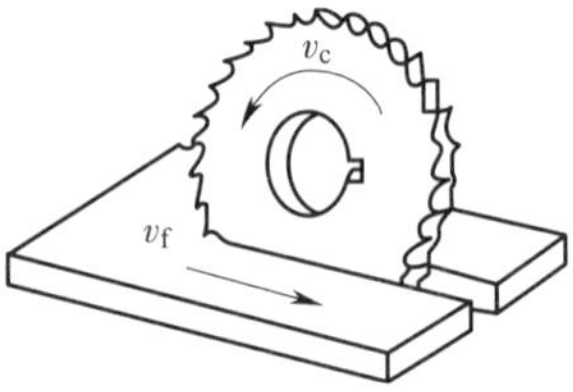 v_c v_f
铣削内容	铣 T 形槽	铣 V 形槽	铣齿轮
图示	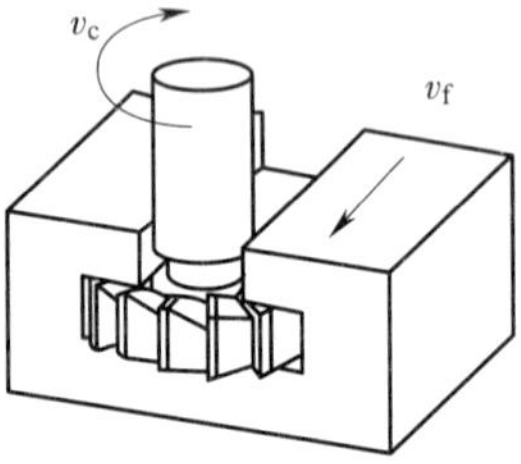 v_c v_f	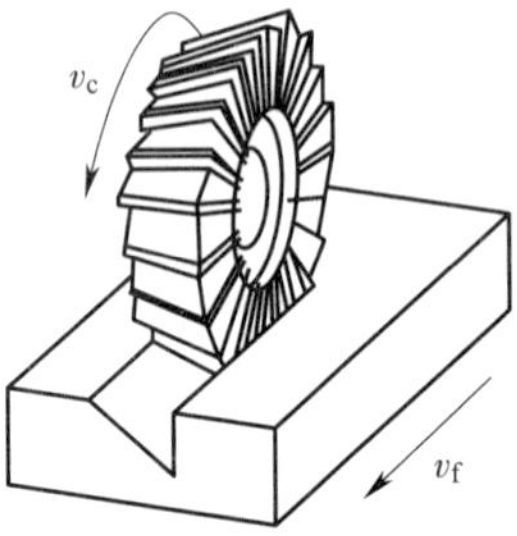 v_c v_f	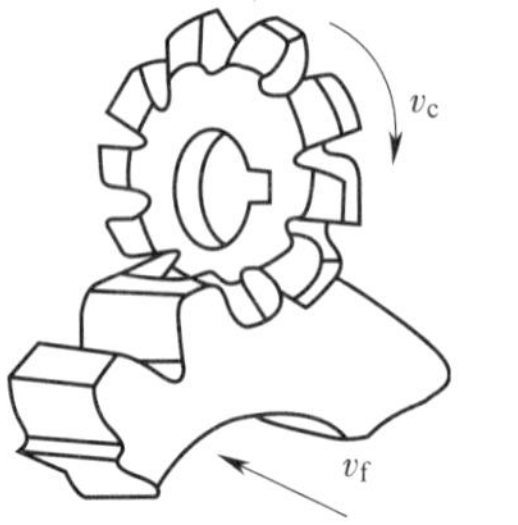 v_c v_f

注：v_c—主运动（铣削）速度，v_f—进给运动速度。

2. 铣削加工的特点

（1）铣削在金属切削加工中的重要性仅次于车削。以铣刀的旋转运动为主运动，切削速度较高，加工位置调整方便。除加工狭长平面外，其生产效率均高于刨削。

（2）铣削时，切削力是变化的，会产生冲击或振动，影响加工精度和工件表面粗糙度。

（3）铣削加工具有较高的加工精度，其经济加工精度一般为 IT9 ~ IT7，表面粗糙度 *Ra* 值一般为 12.5 ~ 1.6 μm。精细铣削精度可达 IT5，表面粗糙度 *Ra* 值可达到 0.20 μm。

（4）铣削特别适合模具等形状复杂的组合体零件的加工，在模具制造等行业中占有非常重要的地位。

第 5 节　磨床、刨床、镗床及应用

一、磨床及应用

磨床是用磨具或磨料加工工件各种表面的机床。通常，磨具旋转为主运动，工件或磨具的移动为进给运动。磨床是机器零件精密加工的主要设备，可以加工其他机床不能加工或难加工的高硬度材料。

1. 磨床

磨床的种类很多，目前生产中应用最多的是外圆磨床、内圆磨床、平面磨床、无心磨床和工具磨床等。

（1）外圆磨床

外圆磨床主要用于磨削圆柱形和圆锥形外表面。外圆磨床分为普通外圆磨床、万能外圆磨床、无心外圆磨床等，其中以普通外圆磨床和万能外圆磨床应用最广。

如图 6-20 所示为万能外圆磨床，它主要由床身、头架、砂轮架、工作台、尾座、内圆磨头等部件组成。可加工外（内）圆柱面、外（内）圆锥面、阶梯轴肩、端面和简单的成形回转体等。

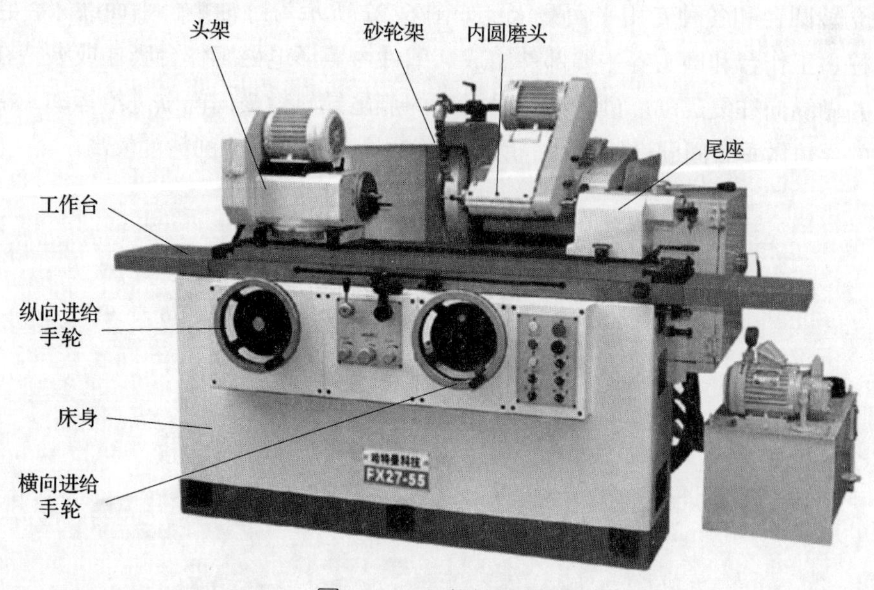

图 6-20　万能外圆磨床

（2）内圆磨床

内圆磨床主要用于磨削圆柱形和圆锥形内表面。内圆磨床分为普通内圆磨床、行星内圆磨床、无心内圆磨床、坐标磨床和专门用途的内圆磨床等。

如图 6–21 所示为普通内圆磨床，它主要由头架、砂轮架、工作台、滑鞍、床身等部件组成。头架固定在床身上，工件装夹在头架主轴前端的卡盘中，由头架主轴带动做圆周进给运动。砂轮安装在砂轮架中的内磨头主轴上，由单独电动机直接驱动做高速旋转主运动。砂轮架安装在滑鞍上，在工作台由液压传动系统带动做往复直线运动过程中，砂轮架做周期性横向进给。头架还可绕竖直轴转至一定角度以磨削锥孔。

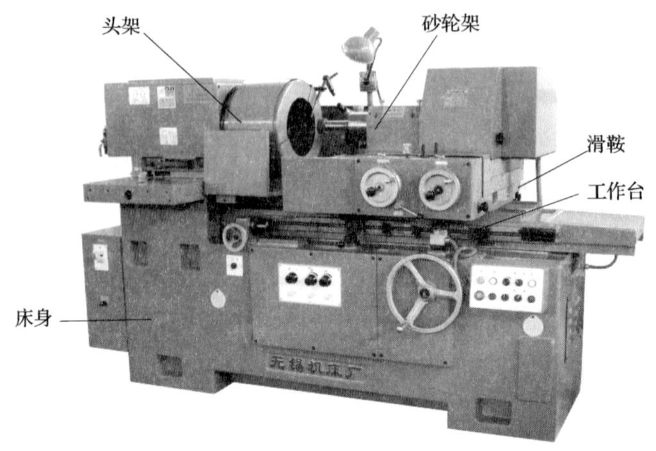

图 6–21　普通内圆磨床

（3）平面磨床

平面磨床用于磨削工件平面或成形表面，主要类型有卧轴矩台、卧轴圆台、立轴矩台、立轴圆台和各种专用平面磨床。如图 6–22 所示为卧轴矩台平面磨床，它由床身、立柱、工作台和磨头等主要部件组成。工件由矩形电磁工作台吸住或夹持在工作台上，并做纵向往复运动。砂轮架可沿滑座的燕尾导轨做横向间歇进给运动，滑鞍可沿立柱的导轨做垂直间歇进给运动，用砂轮周边磨削工件，磨削精度较高。

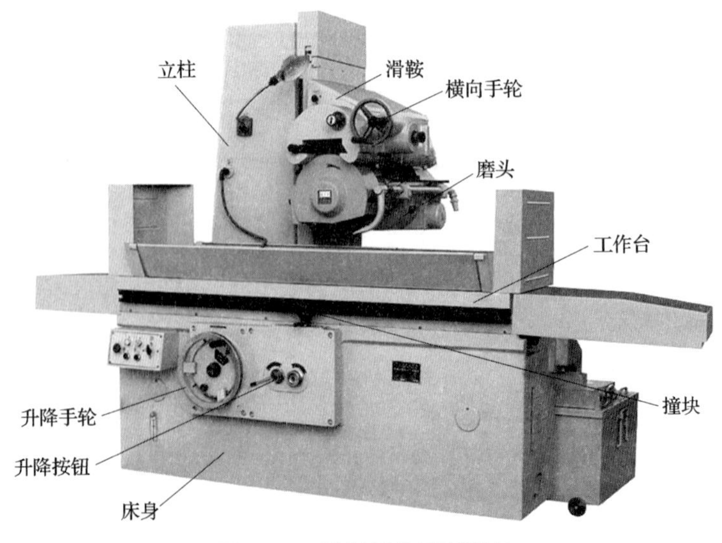

图 6–22　卧轴矩台平面磨床

2. 磨床的加工范围

磨床可用来磨削各种内、外圆柱面，内、外圆锥面，平面和成形表面等，磨床的主要加工范围见表 6-7。

表 6-7　磨床的主要加工范围

功用	磨外圆	磨孔	磨平面
图示	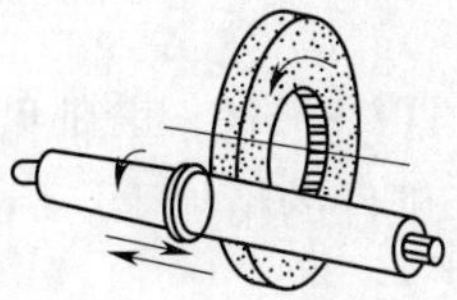	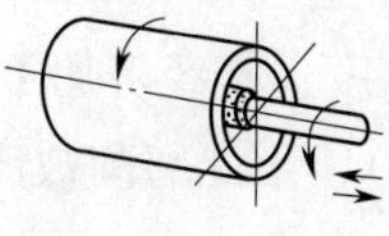	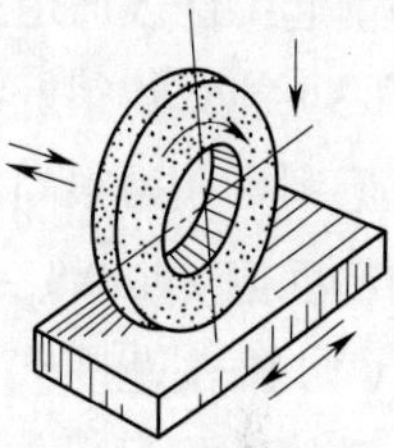
功用	无心磨削	磨成形面	磨螺纹
图示	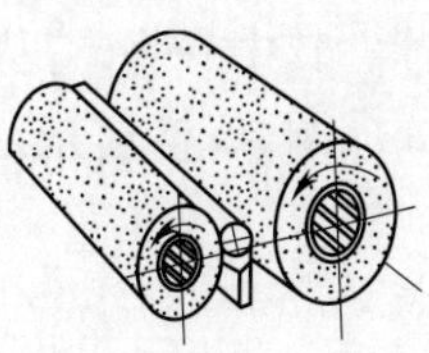	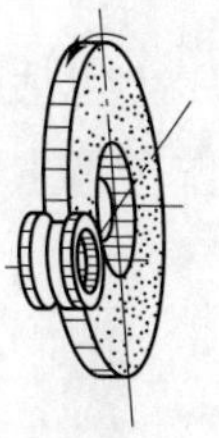	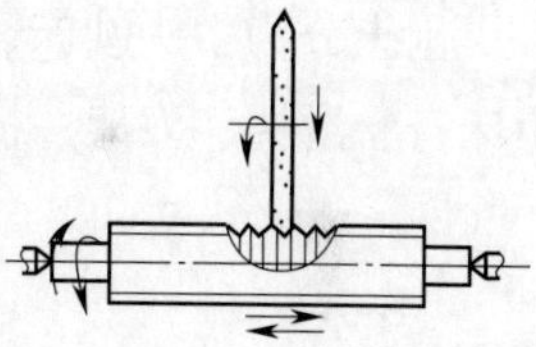
功用	磨齿轮	磨花键	磨导轨
图示		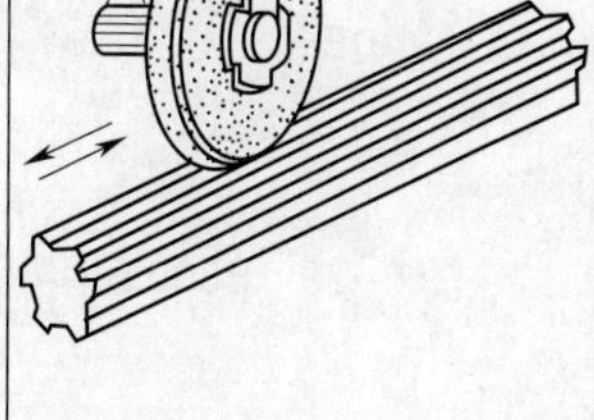	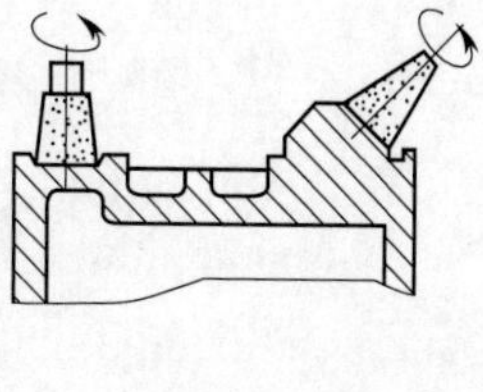

磨削广泛用于工件的精加工，尤其是淬硬钢件、高硬度特殊材料及非金属材料（如陶瓷）的精加工。

3. 磨削的工艺特点

（1）磨削速度高

磨削时，砂轮高速回转，具有很高的圆周速度。目前，一般磨削的砂轮圆周速度可达 35 m/s，高速磨削时可达 50 ~ 85 m/s。

（2）磨削温度高

磨削时，砂轮对工件表面除有切削作用外，还有强烈的摩擦作用，产生大量热量。而砂轮的导热性差，热量不易散发，导致磨削区域温度急剧升高（可达 400 ~ 1 000 ℃），容易引起工件表面退火或烧伤。

（3）能获得很好的加工质量

磨削可获得很高的加工精度，其经济加工精度为 IT7 ~ IT6；磨削可获得很小的表面粗糙度值（*Ra*0.8 ~ 0.2 μm），因此磨削被广泛用于工件的精加工。

（4）磨削范围广

砂轮不仅可以加工未淬火钢、铸铁、铜、铝等较软的材料，而且还可以磨削硬度很高的材料，如淬硬钢、高速钢、钛合金、硬质合金以及非金属材料（如玻璃）等。

二、刨床及应用

1. 刨床

刨床分为牛头刨床、龙门刨床（包括悬臂刨床）等。其中最为常见的是牛头刨床，由床身、滑枕、刀架、横梁、工作台等主要部件组成，如图 6–23 所示。

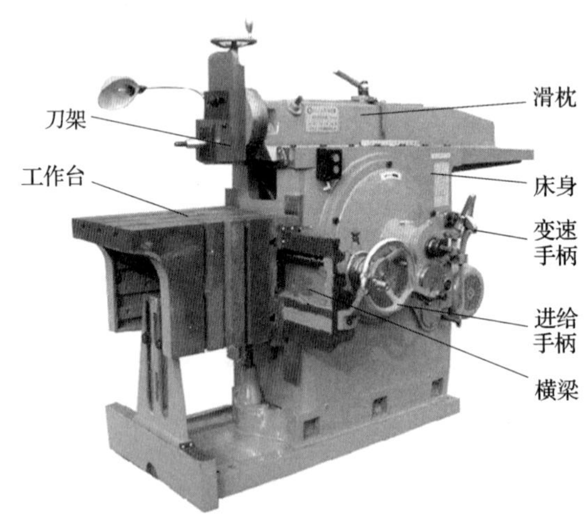

图 6–23　B6065 型牛头刨床

2. 刨削

刨削的工作过程如图 6–24 所示，刨刀对工件作水平方向的相对直线往复运动，以实现对工件的切削加工。刨削时，刨刀（或工件）的直线往复运动是主运动，工件（或刨刀）在垂直于主运动方向的间歇移动是进给运动。

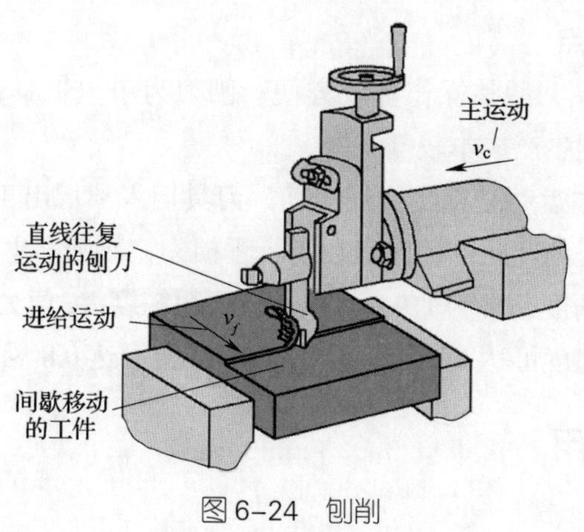

图 6-24 刨削

3. 刨削的加工范围

刨削可以加工平面（水平面、垂直面、斜面）、台阶、槽、曲面等，刨削的主要加工范围见表 6-8。

表 6-8 刨削的主要加工范围

刨削内容	刨水平面	刨垂直面	刨斜面
图示			
刨削内容	刨台阶	刨直角沟槽	刨 T 形槽
图示			
刨削内容	刨曲面	孔内加工	刨齿条
图示			

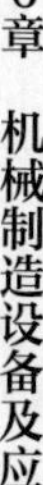

4．刨削的工艺特点

（1）刨床结构简单，调整操作都较方便；刨刀为单刃工具，制造和刃磨较容易，价格低廉。因此，刨削生产成本较低。

（2）由于刨削的主运动是直线往复运动，刀具切入和切出工件时有冲击负载，因而限制了切削速度的提高。此外，还存在空行程损失，故刨削生产效率较低。

（3）刨削的加工精度通常为 IT9 ~ IT7，表面粗糙度 Ra 值为 12.5 ~ 1.6 μm；采用宽刃刀精刨时，加工精度可达 IT6，表面粗糙度 Ra 值可达 0.8 ~ 0.2 μm。

三、镗床及应用

1. 镗床

镗床可分为卧式铣镗床、立式镗床、坐标镗床和精镗床等。卧式铣镗床是镗床中应用最广泛的一种，具有刚性强、加工精度及加工效率高、稳定性好、横向行程长、承载量大、强力切削等特点。特别适用于对较大平面的镗、铣以及对较大箱体类零件及孔系的精加工。除可进行钻、镗、扩、铰孔外，还可利用多种附件进行车、铣等加工。如图 6–25 所示为 TPX6111B 型卧式铣镗床，由主轴、主轴箱、平旋盘、工作台、前立柱、后立柱等组成。

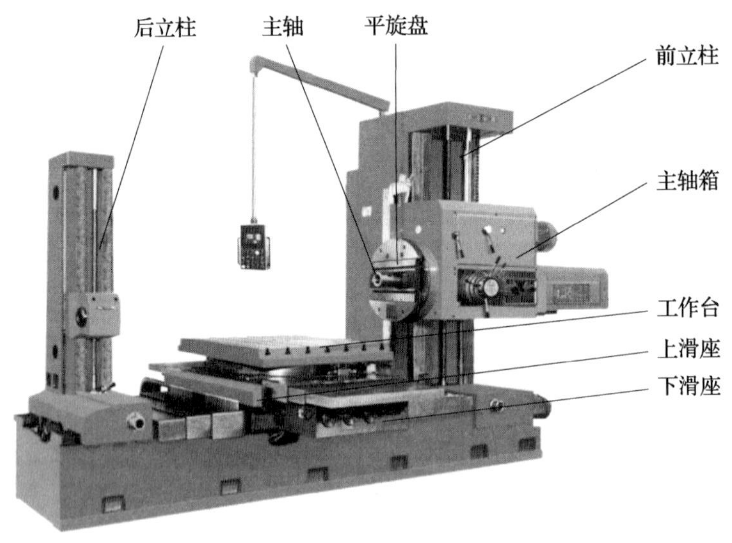

图 6–25　TPX6111B 型卧式铣镗床

2. 镗削

镗削是镗刀旋转做主运动、工件或镗刀做进给运动的切削加工方法，如图 6–26 所示。镗削时，工件被装夹在工作台上，并由工作台带动做进给运动，镗刀用镗刀杆或刀盘装夹，由主轴带动回转做主运动。主轴在回转的同时，可根据需要做轴向移动，以取代工作台做进给运动。

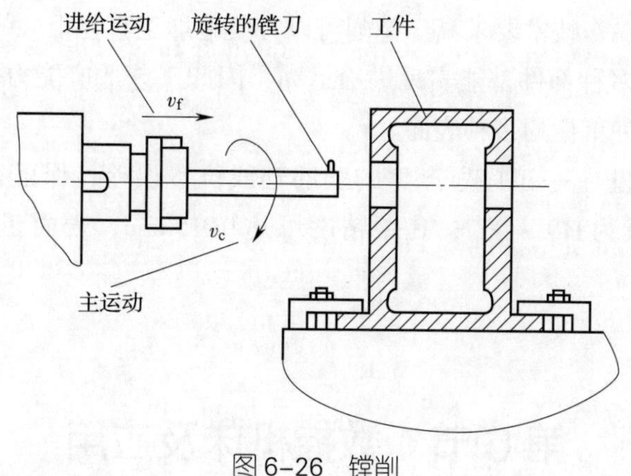

图 6–26　镗削

3. 镗削的加工范围

镗削除了可在镗床上进行外，还可在加工中心或组合机床上进行，主要用于加工箱体、支架和机座等工件上的圆柱孔、螺纹孔、孔内沟槽和端面。当采用特殊附件时，也可加工内外球面、锥孔等，镗削的主要加工范围见表 6–9。

表 6–9　镗削的主要加工范围

镗削内容	镗小直径孔	镗大直径孔	镗平面
图示	镗轴	平旋盘	径向刀架
镗削内容	钻孔	用工作台进给镗螺纹	用主轴进给镗螺纹
图示			

4. 镗削的工艺特点

（1）镗刀结构简单，刃磨方便，成本低，适合箱体、机架等结构复杂的大型零件的孔加工。

（2）镗削加工操作技术要求高。镗削可以方便地加工直径很大的孔及孔系。

（3）由于镗床多种部件都能实现进给运动，因此工艺适应能力强，能加工形状多样、大小不一的各种工件的多种表面。

（4）镗孔可修正上一工序所产生的孔的轴线位置误差，保证孔的位置精度。镗孔的经济精度等级为IT9 ~ IT7，孔距精度可达0.015 mm，表面粗糙度值为Ra3.2 ~ 0.8 μm。

第6节　数控机床及应用

按加工要求预先编制程序，由控制系统发出数字信息指令对工件进行加工的机床，称为数控机床。具有数控特性的各类机床均可称为相应的数控机床，如数控车床、数控铣床、加工中心等。

一、数控机床的组成

数控机床的种类较多，组成各不相同，总体上讲，数控机床主要由控制介质、数控装置、伺服系统、测量反馈装置和机床主体等部分组成，如图6–27所示。

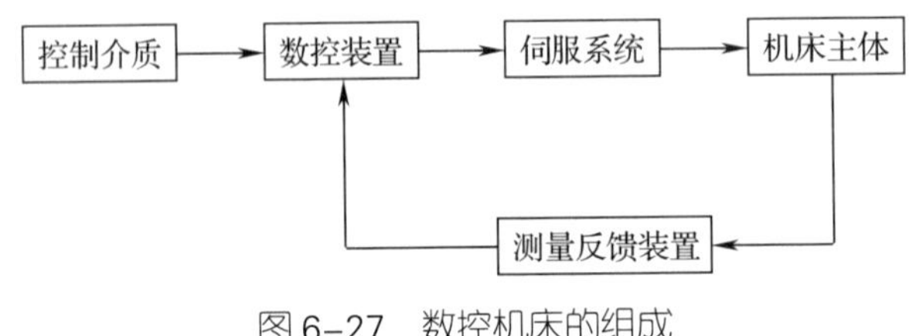

图6–27　数控机床的组成

1. 控制介质

控制介质是指将零件加工信息传送到数控装置的程序载体。控制介质有多种形式，随数控装置类型的不同而不同，常用的有闪存卡、移动硬盘、U盘等（见图6–28）。随着计算机辅助设计/计算机辅助制造（CAD/CAM）技术的发展，在某些计算机数字控制（CNC）装置上，可利用CAD/CAM软件先在计算机上编程，然后通过计算机与数控系统通信，将程序和数据直接传送给数控装置。

2. 数控装置

数控装置是数控机床的核心。现代数控装置通常是一台带有专门系统软件的专用计算机，如图6–29所示是某数控车床的数控装置。它由输入装置（如键盘）、控制运算器和输出装置（如显示器）等构成。它接受控制介质上的数字化信息，经过控制软件或逻辑电路进行编译、运算和逻辑处理后，输出各种信号和指令，控制机床的各个部分进行规定的、有序的运动。

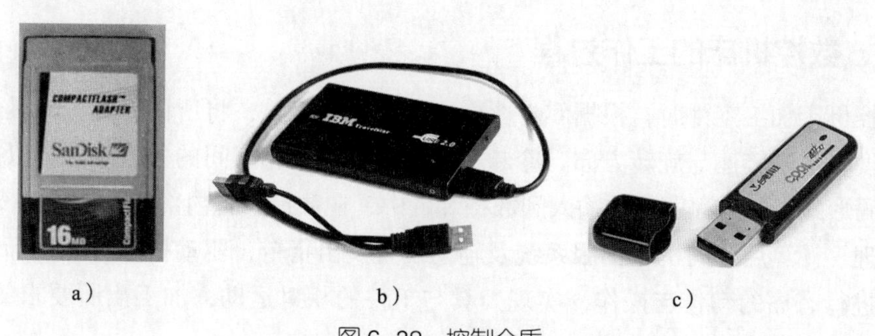

a） b） c）

图 6-28 控制介质

a）闪存卡 b）移动硬盘 c）U 盘

3. 伺服系统

伺服系统由驱动装置和执行部件（如伺服电动机）组成，它是数控系统的执行机构，如图 6-30 所示。伺服系统分为进给伺服系统和主轴伺服系统。伺服系统的作用是把来自 CNC 装置的指令信号转换为机床移动部件的运动，它相当于手工操作人员的手，使工作台（或溜板）精确定位或按规定的轨迹做严格的相对运动，最后加工出符合图样要求的零件。伺服系统作为数控机床的重要组成部分，其本身的性能直接影响整个数控机床的精度和速度。

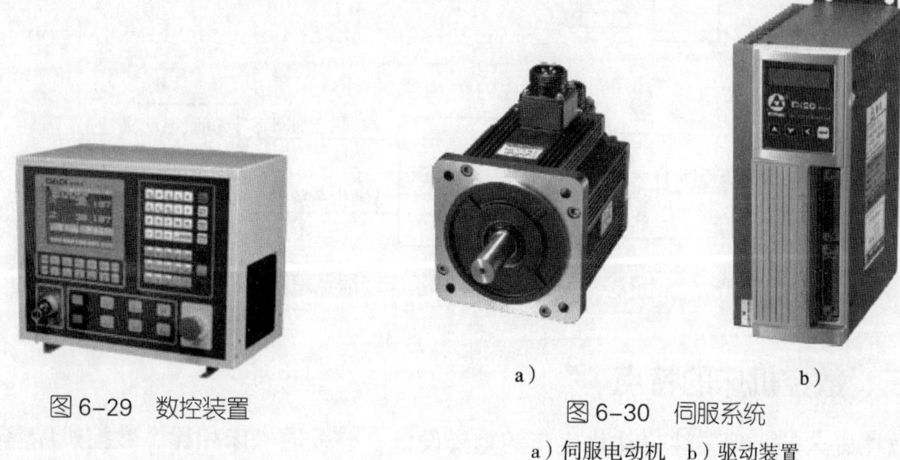

图 6-29 数控装置

a） b）

图 6-30 伺服系统

a）伺服电动机 b）驱动装置

4. 测量反馈装置

测量反馈装置的作用是通过测量元件将机床移动的实际位置、速度参数检测出来，转换成电信号，并反馈到 CNC 装置中，使 CNC 能随时判断机床的实际位置、速度是否与指令一致，并发出相应指令，纠正所产生的误差。测量反馈装置安装在数控机床的工作台或丝杠上，相当于普通机床的刻度盘和人的眼睛。

5. 机床主体

机床主体是数控机床的本体，主要包括床身、主轴、进给机构等机械部件，还有冷却、润滑、换刀、夹紧等辅助装置。

二、数控机床的工作过程

数控机床加工零件时，根据零件图样要求及加工工艺，将所用刀具、刀具运动轨迹与速度、主轴转速与旋转方向、冷却等辅助操作以及相互间的先后顺序，以规定的数控代码形式编制成程序，并输入到数控装置中，在数控装置内部控制软件的支持下，经过处理、计算后，向机床伺服系统及辅助装置发出指令，驱动机床各运动部件及辅助装置进行有序的动作与操作，实现刀具与工件的相对运动，加工出所要求的零件。图 6-31 所示为数控车床的工作过程示意图。

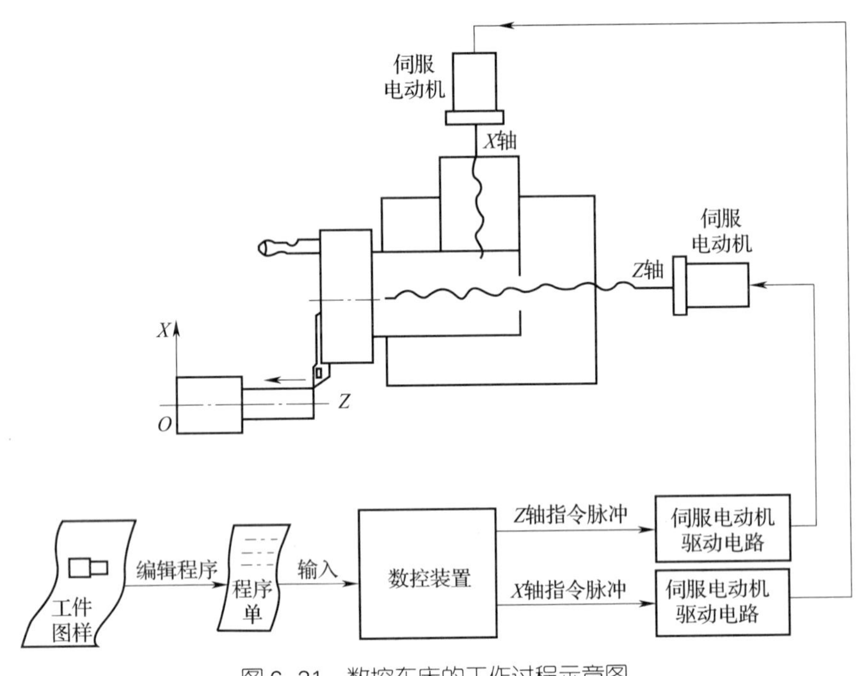

图 6-31　数控车床的工作过程示意图

三、数控机床的特点

数控机床是实现柔性自动化生产的重要设备，与普通机床相比，数控机床具有以下特点。

1. 加工适应性强

数控机床在更换产品时，只需要改变数控装置内的加工程序、调整有关的数据就能满足新产品的生产需要。较好地解决了单件生产、中小批量生产和多变产品生产的加工问题。

2. 加工精度高

数控机床本身的精度都比较高，中小型数控机床的定位精度可达 0.005 mm，重复定位精度可达 0.002 mm，而且还可利用软件进行精度校正和补偿，因此可以获得比机床本身精度还要高的加工精度和重复定位精度。

3. 生产效率高

数控机床可进行大切削用量的强力切削，有效节省了基本作业时间，还具有自动变速、自动换刀和其他辅助操作自动化等功能，使辅助作业时间大为缩短，所以一般比普通机床的生产效率高。

4. 自动化程度高、劳动强度低

数控机床的工作是按预先编制好的加工程序自动连续完成的，操作者除了输入加工程序或操作键盘、装卸工件、关键工序的中间检测以及观察机床运行之外，不需要进行繁杂的重复性手工操作，劳动强度与紧张程度均大为减轻。

四、常见数控机床的类型及用途

常见数控机床的类型及用途见表 6-10。

表 6-10　常见数控机床的类型及用途

类型	用途	图示
数控车床	数控车床是当今国内外使用量较大、覆盖面较广的一种数控机床，主要用于旋转体工件的加工	
数控铣床	数控铣床是一种用途十分广泛的机床，主要用于各种复杂平面、曲面和壳体类零件的加工。例如，各类凸轮、模具、连杆、叶片、螺旋桨和箱体等零件的铣削加工，同时还可以进行钻孔、扩孔、铰孔、攻螺纹、镗孔等加工	

续表

类型	用途	图示
加工中心	加工中心备有刀库，具有自动换刀功能，是对工件一次装夹后进行多工序加工的数控机床。工件装夹后，数控系统能控制机床按不同工序自动选择和更换刀具、自动改变主轴转速和进给量等，可连续完成钻削、镗削、铣削、铰削、攻螺纹等多种工序的加工	
数控磨床	数控磨床是通过数控技术，利用磨具对工件表面进行磨削加工的机床。大多数磨床使用高速旋转的砂轮进行磨削加工，少数使用油石、砂带等其他磨具和游离磨料进行加工，如珩磨机、超精加工机床、砂带磨床、研磨机和抛光机等	
数控钻床	数控钻床是数字控制的、以钻削为主的加工机床，主要用于钻孔、扩孔、铰孔、攻螺纹等加工	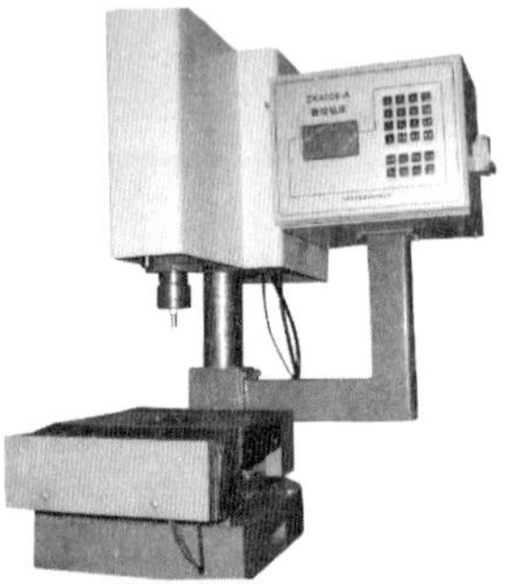
数控电火花成形机床	数控电火花成形机床属于一种特种加工机床。其工作原理是利用两个不同极性的电极在绝缘液体中产生放电现象，去除材料进而完成加工。主要用于加工各种高硬度的材料（如硬质合金和淬火钢等）和复杂形状的模具、零件等	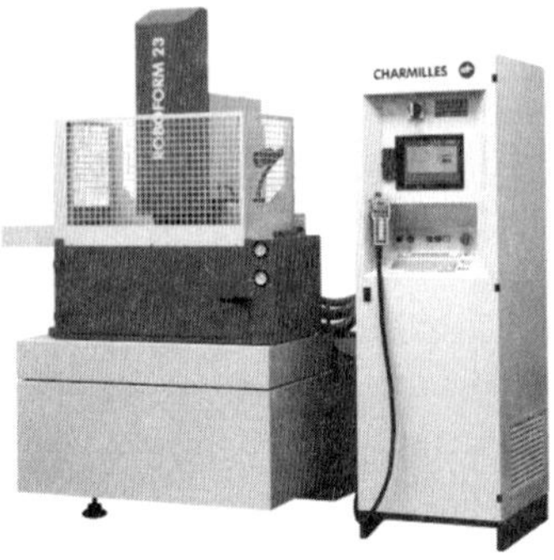

续表

类型	用途	图示
数控线切割机床	数控线切割机床的工作原理与数控电火花成形机床相同，主要用于各类模具、电极、精密零部件制造，硬质合金、石墨、铝合金、结构钢、不锈钢、钛合金、金刚石等各种导电体的复杂型腔和曲面形体加工	

课后练习

1. 铸造有什么特点及应用？砂型铸造的工艺过程主要有哪些？
2. 什么是锻造？锻造基本的工艺过程有哪些？
3. 什么是自由锻？机器自由锻常用设备有哪些？
4. 什么是焊接？常用的焊接方法有哪几类？
5. 什么是锯削？有哪些特点？
6. 钻床的加工范围有哪些？
7. 车床的加工范围有哪些？
8. 铣床上主要有哪些附件及配件？铣床的加工范围有哪些？
9. 磨床、刨床、镗床的加工范围有哪些？
10. 数控机床有什么特点？